総論

各論

用語集

平成23年版
航空無線施設設計指針

国土交通省航空局 監修

編集／財団法人 航空保安無線システム協会
発行／財団法人 経済調査会

は じ め に

　「航空無線施設設計指針」は、航空無線施設及びその付帯設備等の整備過程の計画及び設計段階における技術的指針として活用することにより、専門的知識が要求され、かつ内容も複雑多岐にわたっている業務の円滑な遂行を図り、業務を標準化することを目的としてまとめたものであります。

　今回、本書の編集作業を行うにあたっては、「航空無線施設設計指針等技術資料調査委員会」を設置し、本指針の改訂内容等の検討をしてきました。委員会は、航空局をはじめ関係方面の専門家の委員によって構成されており、またその他関係団体の協力も得て本書をとりまとめました。
　本書の編集にあたってご協力いただいた委員及び関係各位に感謝する次第です。

　平成23年3月

　　　　　　　　　　　　　　　　　　　　財団法人 航空保安無線システム協会

航空無線施設設計指針の経緯について

1. 概　説

　航空無線施設設計指針は、平成9年度に航空無線工事関連仕様書の1部門として策定された。
　航空無線工事関連仕様書は以下の通り構成されている。

項番	名　　　　称	出　版　年
1	航空無線工事共通仕様書	平成7年版→10年版→14年版
2	航空無線施設整備ハンドブック（技術編）	平成8年版
3	航空無線施設整備ハンドブック（整備編上巻）	平成10年版
4	航空無線施設整備ハンドブック（整備編下巻）	平成10年版
5	航空無線工事施工管理指針	平成7年版→8年版→18年版
6	航空無線工事標準図面集	平成7→13年版
7	航空無線工事実施マニュアル	平成8→13年版
8	航空無線施設設計指針	平成9年版→13年版→23年版

　航空無線施設設計指針は、平成13年度に改正して以来、見直しが実施されていないので、改版する。

2. 航空無線施設設計指針の主な変更点

　2.1　平成9年版→13年版の変更点
　　2.1.1　航空保安無線施設等の施工による地震対策の追加
　　2.1.2　MDP運用業務室の標準化の追加
　　2.1.3　NDB結合小舎の施工標準の追加
　　2.1.4　航空無線鉄塔設計指針の変更

　2.2　平成13年版→23年版の変更点
　　2.2.1　誤記等の訂正及び記載数値等の根拠の明示（例：耐震関連の数値等）
　　2.2.2　雷保護：「JIS A 4201：2003 建築物等の雷保護」が平成15年に改正されたので、保護レベル、回転球体法、保護角法、メッシュ法、外部雷保護システム、内部雷保護システム等の変更。
　　2.2.3　接地方式：等電位接地方式等の追加。
　　2.2.4　省エネルギー項目の追加。
　　2.2.5　無線局舎（サイト）等の図面等の変更。
　　2.2.6　航空保安施設等防護対策設備の変更。
　　2.2.7　ハロンを含めた消火設備等の変更。
　　2.2.8　その他（省エネ関連の追加、高調波抑制対策ガイドライン等の追加）
　　2.2.9　ITV整備関連の追加
　　2.2.10　関連する用語集の追加

航空無線施設等の整備工程及び各種基準等の位置づけ

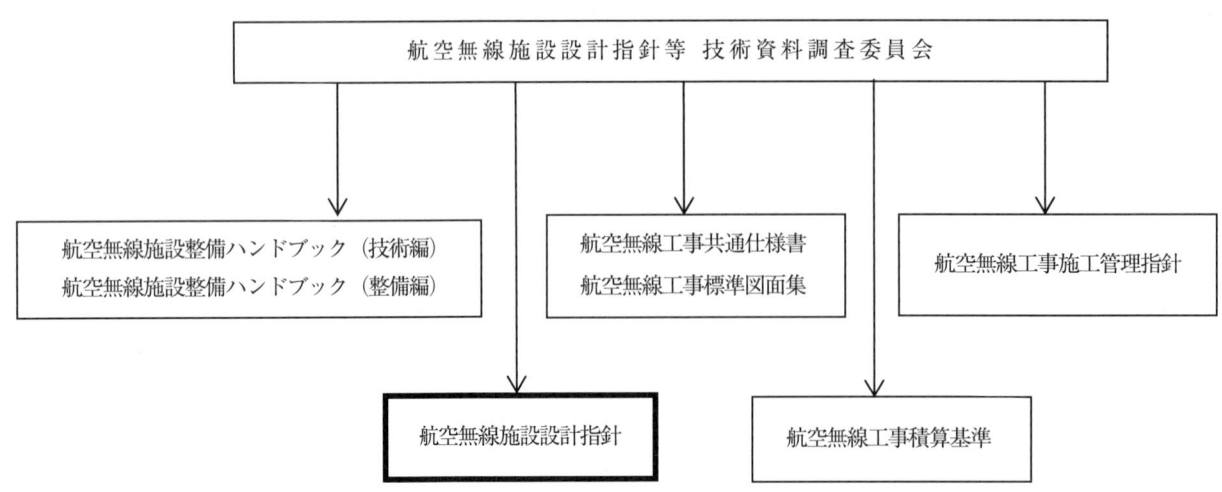

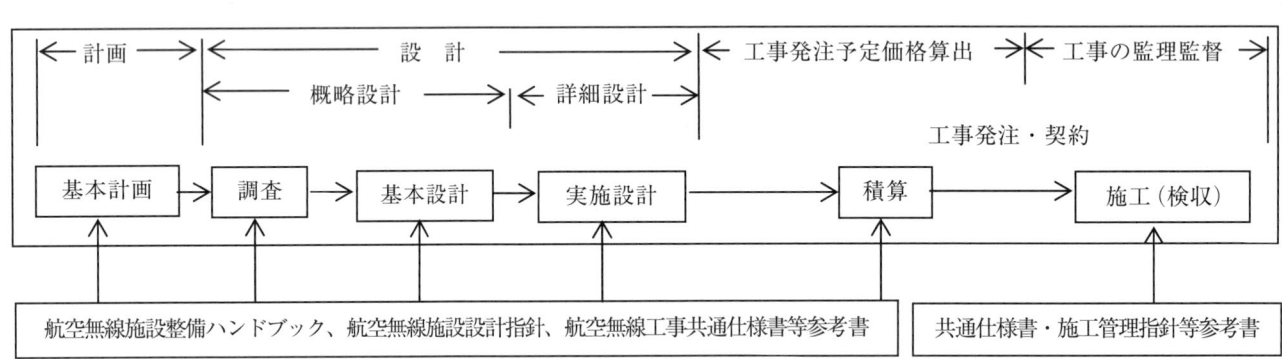

目　　次

第1編　航空無線施設設計指針　総論

第1章　総　　則

第1節　目　　的 …………………………… 1-1-1
第2節　適用範囲 …………………………… 1-1-1
第3節　用語及び記号 ……………………… 1-1-1
第4節　関連の法規 ………………………… 1-1-2
第5節　運用事項 …………………………… 1-1-2
第6節　管　　理 …………………………… 1-1-3

第2章　設計方針

第1節　設計の基本 ………………………… 1-2-1
　2.1.1　一般事項 ………………………… 1-2-1
　2.1.2　防災対策 ………………………… 1-2-1
　2.1.3　電気使用の安全性 ……………… 1-2-5
　2.1.4　電力設備電磁界対策 …………… 1-2-5
　2.1.5　電波防護基準 …………………… 1-2-6
第2節　信頼性 ……………………………… 1-2-6
　2.2.1　一般事項 ………………………… 1-2-6
　2.2.2　信頼性 …………………………… 1-2-7
　2.2.3　耐久性 …………………………… 1-2-7
　2.2.4　運用保護 ………………………… 1-2-7
　2.2.5　障害の波及防止 ………………… 1-2-7
第3節　自然環境 …………………………… 1-2-8
　2.3.1　一般事項 ………………………… 1-2-8
　2.3.2　外界条件 ………………………… 1-2-8
　2.3.3　自然環境への順応 ……………… 1-2-8
　2.3.4　自然環境の活用 ………………… 1-2-8
第4節　公害発生防止 ……………………… 1-2-9
　2.4.1　一般事項 ………………………… 1-2-9
　2.4.2　地域への公害防止 ……………… 1-2-9
　2.4.3　近隣への配慮 …………………… 1-2-9
　2.4.4　高齢者、身体障害者等の移動等
　　　　　の円滑化の促進に関する法律 …… 1-2-9
　Coffee Break：地球は宇宙船である！ …… 1-2-10
第5節　省資源、省エネルギー …………… 1-2-15
　2.5.1　省資源、省エネルギー ………… 1-2-15
第6節　経済性等 …………………………… 1-2-15
　2.6.1　一般事項 ………………………… 1-2-15
　2.6.2　整備費 …………………………… 1-2-15
　2.6.3　省　　力 ………………………… 1-2-15
第7節　スペース …………………………… 1-2-16
　2.7.1　一般事項 ………………………… 1-2-16
　2.7.2　保守、取替えスペース ………… 1-2-16
第8節　将来計画 …………………………… 1-2-16
　2.8.1　一般事項 ………………………… 1-2-16
　2.8.2　模様替え計画への対応 ………… 1-2-16
第9節　電波環境 …………………………… 1-2-17
　2.9.1　一般事項 ………………………… 1-2-17
　Coffee Break：電気工事関連の施工証明
　　　　　制度の概要について ……… 1-2-18

第3章　計画・設計

第1節　一般事項 …………………………… 1-3-1
　3.1.1　計画・設計システム …………… 1-3-1
第2節　基本計画 …………………………… 1-3-3
　3.2.1　基本計画要項 …………………… 1-3-3
　3.2.2　設計目標の設定 ………………… 1-3-3
　3.2.3　基本計画の作業手順 …………… 1-3-4

第2編　航空無線施設設計指針　各論

1. 土盛式 VOR/DME 施工標準について …… 2-1-1
2. 空港対空通信施設の通信方式及び配置形態について …… 2-2-1
   Coffee Break：GPS 規格とは何か（TPD 規格とGPS規格について）… 2-2-2
3. 無線局舎（サイト）の標準化について …… 2-3-1
   3.1 送信局舎及び受信局舎の施工標準について …… 2-3-1
   3.2 TSR（ASR）局舎及び TSR（ASR）/TX 局舎の施工標準について …… 2-3-6
   3.3 VOR/DME 局舎の施工標準について 2-3-9
   3.3.1 VOR/DME …… 2-3-9
4. 航空保安施設等防護対策設備の標準化について …… 2-4-1
   4.1 航空保安施設等防護対策設備の整備プロセス …… 2-4-1
   4.2 囲障及び門扉等施工標準について …… 2-4-3
   4.3 防護センサー等施工標準について …… 2-4-5
   4.4 屋外ケーブルダクトについて …… 2-4-7
   4.5 ケーブル貫通口部分の耐火施工標準について …… 2-4-9
5. 機械警備システム及び自動警報通報システム設置標準 …… 2-5-1
6. 接地工法の標準化について …… 2-6-1
   6.1 接地の種類と役割 …… 2-6-1
   6.2 航空無線施設の等電位ボンディング 2-6-2
   6.3 接地形態の選定 …… 2-6-3
   6.4 接地施工標準について …… 2-6-3
   6.5 接地設計の手順 …… 2-6-4
   6.5.1 基準接地抵抗の決定 …… 2-6-4
   6.6 接地工事の動向 …… 2-6-7
   6.6.1 電気設備技術基準及び同解釈について …… 2-6-7
   6.6.2 電子機器等の雷保護対策 …… 2-6-7
   6.6.3 通信障害対策 …… 2-6-8
   6.7 接地工事の施工方法 …… 2-6-8
   6.8 接地極の埋設 …… 2-6-10
   6.9 施工標準 …… 2-6-11
   6.10 基本形状接地極の接地抵抗 …… 2-6-16
   （参考資料－1）接地抵抗測定値による大地抵抗率の算出 …… 2-6-17
   （参考資料－2）既知の大地抵抗率からの接地抵抗値の算出 …… 2-6-18
   （参考資料－3）接地抵抗の増減について 2-6-21
   （参考資料－4）全国の季節変動係数表 … 2-6-23
7. 各種機器シェルタ等の基礎構造について … 2-7-1
   7.1 ILS 施設基礎構造について …… 2-7-1
   7.2 地盤の調査 …… 2-7-4
   7.2.1 設計・施工関連調査項目 …… 2-7-4
   7.2.2 探査のためのボーリング法 …… 2-7-4
   7.2.3 標準貫入試験 …… 2-7-5
   7.2.4 LOC/GS シェルタ基礎参考配置図 …… 2-7-6
   （参考資料－1）地盤の許容支持力度の算出 …… 2-7-9
   （参考資料－2）N値からの設計地盤支持力の算定 …… 2-7-11
   （参考資料－3）寒冷地における建築設計資料 …… 2-7-13
   Coffee Break：暖房日とは？ …… 2-7-13
   （参考資料－4）地業 …… 2-7-14
   7.3 仮設 VOR/DME、SSR 装置の基礎構造について …… 2-7-15
8. 自動消火設備の標準化について …… 2-8-1
   8.1 不活性ガス消火設備の標準化について …… 2-8-1
   8.2 ハロゲン化物消火設備の標準化について（消防法施行規則第20条） …… 2-8-4
   （参考資料－1）消防関係 …… 2-8-7
   Coffee Break：消防用設備工事法令 …… 2-8-13
9. 光ファイバケーブルの選定について …… 2-9-1
   9.1 光ファイバケーブル選定 …… 2-9-1
   9.2 光ケーブル規格等 …… 2-9-1
   9.3 使用心数について …… 2-9-1
   （参考資料－1）ケーブルの編成、種類、構造 …… 2-9-5
   Coffee Break：電線表示マーク▽について …… 2-9-7
10. 航空無線鉄塔設計指針 …… 2-10-1
    10.1 総　　則 …… 2-10-1

10.1.1	一般事項 …………………… 2-10-1	11.6	補強対策等 ………………… 2-11-13
10.1.2	設計の手順 ………………… 2-10-2	12. 電源負荷容量の算出方法について ………… 2-12-1
10.2	調　　査 …………………………… 2-10-5	12.1	電源負荷容量の算出方法について … 2-12-1
10.2.1	調査概要 …………………… 2-10-5	13. ITV整備について ……………………………… 2-13-1
10.2.2	調査項目 …………………… 2-10-7	13.1	目　　的 …………………………… 2-13-1
10.3	設計条件 …………………………… 2-10-8	13.2	整備方針 …………………………… 2-13-1
10.3.1	無線用鉄塔の建設計画 …………… 2-10-8	13.2.1	設置対象施設 ……………… 2-13-1
10.3.2	空　中　線 ………………… 2-10-9	13.2.2	監視対象項目 ……………… 2-13-1
（参考資料-1）アンテナ近傍に金属棒を置いた影響について ……………… 2-10-11		13.2.3	性　能　等 ………………… 2-13-1
		13.3	共通事項 …………………………… 2-13-1
10.3.3	付属構造物 ………………… 2-10-14	13.3.1	カメラ設置箇所及び監視対象 … 2-13-1
10.3.4	付帯設備の種類 …………… 2-10-15	13.3.2	システム構成 ……………… 2-13-2
10.4	設　　計 …………………………… 2-10-16	13.3.3	回線品質・接続環境 ……… 2-13-2
10.4.1	鉄塔の形状 ………………… 2-10-16	13.3.4	設置条件 …………………… 2-13-2
10.4.2	主要材料 …………………… 2-10-23	13.3.5	そ　の　他 ………………… 2-13-2
10.4.3	設計荷重 …………………… 2-10-26	13.4	個別指針 …………………………… 2-13-2
10.4.4	許容応力度と変形制限 …… 2-10-39	13.4.1	ＮＡＶ系 …………………… 2-13-2
10.5	構造計算 …………………………… 2-10-41	13.4.2	ＣＯＭ系 …………………… 2-13-3
10.5.1	一般事項 …………………… 2-10-41	13.4.3	レーダー系 ………………… 2-13-3
10.5.2	構造計算の手順 …………… 2-10-41	13.4.4	積雪地ILS ………………… 2-13-3
10.6	防　　食 …………………………… 2-10-43	13.4.5	高カテゴリーILS ………… 2-13-4
10.6.1	防食法 ……………………… 2-10-43	13.4.6	監　視　所 ………………… 2-13-4
10.7	基　　礎 …………………………… 2-10-45	13.4.7	常駐官署 …………………… 2-13-4
10.7.1	柱　　脚 …………………… 2-10-45	14. 気象観測整備について ………………………… 2-14-1
10.7.2	基礎一般 …………………… 2-10-46	14.1	概　　要 …………………………… 2-14-1
11. 航空保安無線施設等の施工による地震対策 2-11-1		14.2	気象観測の方法 …………………… 2-14-1
11.1	適　　用 …………………………… 2-11-1	14.3	気象測器の精度 …………………… 2-14-1
11.2	レーダー空中線の地震対策 ……… 2-11-3	14.4	測定方法 …………………………… 2-14-1
Coffee Break ………………………………… 2-11-3		14.5	設置環境 …………………………… 2-14-2
11.3	フリーアクセス床上設置機器に対する地震対策 ………………………………… 2-11-3	14.6	点検・保守体制 …………………… 2-14-2
		14.7	対象気象測器 ……………………… 2-14-2
11.4	一般床上設置機器に対する地震対策 2-11-8	14.7.1	積　雪　計 ………………… 2-14-2
11.5	その他の施設等の地震対策 ……… 2-11-10	14.7.2	風向風速計 ………………… 2-14-2

第3編　用語集

1	土木・建築用語 ……………………… 3-1-1	3	一般用語（環境関連も含む） ……………… 3-3-1
2	無線用鉄塔関連用語 ………………… 3-2-1		

航空無線施設設計指針等　技術資料調査委員会　名簿

第1編　航空無線施設設計指針
総　　論

第1章 総　　　則

第1節　目　　　的

> この指針は、国土交通省航空局が実施する無線施設の設計について、その方針を示すことを目的とする。

【解説】
(1) 指針（本文）は、無線施設の計画、設計における基本方針を示したものである。
(2) 解説は、指針の正しい理解、解釈の統一及び適切な運用を図るために作成されたもので、その内容は次のように分類される。
　(a) 本文の説明的な事項
　　(イ) 本文の意図すること。
　　(ロ) 本文の解釈に統一を要すること。
　　(ハ) 本文の決定に至る経緯、理由など。
　(b) 実務上のよりどころとなる数値、設計法及び運用上で必要な補足事項。

第2節　適用範囲

> この指針は、無線施設の新設、更新、増設及び模様替えの設計に適用する。

第3節　用語及び記号

> この指針における用語及び記号は、日本工業規格（以下「JIS」という）の当該用語、記号及び電気関係学術用語集に定めるところによる。

【解説】
(1) この指針における用語及び記号は、日本工業規格（JIS）の当該用語、記号及び電気関係学術用語集（電気学会編）をもって定義する。なお、これらによって定義できないものについては本文記載による。
(2) 「一般に……」または「一般的に……」とは、ある事項に関して指示、選定、説明する場合、それに対して前提となる条件があることを表すもので、扱い方については「原則」に準ずる。下記のように、経験的に肯定されている場合、または方法などを消極的に指示する場合に用いる。
　(a) 過去において実績があり、特別な条件がない限り指示する方法などで、問題が生じないと考えられる場合
　(b) 二つ以上の事柄または機器類の選定等において、あらかじめ代表的な結論を提示して、計画、設計者に便宜を図る場合
(3) 「原則として」とは、特定の事項の適用または機器類の選定などにおいて、記載したそのことが原則論で例外もありえるが、そのほとんどがこれによる場合をいう。したがって、この場合例外は認めるが、それ相当の理由または条件の違いを必要とする。
(4) 本文で文の末尾に用いられている用語の使い分けは次のとおりとする。
　「……（しなければ）ならない」とは、設計方針など基本事項にかかわる指示を示す。
　「……できる」とは、例外の場合の指示を示す。

(5) 本文及び解説で諸数値の確かさ、または計算の詳しさなどを示す字句として、次の用語にそれぞれの意味をもたせて使用している。

「……推定する」または「……推定値」とは、基本計画段階で予測のために用いる算定方法または算定値に適用し、その確かさ、詳しさについて相当の幅があってもよいもの、または相当の幅があると考えられるもの。

「……概算値を求める」または「……概算値」とは、基本設計段階で概略的に把握するために用いる算定方法または算定値に適用し、その確かさ、詳しさについて可能な限り幅を少なくしたもの。

「……決定する」とは、次の手段に進むために決める値または行為をいう。

第4節 関連の法規

> 無線施設は、関連する法規を完全に遵守して設計しなければならない。

【解説】
関連法規の代表的なもの
 (a) 電波法、同法関連法規
 (b) 有線電気通信法
 (c) 電気事業法、同法関連法規、「電気設備技術基準」
 (d) 電気用品安全法、同法関連法規
 (e) 内線規定
 (f) エネルギーの使用の合理化に関する法律
 (g) 建築基準法、同法関連法規
 (h) 消防法、同法関連法規
 (i) 建設工事に係わる再資源化等に関する法律
 (j) 環境基本法、大気汚染防止法、同法関連法規
 (k) 騒音規制法、同法関連法規
 (l) 環境型社会形成推進基本法
 (m) 公共工事の品質確保の促進に関する法律
 (n) 航空法、同法関連法規
 (o) 労働基準法
 (p) 労働安全衛生法、同法関連法規
 (q) 建築物における衛生的環境の確保に関する法律(「ビル管理法」)、同法関連法規
 (r) 上記に関する地方自治体による条例及び規則

第5節 運用事項

> この指針は標準的な無線施設設計の方針を示すものであり、適用においては、新技術を積極的に導入するなど弾力的に運用することができる。

【解説】
指針の適用により、新しい理論、手法、機器などの採用を阻害することは制定の主旨に逆行するもので、むしろ積極的な導入が好ましい方向である。このため特別の調査、研究、開発を目的として設計する場合は、この指針の適用を除外してよい。

第6節　管　　理

> この指針は、実施効果を踏まえ、また確立した新技術を採用するなど、常に管理しなければならない。

【解説】

　指針の陳腐化防止のため、常に必要な管理を行わなければならない。ここでいう管理とは「この指針の制定後、指針の目的が達成されているかどうかを調べ、もし実施が相違しているとか、十分な効果を挙げていない場合は改善するよう措置すること」である。したがって、それに関する情報は速やかにこの指針の管理担当（別途）に通知され、また速やかに対応策がとられなくてはならない。

第2章　設計方針

第1節　設計の基本

2.1.1　一般事項

> 無線施設は、周辺環境及び建築設備等と調和して適切な施設環境を保持することを目標とし、本章の各条項に適合するよう設計しなければならない。

【解説】
　無線施設は周辺環境に調和し、良好な施設環境をつくり、これを維持することを目標とする。したがって、この目標は建築等と一体となる形で計画、設計され、さらに適切な保守管理により、初めてその達成が可能となる。また、個々の計画、設計にあたっては、本設計方針の各条項に適合するよう目標を立て、設計意図を明確にして取り組む必要がある。

2.1.2　防災対策

> 無線施設は、防災機能を有するものでなければならない。

【解説】
　災害とは、暴風雨、豪雨、洪水、高潮、地震、津波、その他の異常な自然現象または大規模な火災もしくは爆発その他の原因により生ずる被害をいう。

> A．火災対策
> 　火災対策は、早期に火災を感知し、適切な警報、避難を行い、消火活動に有効な機能を果たして、運用の途絶を防止し、また人命を保護しなければならない。

【解説】
　火災対策は、消防法、建築基準法等に準拠し、運用の途絶防止、人命保護を目的とし、火災の早期感知、適切な避難、有効な消火活動などが行われるよう、機能並びに保守性を考慮のうえ防火設備を設置する。

> B．地震対策
> 　無線施設は、耐震を考慮して設計しなければならない。

> C．自然災害対策
> 　無線施設は、地域、局所による通常予想される雷害、水害、風害などの自然災害に対して考慮した構造及び機能を有するものでなければならない。

【解説】
(1) 雷害：建築物等の避雷設備は、建築基準法によるほか、無線鉄塔及び無線施設については「航空保安無線施設等雷害対策施工標準」(航空局制定（国空技第61号　平成20年6月13日))の最新版によること。
　(a) 経緯：JIS A 4201の改訂（1992年版から2003年版へ）に伴い、航空保安無線施設等に対する適用を図るために「航空保安無線施設等に対する雷害対策の施工方法に関する調査」を実施し、当該調査報告書（平成19年3月）に基づき別途「施工標準」を制定した。
　(b) 新旧JIS規格の主な相違点

第2章　設計方針

「JIS A 4201：1992」では、建築物の破損保護のみを目的としていたが「JIS A 4201：2003」では「内部雷保護」が新たに規格化され、外部雷と内部雷双方の雷保護をシステム的に構築する。以下「JIS A 4201：2003」での主な変更点を記述する。

(イ) 外部雷保護では、新たに「回転球体法」や「メッシュ法」に基づく受雷部システムの構築が加えられた。

(ロ) 接地とは「危険な過電圧を生じることが無いよう、雷電流を大地へ放流させるもの」として接地抵抗値の規定が無くなり、雷電流の流れやすさに重点をおいた形状及び寸法を重視した。

(ハ) 雷の電磁的影響を考慮した内部雷保護システムの構築を行うため空間を分割し、雷害対策を効率化する「雷保護ゾーン（LPZ）」、「雷の電磁インパルス（LEMP）」の考え方が新たに規格化された。

(ニ) 構造体、避雷針、各種接地を全て連接する「等電位ボンディング」の考え方が規格化された。

(ホ) 施設毎に保護レベル[*1]（Ⅰ～Ⅳの4段階）を選定し、雷害リスク・施設の重要性の高い施設ほど保護効率の高い対策をとることとしている。

　　＊1：保護レベルの選定：保護レベルの選定においては、表2.1.1に一般的な保護レベルの選定方法を示すが、航空無線施設については独自に評価要素を考慮した「雷害対策保護レベル選定一覧表」を全国無線施設の各サイト毎に作成していることから、雷害対策設計時の最新版により保護レベルを選定し設計を行う。評価要素としては、雷被害の危険性（ハザード）を考慮し、落雷観測データに基づく「最大電流強度」、「年平均雷撃回数」、「冬季雷日数」及び施設の高さ要素として「敷地標高」、「空中線地上高」を採用し、各要素毎の配点集計結果（100点満点）から保護レベルを選定している。

(ヘ) 受雷部システムでは従来の保護角法に加え、回転球体法、メッシュ法が取り入れられた。保護レベルⅠ～Ⅳに分けて適用すべき数値が示されている（表2.1.2、2.1.3参照）。保護レベルの一番低い、レベルⅣで設計した場合、保護角法では20m以下の建物で55°、60m以下の建物では25°、60mを超過する建物の場合は、保護角法を採用することはできず、メッシュ法（20m）及び回転球体法によって設計する必要がある。

表2.1.1　一般的な保護レベルの選定方法

項　目	内　容
立地・環境条件	・その地方の雷発生頻度、オープンスカイになっているか？ ・周囲に高層建築物の有無
建築物等の種類	・特定建築物 ・公共建築物 ・危険物貯蔵の建築物

表2.1.2　方式毎の受雷部システム

保護レベル	回転球体法	保護角法					メッシュ法幅（m）	保護効率	雷パラメータ	
		20m	30m	40m	60m	60m超え			最大雷撃電流	最小雷撃電流
Ⅰ	20m	25°	—	—	—	—	5×5	0.98%	200kA	2.9kA
Ⅱ	30m	35°	25°	—	—	—	10×10	0.95%	150kA	5.4kA
Ⅲ	45m	45°	35°	25°	—	—	15×15	0.90%	100kA	10.1kA
Ⅳ	60m	55°	45°	35°	25°	—	20×20	0.80%	100kA	15.7kA

注）　無線関係施設に対する雷保護システムの保護レベルは「航空保安無線施設等雷害対策施工基準」の関連資料である「雷害対策保護レベル選定方法による配点一覧」によること。

表2.1.3 受雷部システム方式

方式	内容	備考
回転球体法	2つ以上の受雷部に同時に接するような球と1つ以上の受雷部と大地とに同時に接するように球体を回転させたときに、球体表面の包絡面から被保護物側を保護範囲とする方法で、球体の半径は保護レベルに応じて20〜60mが適用される。現JISでは、回転球体が接触するすべての部分に受雷部を設置しなければならない。ただし、法令において避雷設備等の規定が制定されている場合は、その設置基準に従う。例えば、建築基準法上は20mを超える部分のみ受雷部を設ければよい。	
メッシュ法	メッシュ導体で覆われた内側を保護範囲とする方法である。メッシュ幅は、保護レベルに応じて5〜20mが適用される。メッシュ導体は、受雷効果を主目的とするものであることから、メッシュの形状は必ずしも網状を構成する必要はなく、平行導体を構成すれば保護効果は同等である。高層ビルで高さが保護レベルに応じて一定の値を超える側壁部分は、保護角法が適用できず、回転球体法も実用的でない場合か多いため、実際にはメッシュ法が適用される。	
保護角法	受雷部の上端から、鉛直線に対して保護角を見込む稜線の内側を保護範囲とする方法で、受雷部の上端の高さ及び保護レベルに応じて25°〜55°が適用される。hは、地表面から受雷部の上端までの高さとする。ただし、陸屋根の部分においては、hを陸屋根から受雷部の上端までの高さとすることができる。	

注) 1. 雷害対策と接地工事関連は非常に密接な関係があり、総合的に判断する必要があるので、注意すること。
2. 空中線用支柱等が建築避雷針保護範囲から漏れることがないように関係部門と調整すること。もし空中線高が未定の場合は避雷針用接地端子箱を空中線用支柱基礎部分に準備するよう関係部門と調整すること。

(d) 雷保護に関するJIS

雷保護に関する規格としては以前は「建築物等の避雷設備(避雷針)」がJIS化されているだけであったが、ここ数年の間に雷保護に関する国際電機標準会議(IEC)規格を翻訳したJISが複数制定、改正されている。雷保護に関する主なJISを表2.1.4に示す。

表2.1.4 雷保護に関する主なJIS規格と対応するIEC規格

JIS番号	IEC規格番号	JISの表題
A 4201：2003	61024-1：1990	建築物等の雷保護
Z 9290-4：2009	62305-4：2006	雷保護—第4部：建築物内の電気及び電子システム
C 5381-1：2004	61643-1：1998	低圧配電システムに接続するサージ防護デバイスの所要性能及び試験方法
C 5381-12：2004	61643-12：2002	低圧配電システムに接続するサージ防護デバイスの選定及び適用基準
C 5381-21：2004	61643-21：2000	通信及び信号回線に接続するサージ防護デバイスの所要性能及び試験方法
C 5381-22：2007	61643-22：2004	通信及び信号回線に接続するサージ防護デバイスの選定及び適用基準

注) SPDとは従来保安器、避雷器、サージアブソーバ、アレスタ等と呼ばれていた避雷装置の総称である。最近では、SPD表示の使用頻度が多くなっている。

(e) 建築物等の雷保護は、IEC 62305-3：2006「雷保護—第3部：建築物の物的損傷と人命への危険」を翻訳したJISが発行予定で、発行されるとJIS A 4201：2003はそれに置き換えられる。

JIS Z 9290-4：2009は、JIS C 0367-1：2003「雷による電磁インパルスに対する保護—第1部：基本的原則」の改訂版で、雷による電気・電子機器の雷害防止について規定したものであり、JIS C 5381シリーズは雷害防止に使用するサージ防護デバイス（SPD：Surge Protective Device）に関する規格である。

(2) 水　害
(a) 電気配管の防水壁、防水層の貫通禁止及び外壁貫通に関する高さ、防水対策を配慮する。
(b) 浸水するおそれのある区域（建物内）の機器の設置高を配慮する。

(3) 風　害
特に台風時や突風の風害に対し、屋外に設置する無線施設の強度を十分にもたせる。

> 建築基準法施行令第87条によると、風圧力は速度圧に風力係数を乗じることになっている。
> 速度圧 q は
> $$q = 0.6EV_0^2 \quad (\mathrm{N/m^2})$$
> E：当該建築物の屋根の高さ及び周辺の地域に存する建築物その他工作物、樹木その他の風速に影響を与えるものの状況に応じて国土交通大臣が定める方法により算出した数値
> V_0：その地方における過去の台風の記録に基づく風害の程度その他の風の性状に応じて30m毎秒から46m毎秒までの範囲内において国土交通大臣が定める風速（単位：m/s）

(4) 塩害、雪害
(a) 塩害、雪害に対し、防さび、防食、絶縁不良等の防止に配慮する。
(b) 塩害は表面にでている金属類を劣化させるのはもちろん、鉄筋コンクリート内の鉄筋にも影響を及ぼす場合があるので、海岸の近くでは充分にその対策を考慮しなければならない。

> 雪　害
> 建築基準法施行令第86条によると、積雪荷重は積雪の単位荷重に屋根の水平投影面積及びその地方における垂直積雪量を乗じることになっている。
> 積雪の単位荷重は、積雪量1cmごとに1m²につき20N以上としなければならない。ただし、特定行政庁は規則で、国土交通大臣が定める基準（平成12年建設省告示第1455号）に基づいて多雪区域を指定し、その区域につきこれと異なる定めをすることができる（都道府県の条例に記載されている。例えば新潟県のある都市では積雪量1cmごとに1m²につき30N以上としなければならない）。

> D. 爆発対策
> 無線施設は、油、ガスの漏出による引火、爆発事故を防止するための構造、機能を有するものでなければならない。

【解説】
爆発事故に対しては、一般的に次のことを配慮する。
(1) 油の漏出防止策
(2) 引火性ガスの発生、流入、充満の可能性がある場所での機器等の防爆構造
(3) 換気装置の取付け
(4) 電気配線、配管の短絡、漏電防止

2.1.3　電気使用の安全性

　無線施設は、機器の使用に際して漏電、感電、機器の発熱、焼損等による事故から、人体及び機器の損傷を防止するため電気的安全を図らなければならない。

【解説】
(1) 漏電及び感電の防止のため、次の措置を行う。
　(a) 絶縁不良の防止
　(b) 機器の接地
　(c) 漏電遮断器の設置
　(d) 充電部分の露出防止及び接近防止
(2) 発熱及び焼損防止のため、次の措置を行う。
　(a) 保護装置の設置
　(b) 装置間の保護協調
　(c) 配線及び機器容量の適正化
(3) 主要な電気安全に関する法規
　(a) 国内：電気事業法、電気設備技術基準、電気用品安全法、内線規定、労働安全衛生法等。
　(b) 国際：IEC 60204-1（JIS B 9960-1）、IEC 60204-11（JIS B 9960-11）

表2.1.5　主要な電気安全に関する法規（国際）

	IEC 60204-1で対象とする電気設備の主な危険源	具体的な方法
1	感電、火災を生じるような電気設備の不備、故障又は不具合	接地、ガード、電源断路方法等
2	機械に機能不良を引き起こすような電気回路の故障又は不具合	インターロック及び非常停止機能を含む機械の起動と停止に関する規定
3	機械に機能不良を生じるような電源変動／停止	
4	パネル上での誤操作や電気配線の誤接続による安全機能の喪失	電気配線の誤接続等の誤り操作を含むパネル等の盤構造に対する配置・色彩等に関する規定は、ISO 12100-2（JIS B 9700-2）における人間工学に基づく
5	電気設備の外部、内部での電気的妨害	インターロック及び非常停止機能を含む機械の起動と停止に関する規定
6	蓄積エネルギー（電気的・機械的）による被災	
7	騒音、放射エネルギーによる被災	

2.1.4　電力設備電磁界対策

　平成19年6月に世界保健機関（WHO）から電力設備電磁界対策の環境保健基準が公表された。この発表を受けて平成19年6月、原子力安全・保安部会電力安全小委員会「電力設備から発生する電磁界対策ワーキンググループ」が設置され、平成20年6月に報告書が公表された。報告書においては、わが国においてもWHO報告書を基本として、諸対策を講じることが提言されている。

　国際非電離放射線防護委員会（ICNIRP）ガイドンを遵守するように勧告する。
　　a．電界については5 kV/m（50Hz）　　　　　　4.2kV/m（60Hz）*
　　b．磁界については100 μT（マイクロテスラ）（50Hz）　83 μT（60Hz）
　＊日本では、電界については電気設備技術基準第27条第1項において、3 kV/m の規制値が定められている。

2.1.5 電波防護基準

> 市街地、庁舎等の人が居住又は出入りする場所の近傍に無線施設を整備(新設、更新、移設)する場合には、電波防護基準を考慮し施設の整備を行う。

【解説】
(1) 総務省は、安全な電波利用の一層の徹底を図るために、電波法施行規則を一部改正(平成11年10月から施行)し、無線局の開設者に電波の強さを算出し、必要な場合には安全施設を設けるよう義務づけることとしている。よって、無線施設から放射される電波強度が防護基準値に比べてどの程度か算出し、安全な離隔距離及び対策について検討する必要がある。

(2) 適用基準等

検討において適用する規則等は下記による。

(a) 本制度及び基準値:電波法施行規則第21条の3、別表第2号の3の2

(平成10年10月1日公布、平成11年10月1日施行)

(b) 算出方法及び測定方法:平成11年郵政省告示第300号

(平成11年4月27日公布)

(c) 電波防護のための基準への適合確認の手引き(総務省発行)

電波法施行規則第21条の3関係別表(別表第2号の3の2)には、基準値として一般環境の指針値を採用し、表2.1.6に示すように周波数帯毎に基準値が決められている。

表2.1.6 電波の強さ基準値(電波法施行規則第21条の3関係別表より)

周波数	電界強度の実効値 [V/m]	磁界強度の実効値 [A/m]	電力束密度 [mW/cm^2]
10kHz を超え 30kHz 以下	275	72.8	
30kHz を超え 3MHz 以下	275	$2.18/f$	
3MHz を超え 30MHz 以下	$824/f$	$2.18/f$	
30MHz を超え 300MHz 以下	27.5	0.0728	0.2
300MHz を超え 1.5GHz 以下	$1.585\sqrt{f}$	$\sqrt{f}/237.8$	$f/1500$
1.5GHz を超え 300GHz 以下	61.4	0.163	1

* f は周波数(MHz)

第2節 信頼性

2.2.1 一般事項

> 無線施設は、使用目的に対応した信頼性を有しなければならない。

【解説】

無線施設は、部品、機器などの積上げによって系が構成されるものであるから、系としての信頼性を追究する。

2.2.2 信頼性

> 無線施設は、適切な信頼度を有する機器による構成と施設の冗長性を備え、かつ、適切に運用、保守されるよう考慮して設計しなければならない。

【解説】

信頼性を向上させるには、大別すると次のものがある。

(1) 機器の製造過程での信頼性向上（機器部品の信頼性向上）
(2) 機器の運用時の信頼性向上（保安性の向上）
(3) 通信、電力、防災関連設備等の方式としての信頼性向上（冗長付加）
　　設計において、回線構成、系統の分割、誤動作防止などの冗長付加で信頼性を高める。

2.2.3 耐久性

> 無線施設は、適切な耐久性を有する機材により構成しなければならない。

【解説】

無線施設は、総体として耐久性をもたせるためには部品、機器、構成要素それぞれのレベルでの耐久性の保持が必要である。

2.2.4 運用保護

> 無線施設は、過失、未熟による誤操作の防止及び誤操作運転による障害防止を考慮し、設計しなければならない。

【解説】

無線施設の信頼性は次のとおり、操作手段の面から検討する必要がある。

(1) 故意、過失の事故防止のため、構造、設置場所に留意する。
　(a) 不特定多数の者の接近防止、立入り禁止
　(b) 特定者以外の操作禁止対策
　(c) 作業、通行中の身体の誤接触の防止策
(2) 未熟操作の事故防止のため、構造、設置場所に留意する。
　(a) 日常点検頻度の低い部品は、不用意な操作を防止できる形式とし、標識及び操作上の注意事項を明記する。
　(b) 日常点検頻度の高い部品は、発見、操作の容易な場所に設置し、所在標識及び操作順序を表示する。
(3) 誤作動の防止対策
　(a) 警報装置の設置
　(b) インターロックの機構の取付け
　(c) 緊急停止機構の取付け
　(d) 操作方法、操作手順の標識の取付け

2.2.5 障害の波及防止

> 無線施設は、その障害によって、他施設に生ずる派生障害を最小限にとどめるよう、設計しなければならない。

【解説】

無線施設における障害の波及防止としては次のものがある。

(1) 停電対策

(a) 系統分割
(b) 遮断器の協調
(2) 誤作動の防止
(a) 非火災報の防止
(3) 接地系の総合系統
(a) 等電位接地方式等の検討：雑音、電位不安定による機器の誤動作等を防止するために共通接地化は重要であるが、前項目で述べた雷害（「航空保安無線施設等雷害対策施工標準」によること）の等電位ボンディングも考慮し設計検討を行うこと。

第3節　自然環境

2.3.1　一般事項

> 無線施設は、地域の自然環境に対応し、その克服、順応、活用をはかって設計しなければならない。

【解説】
夜間照明、雷害設備などは自然条件の克服であり、周囲温度に対する定格容量の逓減等は順応である。

2.3.2　外界条件

> 無線施設は、原則として、対象地域で観測された外界条件の統計値により設計しなければならない。

【解説】
無線施設は、未来に出現する外界条件について、落雷多発頻度などのように、これらを予想する手段として過去の観測の統計値によらざるをえない。最も権威ある外界条件の観測値は、原則として気象官署（気象庁のライデンシステム：LIDEN：Lightning Detection Network system）によることとする。

2.3.3　自然環境への順応

> 無線施設は、地域における、雷害、水害、雪害、地中配管の腐食、凍結、塩害などによる通常的な被害の対策を考慮して設計しなければならない。

【解説】
自然環境への順応は次による。
(1) 雷害：2.1.2防災対策の項によること。
(2) 水害：建物外部へ引き出す配管の水位への配慮
(3) 雪害：街灯の高さ、形状及び光電式点滅器などの配慮
(4) その他：土中埋込みの配管腐食への配慮
　　寒冷地域の凍結による機器などを配慮した高さ、位置、塩害による腐食への配慮

2.3.4　自然環境の活用

> 無線施設は、その利用効果が明らかに認められた場合、地域における自然環境を積極的に活用して設計しなければならない。

【解説】
(1) 地域における自然環境の活用は、利用による効果が十分期待できる場合、経済性を考慮のうえ進めてよい。
(2) 自然環境の活用としては次のものなどがある。
  (a) 自然採光
  (b) 太陽電池
  (c) 風力発電
  (d) 接地工事の土壌への配慮
(3) 効率の良いシステム（総合的に効率を上げる事が重要である）
  (a) 燃料電池
  (b) 電気二重層キャパシタ等の採用（ピークカットオフ等の利用）
  (c) ヒートポンプ等の利用
  (d) パッシブシステム（接続可能な建築物：サステナブル）の積極的採用

第4節　公害発生防止

2.4.1　一般事項

> 無線施設は、公害発生防止の基本姿勢に基づき設計しなければならない。

【解説】
(1) 「国は、公害の発生源とはならない」という基本姿勢である。
(2) 無線施設の公害防止に関連する法規は、環境基本法、大気汚染防止法、騒音規制法などがある。

2.4.2　地域への公害防止

> 無線施設は、大気汚染などの公害を発生しないよう設計しなければならない。

【解説】
　自家発電設備については、非常時の運転とはいえ、ばい煙、硫黄酸化物、ばいじん、有害物質（窒素酸化物など）の排出に留意し、公害防止に努めなければならない。

2.4.3　近隣への配慮

> 無線施設は、騒音、振動などにより、建物の近隣環境を悪化させないように設計しなければならない。

【解説】
(1) 近隣環境に配慮しなければならないものとしては、自家発電設備の騒音、レーダーアンテナの回転及び受変電設備の振動、騒音などがある。設置場所及び環境に応じて機器の形式選定、防音、遮へいの設置を十分に検討する必要がある。なお、燃焼ガスの排出にあたっては、排出位置、方向、排出方法を事前に十分検討する必要がある。
(2) 構内に設ける外灯は、近隣の環境を十分考慮し設置位置、配光、輝度などを検討する。

2.4.4　高齢者、身体障害者等の移動等の円滑化の促進に関する法律

（平成18年6月、最終改正：平成19年3月）

(1) 公共の施設等は高齢者、身体障害者等の移動等が円滑化できるような施設にしなければならない。

―― Coffee Break ――

地球は宇宙船である！

現在は、全ての面で地球環境関連を考慮しなければならない時代になった。これらの基本となる主要な法律等の概略を以下に示す。

1. 循環型社会形成推進基本法

　1.1　概　　説

　　従来の法律は大量廃棄型の社会経済活動にともない発生した廃棄物を対象に、制度整備が図られてきたが、今日では、従来の経済活動を改め、持続的に発展していくために、資源投入量の減少と、環境保全を充分に考慮したシステムをめざし、資源投入→製造→流通→消費→分別→再生製造段階への再投入という、資材循環の環を形成した資源循環型の実現が求められる様になった。

　1.2　「循環型社会形成推進基本法」とは

　　平成12年6月、環境基本法のもとに、社会経済システムにおける物質循環を確保し環境への負荷を低減し、循環型社会を形成することを目的に、廃棄物処理規制関係の法令とリサイクル推進関係の法令をひとつの体系に統合した、基本的枠組み法として整備された法律である。本法には、

　　①　循環型社会の形成に向けた理念や進むべき方向

　　②　国、地方公共団体、事業者、国民の役割分担と責務

　　③　廃棄物・リサイクル対策を総合的に推進するための計画制度

が織り込まれている。

　本法と一体的に整備された「廃棄物の処理及び清掃に関する法：略称：廃棄物処理法」、「資源の有効な利用の促進に関する法」、「建設工事に係る資材の再資源化等に関する法：建設リサイクル法」、「国等による環境物品等の調達の推進等に関する法律（略称：グリーン購入法）」等の関連6法の成立により、廃棄物・リサイクル法の体系が整備された。

　建築物は、多種多様の建築材料で構成され、建築事業には、発注者、設計者、施工者（元請、下請）建材メーカー、廃棄物処理・運搬業者、行政等の多くの関係者が介在するので、建築における資源循環の実現のためには、建築特性を考慮しつつ、図1に示すように建築物の長寿命化、分別解体、再資源化、リサイクル資材の利用促進に対して関係者が連携した取り組みが重要である。

図1　建設資材の循環：概念図

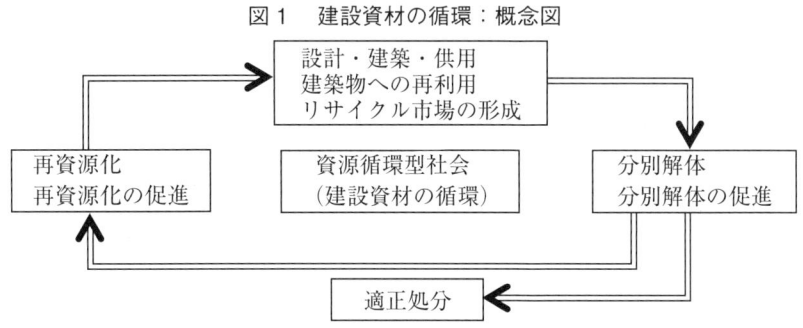

2. 環境基本法

　環境基本法（平成5年公布・施行）は、わが国の環境問題に対する基本理念や施策の枠組みを定めたものであり、この法律がこれまでの公害対策基本法などと根本的に異なるのは、経済活動や生活様式のあり方を含め、社会全体を環境負荷の少ない持続的発展が可能なものに変えていくという、未然防止型の考え方をとっている点である。この法律では製品の環境負荷低減や廃棄物の適正処理などを事業者の責務とし、自発的な活動を促してい

る。また経済的な動機付けも重要であり、環境保全のための税などによる負担措置とともに、優遇税制などによる支援措置などの必要性も述べている。

2.1 環境基本計画

環境基本計画が平成6年に閣議決定され、その後、新たな環境基本計画が平成12年12月に閣議決定された。表1に環境基本計画の概要を示し、表2に地球温暖化対策推進大綱を示す。

表1　環境基本計画の概要

・環境の現状と環境政策の課題
・21世紀初頭における環境政策の展開の方向 　目指すべき社会：持続可能な社会 　長期的な目標：［循環］・［共生］・［参加］・［国際的取り組み］ 　環境施策の指針となる考え方：汚染者負担の原則、環境効率性、予防的な方策、環境リスク
・各環境保全施策の具体的な展開 　戦略的プログラムの展開／環境保全施策の体系
・計画の効果的実施 　推進体制の強化／計画の推進状況の点検

表2　地球温暖化対策推進大綱

1. 地球温暖化は現在の人類の生活と将来の人類の生存に関わる深刻な問題である。我々は、本問題の究極的な解決に向け、叡智を結集しなければならない。
　　平成9年12月京都において気候・変動に関する国際連合枠組条約第3回締約国会議が開催され、京都議定書が採択された。京都議定書においては，先進国全体の温室効果ガスの排出値を、平成20年から平成24年までの期間中に、平成2年の水準より少なくとも5％削減することを目的として、先進各国の削減目標を設定し、わが国は6％削減を世界に約束した。
2. エネルギー効率が既に世界最高水準に達しているわが国にとって、この目標を達成することは容易ではない。しかし、地球温暖化問題の解決に向けた取り組みは、環境と調和した循環型の経済社会を構築し、持続可能な経済社会の発展が可能となるために必要不可欠である。国民の理解と協力を得て、官民を挙げて地球温暖化対策を強力に推進していかなければならない。
　　このため、政府においては、国民各界各層の参加や協力が得られるような取り組みの強化を図るとともに、あらゆる政策手段を動員して，着実に削減が達成されるよう総合的な施策を計画的に推進する。
3. このような認識の下、平成22年に向けて緊急に推進すべき地球温暖化対策として本大綱を策定した。政府は、本大綱に従って、地方公共団体、事業者及び国民と連帯しつつ、以下の政策を推進する。
　　省エネルギーや新エネルギー導入及び安全に万全を期した原子力立地の推進を中心とした二酸化炭素の排出量の削減その他の温室効果ガスの排出削減対策を、世界初の試みであるトップランナー方式の導入を始めとし、平成22年までに想定されるあらゆる革新的技術をも駆使して強力に進める。
4. 平成21年9月に国連において鳩山総理大臣（当時）は25％削減を公表した。これによりなお一層地球温暖化対策を推進する必要がある。

3. 建築にかかわる官公庁の取り組み

3.1 環境政策大綱

国土交通省における環境関連は、平成6年に策定された「環境政策大綱」が基本となり、国土形成における環境行政の理念や環境政策の推進方策・推進体制を定めている。表3に環境政策大綱の概要を示す。

表3　環境政策大綱の概要

① 国土形成における環境行政の理念
- ゆとりとうるおいのある美しい環境の創造と継承
  （社会資本の整備・まちなみの形成。緑とオープンスペース、水環境の形成。地域の歴史的・文化的資産の継承）
- 健全で恵み豊かな環境の保全
  （自然環境の保全・改変の軽減。都市環境整備、インフラを活用した省エネルギー・省資源。住宅・建築の省エネルギー、建設副産物の発生抑制・再生利用・適正処分）
- 地球環境問題への貢献と国際協力の推進
  （CO_2排出抑制、特定フロンの使用削減、熱帯材型枠の効率的・合理的利用、開発途上国に対するきめ細かな支援）

② 環境政策の推進方策
- 環境計画の策定
  （環境共生住宅、都市環境、河川環境、新・緑のマスタープラン、流域別下水道整備）
- 法令、基準等における環境に関する規定の充実
- 環境に関する施策の重点的、総合的推進
- 環境影響評価等の充実
- 環境リーディング事業の推進
- 環境共生住宅、環境低負荷型建築物の普及・供給の促進
- エコシティ・エコロードの整備の推進
- 多自然型川づくりの推進
- 環境と共生した公共建築物の整備の推進
- 下水処理水の再利用・熱利用等を行う下水道事業を推進
- 自然生態観察公園（アーバンエコロジーパーク）の整備の推進

③ 環境政策推進体制
- 国民と行政が協力して進める環境保全・環境創造
  （情報の提供、ボランティア活動への支援、環境影傷の少ない利用のあり方の提案）
- 建設産業における環境対策への取り組みの充実
  （建設産業の行動規範づくりの推進、技術開発の推進、環境の観点からの資材・機材の選択、建設副産物のリサイクル・熱帯材型枠の使用削減の提案、海外で活動する企業の国際貢献）
- 環境技術開発と環境教育の充実
- 推進体制の充実

3.2　緑の政策大綱：緑の政策大綱の概要を表4に示す。

表4　緑の政策大綱の概要

- 道路や公園などの公的空間において、21世紀初頭までに樹木などの緑のストックを3倍に増やすことを基本目標とする。
- 民間緑地については、風致地区制度など緑地の保全・創出施策の活用を図り、市街地の形成における永続性のある緑地の割合を3割以上確保する。
- 大都市においては、公共公益施設等の緑化、高度土地利用による公開緑地・オープンスペースの確保、屋上緑化・壁面緑化などを推進する。
- 鎮守の森や、景観上重要な傾斜地や丘陵地の緑などを適正に保全するとともに、農山村部において、わが国の独特な田園景観を定住環境の整備と合わせて一体的に保全・活用する等。

4．エネルギーの使用の合理化に関する法律（略称：省エネルギー法）

　昭和54年に制定された省エネルギー法は、環境問題を背景に平成10年に改正され、平成17年にはエネルギー消費の伸びが大きい民生・業務分野の規制強化等を目的に改正が行われた。

第1編　総論

表5　エネルギー管理指定工場の区分

項目	概要	対象	義務
第1種	熱と電気を原油換算して合算で、3,000 kL/年以上	熱と電気を合算したエネルギーが一定規模の工場・事業所は全て規制の対象となる。（運輸分野、住宅、建設分野において省エネルギー対策を実施する事）	エネルギー管理者の選任／燃料などの使用状況の報告／将来計画の作成・提出
第2種	熱と電気を原油換算して合算で、1,500 kL/年以上		エネルギー管理員の選任／エネルギー講習受講／エネルギー使用状況の記録

また、従来からあったPAL、CECによる規制も事務所・学校・病院・ホテル旅館・物販店舗の5用途に加え、飲食店舗も対象とし、また規制値も強化された（表6：通商産業省・建設省（当時）告示第1号、平成11年3月）。

表6　PAL、CECによる省エネルギー

対象	基準	建築主の判断基準 建設省（当時）等告示第1号（平成11年）			建築主の努力指針 建設省（当時）等告示第2号（平成11年）		
		物販店	事務所	学校	物販店	事務所	学校
建築	PAL	380	300	320	360	270	290
空調	CEC/AC	1.7	1.5	1.5	1.5	1.4	1.4
換気	CEC/V	0.9	1.0	0.8	0.8	0.9	0.7
照明	CEC/L	1.0	1.0	1.0	0.9	0.9	0.9
給湯	CEC/HW	1.7	—		1.6	—	
昇降機	CEC/EV	—	1.0		—	0.8	

PAL：年間熱負荷係数のことで、建築のペリメータ部の熱負荷性能を示す。
CEC：エネルギー消費係数で設備の年間エネルギーの消費効率を表す。

5．グリーン庁舎計画指針

平成10年3月、建設大臣官房官庁営繕部（当時）は、「環境配慮型官庁施設（グリーン庁舎）計画指針」を策定、公表している。広く公表して公共建築における環境対策を通し、わが国の建築全体としてのCO_2排出量の削減に役立てることとしている。

表7　環境配慮型官庁施設（グリーン庁舎）計画指針の概要

- 計画指針の目的
    グリーン庁舎を計画・設計する際の基本的事項を示し、官庁営繕行政における地球環境保全対策の推進に資することとする。
- グリーン庁舎の計画・設計の基本理念：計画・設計に当たっては
    ① 周辺環境への配慮
    ② 運用段階の省エネルギー・省資源
    ③ 長寿命化
    ④ エコマテリアルの使用
    ⑤ 適正使用・適正処理を基本とする。
- グリーン庁舎の評価の指標
    グリーン庁舎の評価に当たっては　ライフサイクルの二酸化炭素排出量（$LCCO_2$）を主たる指標として採用する。

6．東京都の建築物環境配慮制度

平成13年4月に「東京都公害防止条例」が全面的に改正され、通称「東京都環境確保条例」が施行された。この条例は、従来の公害の枠を広げ、地球環境負荷の低減や化学物質や土壌汚染の対策にも取り組んでいる。これに基づき、建築分野に関しても「建築物に係る環境配慮の措置が平成14年6月から施行された。これにより、延

床面積が1万m^{2}を超える建築物の建築主は、省エネルギーや自然エネルギー利用、省資源などの取り組みを示す環境計画書を建築確認申請等の30日以上前に知事に提出するとともに、工事完了後に完了届出を行うことが義務付けられている。

表8　東京都の建築物環境計画書の項目

分　　野	項　　目	細　　目
エネルギー使用の合理化	建物の熱負荷抑制	建物配置、外壁・屋根の断熱、窓部の熱負荷抑制
	自然エネルギー利用	自然エネルギーの直接利用
		自然エネルギーの変換利用
	省エネルギーシステム	空気調和設備・機械換気設備・照明設備・給湯設備・エレベーター
		最適運用のための計量と運用システム
	地域省エネルギー	地域冷暖房
		その他
資源の適正利用	エコマテリアル	再生骨材などの利用
		混合セメントなどの利用
		リサイクル鋼材の利用
		その他のエコマテリアルの利用
	オゾン保護など	断熱材用発泡材
		空調用冷媒
	長寿命化対応	改変・改善の自由度の確保
		構造躯体の劣化対策
		短寿命建築の建材再利用など
	水循環(1)	雑用水利用
自然環境の保全	水循環(2)	雨水浸透・雨水流出抑制
	緑化	緑の量の確保
		動植物の生息・生育環境への配慮
	外部環境の熱負荷緩和	地上面の被覆対策
		建物表面の被覆対策

低炭素都市を目指す東京の取り組み
1．平成22年4月より「都民の健康と安全を確保する環境に関する条例（環境確保条例）」が改正され施行された。この条例は「キャップ＆トレードプログラム」を日本で初めて実施する施策である。

　　キャップ＆トレードプログラムの最も重要な要件は、排出許容上限総量＝「キャップ」の設定であり、キャップの設定を前提として、排出量取引＝「トレード」の仕組みが導入されることである。この条例の特色は強制的、義務的な削減制度である。

第5節　省資源、省エネルギー

2.5.1　省資源、省エネルギー

> 無線施設は、使用資源を節約し、かつ、消費エネルギーが少なくなるよう合理的に設計しなければならない。

【解説】
　無線施設の設計における省資源、省エネルギーに対する配慮は、経験的な設計手法により組み込まれるもので、一般的にはエネルギー効率の良い機器及び方式の採用により行い、さらに建築設計等と調和し、かつ、環境条件を損なうことなくエネルギーの逓減をはからなければならない。
(参照：「エネルギーの使用の合理化に関する法律」昭和54年6月、改正平成20年5月)

第6節　経済性等

2.6.1　一般事項

> 無線施設は、その必要な性能に見合う整備費となるよう適切に設計しなければならない。

【解説】
　無線施設は、性能に見合う整備費を、保守性、安全性を考慮のうえ、十分に検討して設計する。

2.6.2　整備費

> 無線施設は、適切な整備費の目標値を立て、常に費用を把握して経済的に設計しなければならない。

【解説】
　整備費の目標値を立て経済的設計を行うためには、次により管理を行う必要がある。
(1)　各段階（基本計画、基本設計）の終期において必要に応じ、次の段階で使用する整備費の目標値を設定しておく。構想段階のものについては、過去の類似工事の資料等を参考とし、特に性能、レベルを重視する必要のあるものは、これを加算して整備費の目標値を設定する。
(2)　各段階での整備費の検討の結果、前の段階で決めた目標値とほぼ同程度か、または下回った場合のみ次の段階へ移り、もし極端に上回った場合は目標値に近づけるため、その段階で練り直しをするか、あるいは予算の裏付け措置を行い、次の段階の目標値を設定して次の段階へ進む。

2.6.3　省　力

> 無線施設は、その整備、運用、保守のための労力の低減をはかるよう設計しなければならない。

【解説】
　省力のため検討を要するものとしては次のものがある。
(1)　工事の省力化
　(a)　配管、配線のふ設工法
　(b)　機器の設置工法
　(c)　現場加工率の高い部品の採用
(2)　運用、監視、制御の自動化・集中化

(3) 保守作業の省力化
  (a) 機構が簡単で、信頼性の高いものを使用する
  (b) 寿命の長いものを使用する
  (c) 保守作業のしやすい構造のものを使用する

第7節　スペース

2.7.1　一般事項

> 無線施設の機器などの操作、保守作業、施工及び搬出入に要するスペースは適切なものでなければならない。

【解説】
(1) 設計過程におけるスペースの確保は、保守性、安全性、将来への対応を確保するため重要である。そのため建築計画への要求、機器配置計画等の検討が必要である。
(2) スペースは将来計画の設置状態を想定して、老朽機器の搬出、取替え新機器の搬入について、当初設置される機器の近傍の空間のみでなく、全般的に検討すること。
(3) スペースに関する法規は建築基準法、労働安全衛生法、消防法などであり、規制を受ける事項としては、設置スペースの位置的条件、構造的条件、また、建物、危険物、配管、配線などとの離隔距離、建物壁との間隔などである。

2.7.2　保守、取替えスペース

> 無線施設は、機器の点検、保守作業及び取替え機器の搬出入に支障がないスペース、及び緊急退避に支障のない通路を確保して設計しなければならない。

【解説】
　機器の搬出入通路は、一般的には機器単体で搬出入できる通路幅、高さとするが、やむをえない場合は分割のうえ、搬出入できる通路幅、高さ、経路が確保されていることが必要である。
　また、避難通路としての条件は、労働安全衛生規則第543条及び第542条によれば機器間の通路は80cm以上の幅で、通路の床及び高さ1.8m以内に障害物がないこととされている。

第8節　将来計画

2.8.1　一般事項

> 無線施設は、将来計画に対して効果的に対応できるよう設計しなければならない。

【解説】
　将来増築への対応は、無線設備設計担当者の想定で計画せず、建築設計図書等に明示された将来計画を根拠として行う（スケルトン・インフィル等をよく検討すること）。

2.8.2　模様替え計画への対応

> 無線施設は、建物内部において将来の模様替え計画の意図がある場合、それに効果的に対応できるように検討して設計しなければならない。

【解説】
模様替え計画の意図とは、将来の間仕切りの変更のパターン等を設計時点であらかじめ計画しておくことをいう。

第9節　電波環境

2.9.1　一般事項

> 無線施設は、周辺の電波環境を含めて、その性能が十分発揮できるよう設計しなければならない。

【解説】
周辺の電波環境とは、無線施設の電波に影響を与えると予測される建造物等、立木、山林、地形、地盤、海岸、送電線、フェンス、近隣の電波施設、雑音発生源、大型移動物体等をいう。

(1) 建造物等

無線施設の近傍に大型建造物が建設され、電波障害による無線施設の性能低下が懸念される事例が見受けられること、及び障害発生時の軽減対策にしても必ずしも有効な手段が確立されているとはいい難い状況にある。
現行航空法では、建造物の建設に関する電波障害の観点からの規制はない。
このため、無線施設を設計するにあたっては、予定地周辺の用途規制について、建築基準法、都市計画法等の法的規制の状況を関連地方公共団体等から事前に入手し、将来建設されると見込まれる建造物に対応した検討を行わなければならない。

(2) 立木、山林

無線施設の近傍の立木、山林が成長し、電波環境が悪化及び飛行検査等において視認障害が発生している事例が見受けられる。このため、無線施設を設計するにあたっては、予定地周辺の法的規制（森林法、自然公園法等）を十分調査し、伐採等が困難と想定される場合は立木、山林の成長を考慮した適切な措置を講ずるべきである。

(3) 地形、地盤

周辺の地形、地盤については、一般的に次のことを配慮する。
  (a) 電波の反射を利用する施設：整地、植栽、舗装、段差
  (b) 電波の見通しを必要とする施設：傾斜

(4) 海岸

敷地設定上、やむをえず海岸線近くに無線施設を設置する場合は、海面反射等による影響を避けるため、主要コースへの影響が最小限となるような施設配置を行うこと。

(5) 送電線

無線施設が近傍の送電線搬送波等により影響を受け、主要コースが乱される等の事例が見受けられる。
このため無線施設の設計にあたっては、予定周辺の送電線の経路等を調査し、影響が出ると認められる場合は適切な対応をとること。

(6) 近隣の電波施設

敷地選定の関係から、やむをえず無線施設が種々の電波施設と隣接する場合には、相互に電波干渉が考えられるので、施設の配置等にあたってはこれらの影響を避けるため十分な配慮が必要である。

(7) フェンス

フェンスを設置する場合、これによる影響を避けるため構造、材質等について十分な配慮が必要である。

(8) 大型移動物体

無線施設は、周辺の固定構造物のみならず、移動物体による反射等により影響を受けることもあるので施設の配置等にあたっては、一般的に次のことに配慮する。
  (a) Taxiway上の航空機

(b) 道路の通行車両

(c) 航行船舶

(9) 雑音発生源

無線施設は、雑音発生源からの影響を避けるため、一般的に次のことに配慮する。

(a) 受信空中線は、自動車雑音等の少ない位置に設置すること。

(b) 電源ケーブル、通信ケーブルのふ設にあたっては、同一ルート内における他ケーブルからの回り込みを防ぐ等配慮すること。

Coffee Break

電気工事関連の施工証明制度の概要について

1. 概　　要

　国の委員会である「電力安全小委員会」（平成15年5月）において、電気工事業者等による自主的な取組みの進展により電気設備技術基準の不適合率が低減する仕組みの必要性についての提言があり、この提言を受けて民間の関係者で構成された「電気工事品質向上検討委員会」（平成16年3月）において、お客様へ電気工事の安全な施工を証明するための施工証明書兼お客様電気設備図面を活用した取組みについて全国の各地域で順次実施することになっている。

　全関東電気工事協会では、平成16年12月より、電気工事に関する更なる品質向上を目指して「施工証明制度」について取り組んでいる。

2. 施工証明制度の概要

　施工証明制度とは、電気工事業者自らが施工した工事について、電気設備技術基準への適合有無の確認を行い、その確認結果およびその責任を記した施工証明書を発行し、お客様への報告や電力会社への連絡に活用するもので、自らの施工責任の明確化とそれに伴う工事品質の向上を図ることを目的としている。

　この制度は、電気工事の品質確保はもとより、お客様から署名をいただくことで、電気工事業者とお客様との間で「顔の見える関係」を築き易くなり、引渡し以降の電気工事に関するご相談、ご用命などを受けやすくなるなど、アナウンス効果のメリットとお客様の利便性向上に資することも目的としている。施工証明制度は、あくまでも民間の取組みとなっており、法的規制という位置づけにはなっていないので、注意をする必要がある。

電気工事技術情報2009-11より

第3章　計画・設計

第1節　一般事項

3.1.1　計画・設計システム

> (1) 計画・設計システムは、基本計画・基本設計・実施設計で構成され、各段階で必要な検討・評価・判定の手法・手順を定めるもので、無線施設の品質及び設計の能率を確保するよう運用する。
> (2) 無線設備の設計及び建築、空調等の設計の工程は、提携して進める。
> (3) 無線設備と他の設備の相互の設計に必要な情報の交換は、連帯意識のもとに緊密に行う。

【解説】
(1) 計画・設計システムの流れは、図3.1.1によることを原則とするが、設計対象によっては基本計画、基本設計の段階を統合もしくは省略することができる。
(2) 基本計画・基本設計・実施設計の検討、評価項目は、実施例・規模・設計作業工程・業務量等を勘案し、選択する。
(3) 無線設備の設計と他の設備の設計の同時進行は、予定線表に基づき相互の進捗を勘案し、連帯して進める。

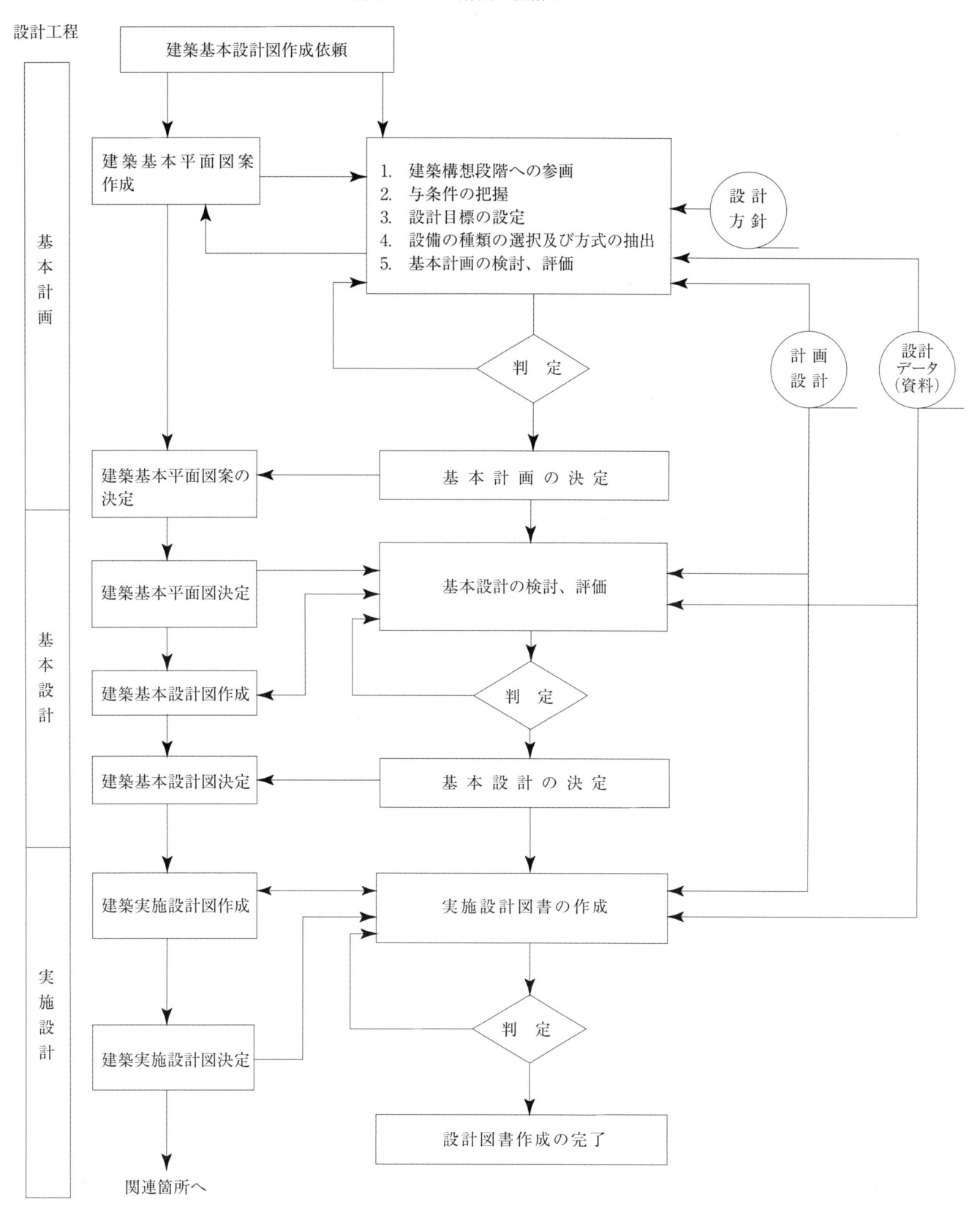

第3章　計画・設計

図3.1.1　計画・設計システム

```
設計工程

         ┌─────────────────────┐
         │  建築基本設計図作成依頼  │
         └──────────┬──────────┘
                    │
         ┌──────────┴──────────┐
         ↓                     ↓
    ┌─────────┐      ┌──────────────────────────┐
    │建築基本平面│      │ 1. 建築構想段階への参画    │        ┌────┐
基  │図案       │─────→│ 2. 与条件の把握           │←──────│設 計│
本  │作成       │      │ 3. 設計目標の設定         │        │方 針│
計  └─────────┘      │ 4. 設備の種類の選択及び方式の抽出│   └────┘
画       ↑           │ 5. 基本計画の検討、評価    │←─────
         │           └──────────┬───────────────┘
         │                      │                ┌────┐  ┌──────┐
         │                      ↓                │計画│  │設 計 │
         │                   ◇判 定◇            │設計│  │データ│
         │                      │                └────┘  │(資料)│
         │                      ↓                         └──────┘
    ┌─────────┐      ┌──────────────────┐
    │建築基本平面│←────│  基本計画の決定   │
    │図案の決定  │      └──────────────────┘
    └─────────┘               │
         │                     ↓
    ┌─────────┐      ┌──────────────────┐
基  │建築基本平面│─────→│ 基本設計の検討、評価│←────
本  │図決定     │      └──────────┬───────┘
設  └─────────┘                 │
計       │                      ↓
    ┌─────────┐             ◇判 定◇
    │建築基本設計│←────────────┤
    │図作成     │                │
    └─────────┘                ↓
         │           ┌──────────────────┐
    ┌─────────┐←────│  基本設計の決定   │
    │建築基本設計│    └──────────────────┘
    │図決定     │             │
    └─────────┘             ↓
         │           ┌──────────────────┐
実  ┌─────────┐←────│  実施設計図書の作成│←────
施  │建築実施設計│────→└──────────┬───────┘
設  │図作成     │                │
計  └─────────┘                ↓
         │                  ◇判 定◇
    ┌─────────┐               │
    │建築実施設計│←──────────────┤
    │図決定     │               ↓
    └─────────┘     ┌──────────────────┐
         │           │ 設計図書作成の完了 │
         ↓           └──────────────────┘
      関連箇所へ
```

第2節 基本計画

3.2.1 基本計画要項

(1) 無線施設の基本計画は、無線設備設計者が建築及び他設備の基本計画段階に参画して、無線設備と建築及び他設備設計の融合と調和をはかり、最も適したものとする。
(2) 基本計画の成果は、設計目標をもとにして評価、判定する。

【解説】
(1) 無線施設の基本計画は、建築基本平面図案において必要とする設備の種類を選択し、建築基本計画段階に有機的に関連を有する部分を中心に全体的な計画を行う。
(2) 無線設備の設計担当者は、建築基本平面図決定のため、建築設計担当者とともに建築基本平面図案の段階から無線設備の基本計画を積極的に行う。
(3) 融合と調和をはかるためには、建築設計及び他設備設計担当者等と打合せし、相互の領域において技術的に過不足のないよう努めなければならない。
(4) 基本計画における評価・判定は、上記の事項を一層確実に遂行するために行う。
(5) 次世代航空保安システム、精密進入の高カテゴリー化・双方向整備等検討については、航空局制定の下記の「費用対効果分析マニュアル」に基づき、整備の評価、判定を行う。
  (a) 航空保安システムの費用対効果分析マニュアル
      精密進入の高カテゴリー化・双方向化編
  (b) 航空保安システムの費用対効果分析マニュアル
      航空路監視レーダー整備事業編
  (c) 航空衛星システム整備の再評価に係る資料及び対応方針(原案)

3.2.2 設計目標の設定

(1) 設計目標は、与条件と設計方針の条項を勘案して設定する。
(2) 与条件は次により分類し、その性格を明確に把握する。
  (a) 目的条件 – 環境条件
  (b) 前提条件 – 気象・エネルギー条件など
  (c) 制約条件 – 経済的条件など
  (d) 建築条件 – 建築計画の条件など

【解説】
(1) 設計目標の設定は、建築設計担当者等と意見交換を行い、連帯意識のもとに行う。
(2) 目的条件は、無線施設で達成すべき環境条件をいい、前提条件及び制約条件は、環境条件を達成するための地理的・社会的・経済的条件をいう。また建築条件は、建築計画、構造仕上げなどの条件をいう。
(3) 与条件の把握項目及び設計目標設定のための一般的なよりどころを表3.2.1に示す。

表3.2.1 与条件の把握

与条件の分類		与条件の把握項目	把握のための一般的なよりどころ
目的条件	環境条件	施設の環境条件、防災等	設計方針
前提条件	建物周囲の環境条件	土質状況、高潮、洪水対策、塩害、風害、電波伝搬状況、隣接建物、大気汚染、それらの将来展望	現地調査
	気象条件	雷害、風水害、雪害などの局地条件	設計資料、気象観測値 電力会社資料等
	エネルギー条件	電気、燃料、水などの得られるエネルギー源の種類、質、価格	現地調査、設計方針、電力会社供給規定、上下水道供給規定
	発生条件	無線機器用照明、無線設備用接地、衛生・空調機器、温湿度	建築関係依頼書、衛生・空調・電源設備の設計指針等
制約条件	経済的条件	建設費、維持費の制限範囲	設計方針
	社会的条件	省エネルギー対策、公害発生防止	設計方針
	保守条件	維持管理形態	保守担当部門との打合せ（現地）
	既設建物条件	増築、模様替えの場合、既設設備の余裕、消耗程度	現地調査
	将来計画条件	建物の延びの程度、用途変更の見通し	設計方針、建築関係設計図書
建築条件	建築計画上の条件	建築基本計画案に示される階段、階高、各スペースの面積と配置、躯体構造、仕上げ、建物のグレード、建築設計者のイメージ	建築基本計画案及び打合せ設計方針

3.2.3 基本計画の作業手順

> 基本計画の作業は、設計目標の設定と設備種類の選択及び方式の抽出、検討、評価・判定及び基本計画書の作成の順に行う。

【解説】

一般作業手順は、図3.2.3による。

この作業手順は次による。

(1) 種類の選択及び方式の抽出

　(a) 各設備種類の選択及び方式の抽出は、次の事項を考慮して行う。

　　(イ) 建物用途、構造、規模、立地条件

　　(ロ) 無線設備と建築及び他施設との環境、機能の調和

　(b) 方式の抽出は、原則として複数の案について行う。ただし、建物の規模、用途、地域などの条件が同じ場合には、経験的に過去の実績により一つに絞って抽出してもよい。

(2) 検　　討

　検討は、抽出した複数案に設備の種類の選択などの検討を行い基本計画案を作成し、必要によりコストの推定までを行う作業をいう。

(3) 評価・判定

　評価・判定は、作成した基本計画案を打合せして、設定された条件に適切に対応するものであるかどうかを見極める作業をいう。

第1編　総　論

図3.2.1　基本計画における作業手順の流れ図

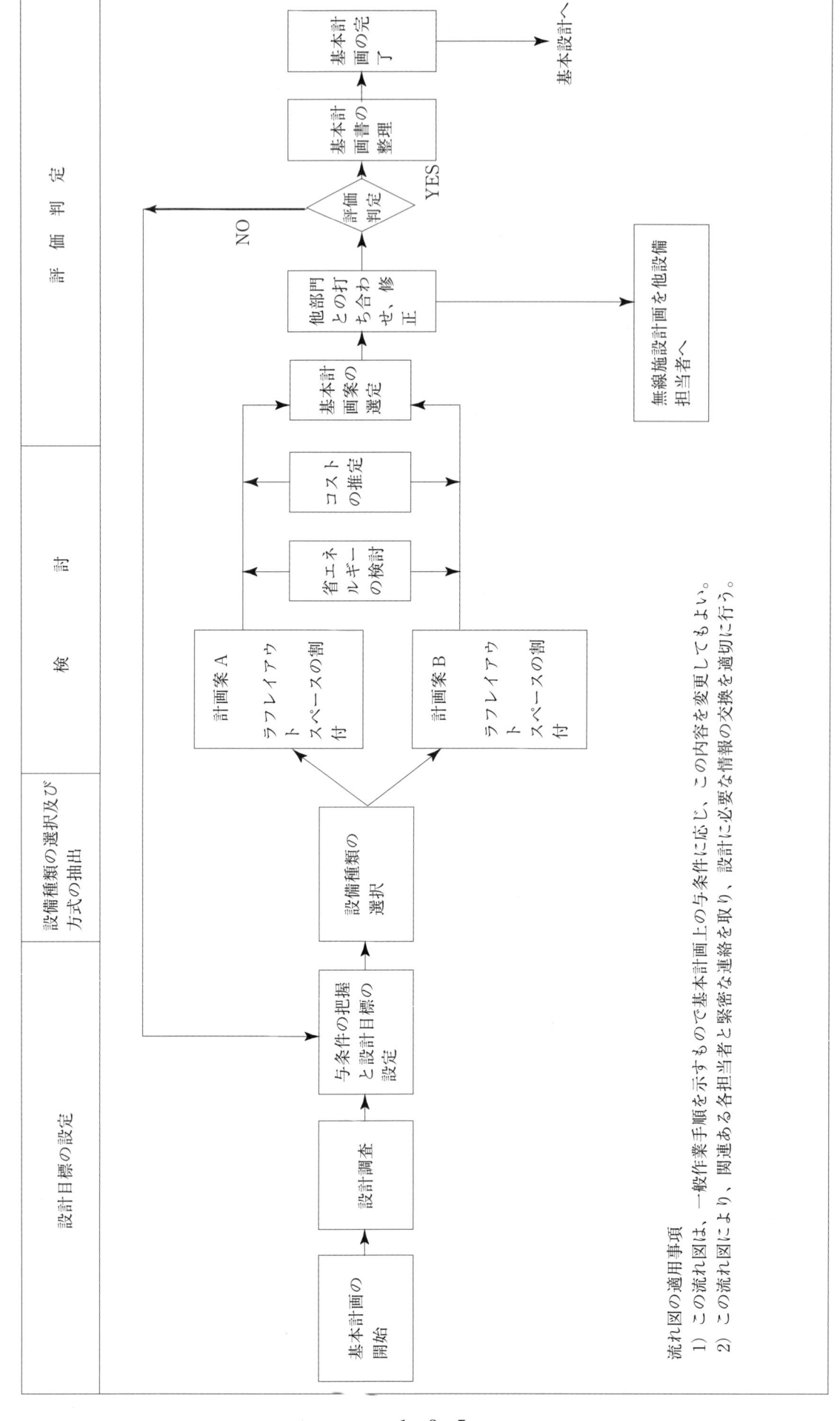

設計目標の設定	設備種類の選択及び方式の抽出	検　討	評　価　判　定

```
基本計画の開始
  ↓
設計調査
  ↓
与条件の把握と設計目標の設定
  ↓
設備種類の選択
  ↓
  ├→ 計画案A：ラフレイアウト、スペースの割付
  └→ 計画案B：ラフレイアウト、スペースの割付
      ↓
      省エネルギーの検討
      ↓
      コストの推定
      ↓
      基本計画案の選定
      ↓
      他部門との打ち合わせ、修正 ─→ 無線施設計画を他設備担当者へ
      ↓
      評価判定 ──NO──→（基本計画案の選定へ戻る）
      │YES
      ↓
      基本計画書の整理
      ↓
      基本計画の完了
      ↓
      基本設計へ
```

流れ図の適用事項

1) この流れ図は、一般作業手順を示すもので基本計画上の与条件に応じ、この内容を変更してもよい。
2) この流れ図により、関連ある各担当者と緊密な連絡を取り、設計に必要な情報の交換を適切に行う。

1-3-5

第2編　航空無線施設設計指針
各　　　論

1. 土盛式 VOR/DME 施工標準について

　航空局管制技術課が施工する新設の土盛式 VOR/DME 施設は、原則として以下の標準を適用する。また、現運用施設も更新等において可能な限りこの標準の適合に配慮する。

(1) 土盛式カウンターポイズ上の舗装について

【標準】
　土盛式カウンターポイズについては、カウンターポイズ上をアスファルト舗装とすることを標準とする。ただし、周辺法面、治水等の関係から自然流水が望まれる場合はこの限りではない。

【解説】
　カウンターポイズ内の舗装は以下の点より有効と考えられ実施することを標準とした。

(1) カウンターポイズ表面の保護
　カウンターポイズ表面の水平レベルの面精度は基準高に対し±5cm以内であり、通常の整地（±5cm）でも十分に許容値内といえるが、気象条件等による反射係数の変化の影響を考慮した場合、安定した方位情報の提供という面から舗装することが望ましい。

(2) 反射面への立入り回数の低減
　カウンターポイズ内への立入りは、方位精度の確保上望ましくないため、草刈り等の立入り回数の低減をはかるため舗装することが望ましい。

【既存施設への対応】
　既存施設への対応としては、更新時期に舗装を行う。

注）1．既設直径50mサイズのカウンターポイズの場合は50m全面を舗装する。
　　2．カウンターポイズの反射板について：海面反射、その他の影響が考えられる場合は、地面のアスファルト下部に反射板を施設したカウンターポイズを設けることも考慮すること。

【施工標準】
　クラッシャラン70mm厚ベースに密粒度アスコン30mm厚舗装とする。

【標準適用方法】

(1) 出入口の通路限界勾配
　出入口の通路勾配は1/12を超えないものとし、これを超える場合には途中に階段等（1カ所のみ）を設ける。高さが75cmを超えるものにあっては、高さ75cm以内毎に踏幅が150cm以上の踊場を設けること（高齢者、障害者等の移動等の円滑化の促進に関する法律施行令第18条）
　上記、形状の通路確保ができない場合は、通路勾配を1/8を超えないとして外付け階段等を設ける（建築基準法施行令第26条）。

(2) 通路と局舎の連結
　通路と局舎は連結できる配置を考慮し、室内空調等の関係から通路入口部分に扉を設ける。

(3) 既存施設への対応
　(a) 連結部分のみを新設
　　局舎と通路が近接（連接部分が横穴通路長の1/2以内を目安とする）し、連結部分の施工のみの場合は、更新時に新設する。
　(b) 局舎の再配置で対応可能な場合
　　局舎更新時（RC（鉄筋コンクリート）タイプの場合、機器更新の3～4周期）に、標準適用を検討する。

(c) その他

　　竪穴式、外付け階段方式、局舎分離（隔離がある場合）等は、従来どおりとする。

(2) カウンターポイズ上のU字溝について

【標準】
　　土盛式カウンターポイズの上部外周沿いにU字溝（雨量等により土木設計において形状決定）を設けることを標準とする。ただし、周辺法面、治水等の関係から自然流水が望まれる場合はこの限りではない。

【解説】
　新設施設については上記標準とするが、既設については特に問題がない場合は従来どおりとする（変更することによって、土盛りの崩壊、周辺への影響等、新たな問題を発生させるおそれがあるため）。

2. 空港対空通信施設の通信方式及び配置形態について

1. 航空局管制技術課が施工する新設の空港対空通信施設は、原則として以下の標準を適用する。また、現運用施設も更新等において可能な限りこの標準の適合に配慮する。

(1) 空港対空通信施設の通信方式について

> 空港対空通信施設の通信方式は、原則として送受分割方式（セパレート方式）とする。

【解説】
送受分割方式は以下の点より有効と考えられ実施することを標準とした。
(1) 送受共用方式（トランシーバー方式）に比べ、空中線、給電線が2重となるため割高であるが、保守作業性（日例点検等）に優れており、また信頼性が高い。

(2) 空港対空通信施設の空中線の配置形態について

> 空港対空通信施設の空中線は、原則として庁舎屋上に送受分割して設置するものとし、荷重に耐えうる強度を庁舎建設の際、あらかじめもたせておくものとし、基礎については建築に依頼するものとする。ただし、庁舎屋上で設置不可能な場合はこの限りではない。

【解説】
(1) 最近整備されている空港においては、
　(a) 滑走路が全般的に長くなり、このためアイレベル（滑走路末端を視認するため）が上がり、従来より管制塔が高くなったため、制限表面の関係から空中線の管制塔屋上への設置が困難である。
　(b) 最近の管制塔は外はしごがなく、管制塔屋上に上がるためにはVFR室より収納はしごを使い屋上に上がるため作業性が悪い。
(2) 庁舎屋上に送受分割して空中線を設置するのは、以下の点より有効と考えられ実施することを標準とした。
　(a) 狭隘な管制塔屋上に設置する場合に比べ、庁舎屋上であるため保守作業性がよい。
(3) 空中線の設置にあたっては管制塔等によるブラインドを配慮すること。
(4) 管制塔より視認障害とならないよう配慮すること。
(5) AEIS、RCAG等を併設する場合は配置について十分配慮すること。

【施工標準】
(1) 空中線柱の主要構造は図2.2.1のとおりとし、空中線柱の離間距離は原則として「航空無線施設整備ハンドブック（技術編）」を参照すること。
(2) 庁舎屋上に設置する場合は、荷重に耐えうる強度を庁舎建設の際、あらかじめもたせておくものとする。
(3) 前項の場合、基礎ボルトは建築工事にて施工し、躯体の鉄筋に溶接しておくこと。
　航空局が施工する新設の飛行場管制所、ターミナル管制所、着陸誘導管制所（以下「飛行場管制所等」という）は、原則として以下の標準を適用する。また、現運用施設も更新等において可能な限りこの標準の適合に配慮する。

(3) 空港対空通信施設の主対空通信施設について

> 空港対空通信施設の主対空通信施設は、原則として送信所及び受信所に分離する。

【解説】
送受信所等の離間距離等については「航空無線施設整備ハンドブック（技術編）」を参照すること。

(4) 空港対空通信施設の予備対空通信施設の空中線配置形態について

> 空港対空通信施設の予備対空通信施設の空中線は、原則として庁舎屋上に送受分割して設置するものとし、荷重に耐えうる強度を庁舎設計の際、あらかじめもたせておくものとし、基礎については建築に依頼するものとする。ただし、庁舎屋上で設置不可能な場合はこの限りではない。

【解説】
前述空港対空通信施設の「解説」に同じ。

(5) 構　造
(a) 主体骨組みは、鋼管構造とする。
(b) 接合部は、高張力ボルト継手接合とする。
(c) 現場溶接は、原則として行わない。
(d) 庁舎屋上に設置する場合には、荷重に耐えうる強度を庁舎建設の際、あらかじめもたせておくものとする。
(e) 前項の場合、基礎ボルトは建築工事にて施工し、躯体の鉄筋に溶接しておくこと。

── Coffee Break ──

GPS規格とは何か（TPD規格とGPS規格について）

GPSと言えば航法装置をすぐ思い出すが、機械設計関連でGPS規格と言えば、図面情報のディジタル化及びグローバル化に伴い、設計・製図分野の国際標準でISO/TC10（製図）及びISO/TC213（製品の幾何特性仕様及び検証）において、使用する規格のことである。最近においてもかなり、新しくなってきた。特に顕著な改正規格は機械製図を中心とするTPD（Technical Product Documentation）規格、幾何公差方式及び表面性状を中心とするGPS（Geometrical Product Specification）規格が重要なアイテムとなっている。

また、GPS規格が設計に与える影響は以下の通りである。
(1) 寸法公差と幾何公差との独立性及び相互依存性を明確に図面に明示する。
(2) 部品の形状、姿勢、位置は幾何公差で規制する。
(3) 表面粗さの新しい指示（JIS B 0601）等がある。

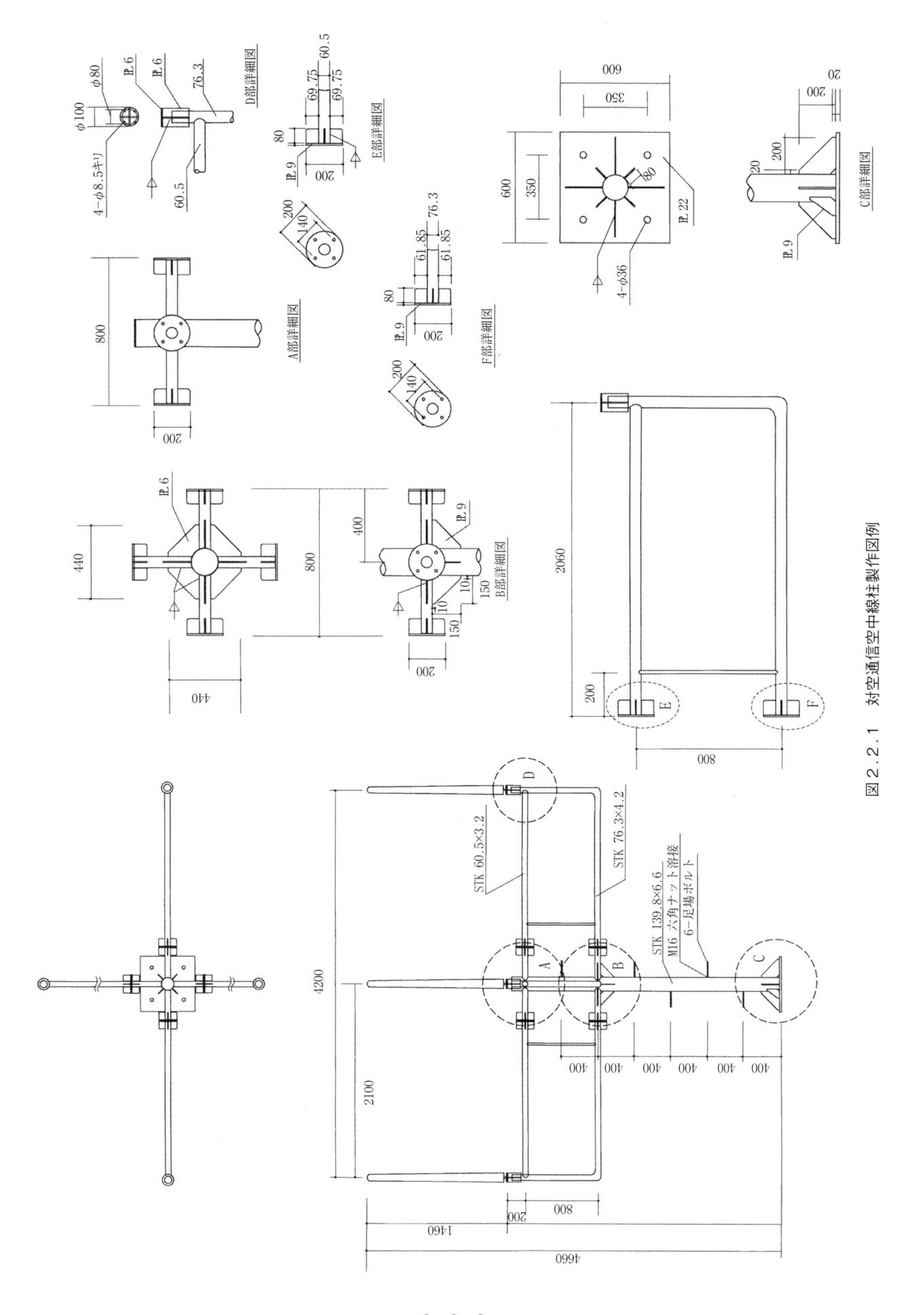

図 2.2.1 対空通信空中線柱製作図例

3. 無線局舎（サイト）の標準化について

　従来、無線局舎（サイト）はその必要に応じ、関係する各課が協議をしながら、それぞれに工夫された種々のタイプの局舎が整備されてきたが、今後も引き続き新空港等の施設整備、保守近代計画に基づく新型機材（ORM対応）及び防護上の問題に対応するため、過去に行われた整備の実態を調査し、これらの施設について問題点の抽出を行って評価分析を加え、各無線局舎（サイト）毎の局舎標準化案を作成した。無線局舎の設計には、機材毎の要件も各種あり標準化をはかるには複雑で困難な面が多くあるため、短期間の検討では、最も望ましいものを作成することは困難である。しかしながら、このままの状態で整備のたびに検討を加えることは多くの時間を取られ、しかも担当者毎にバラバラとなり大きな問題を抱えることとなると思われるので、標準化をはかることが求められている。

　本標準は従来の域を出ていない面もあろうと思われるが、今後これらを参考とし、具体的な実施設計のなかでさらに工夫を加えて、より有効なものとなっていくための最初のステップとなるよう運用されるようになれば幸いである。

3.1　送信局舎及び受信局舎の施工標準について

　新設の送信局舎及び受信局舎は、原則として以下の標準を適用する。また、現運用施設も更新時等において可能な限り、この標準に適合するよう配慮する。

(1) 送信局舎及び受信局舎の標準面積について

　　送信局舎及び受信局舎の標準面積は、機器構成によって大幅にかわるので、その構成により設定すること。

(2) 機器室の広さは、機器の適切な配置に必要な面積、保有空間と保守、点検、機器交換、取替え部品の搬出入に必要な通路の面積を合計したものを機器室面積として算定すること。

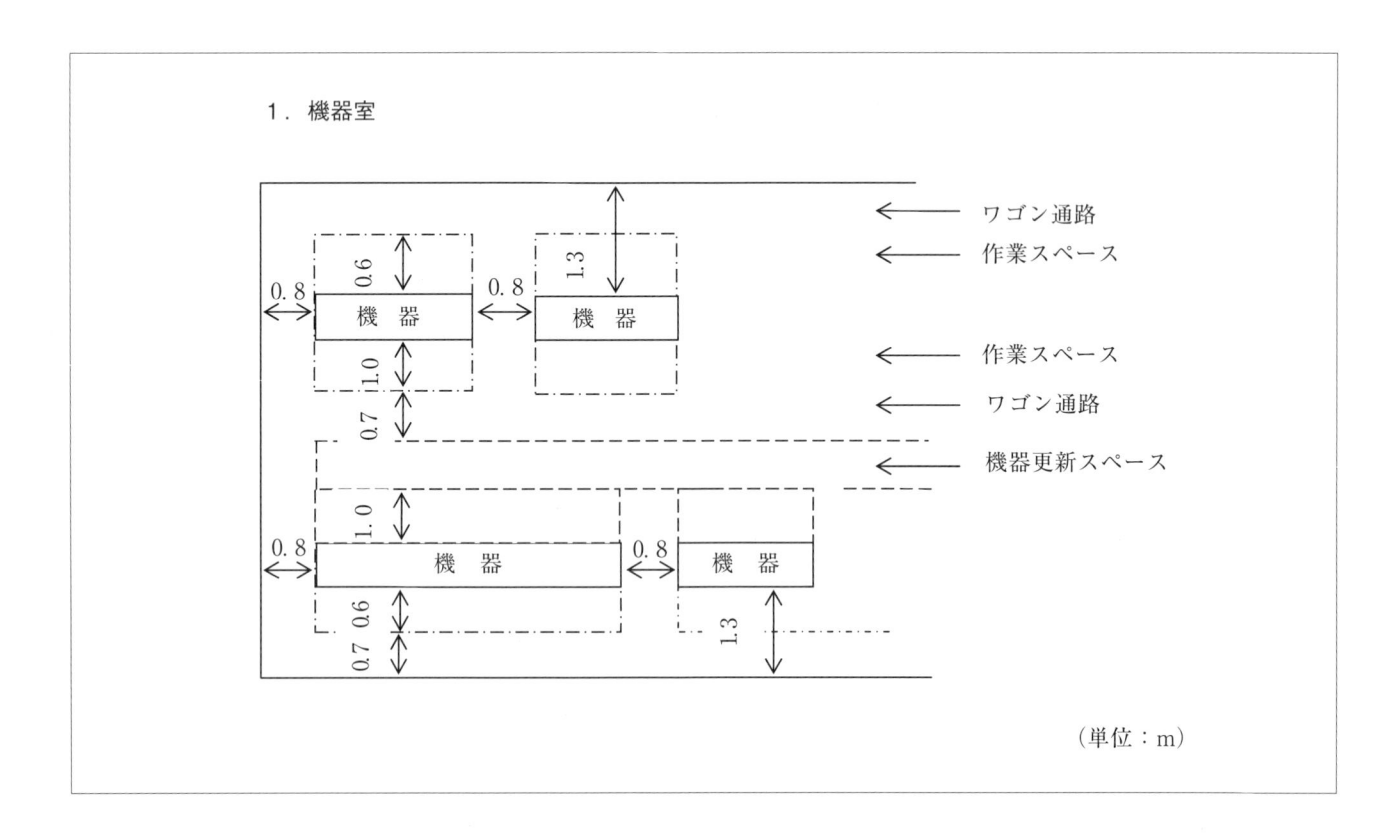

(3) 器材工作室

(a) 広さは、保守点検用計測器及び同工具類、予備品等の格納並びにこれらの器材の点検、修理及び測定を行うのに必要な面積を合計したものを器材工作室面積として算定する。

なお、器材工作室は、空調を必要とするため機器室との間仕切りをパーテーション等で区画したうえ、下部をオープンパネルとするなど空調効果を減じないよう十分配慮すること。

(b) 自動消火設備を設置する機器室に隣接する器材工作室は機器室を通行せず局舎外へ待避できるようにすること。

(4) 電気室の広さは、機器の適切な配置に必要な面積、保有空間等と保守、点検、機器交換、取替え部品の搬出入に必要な面積を合計したものを電気室面積として算定する。

受配電盤は、閉鎖型受配電盤を想定し、閉鎖等級はJEM（日本電機工業会規格）1425によるB級とし、収納機器の種類は引出し型機器を想定している。

なお、「航空保安業務用電源設備標準設計指針」（航空局制定）を参考として電気室面積を決定する。

（航空局庁舎設置基準　機器配置基準抜粋）　電気室

a. 列盤が2列の場合

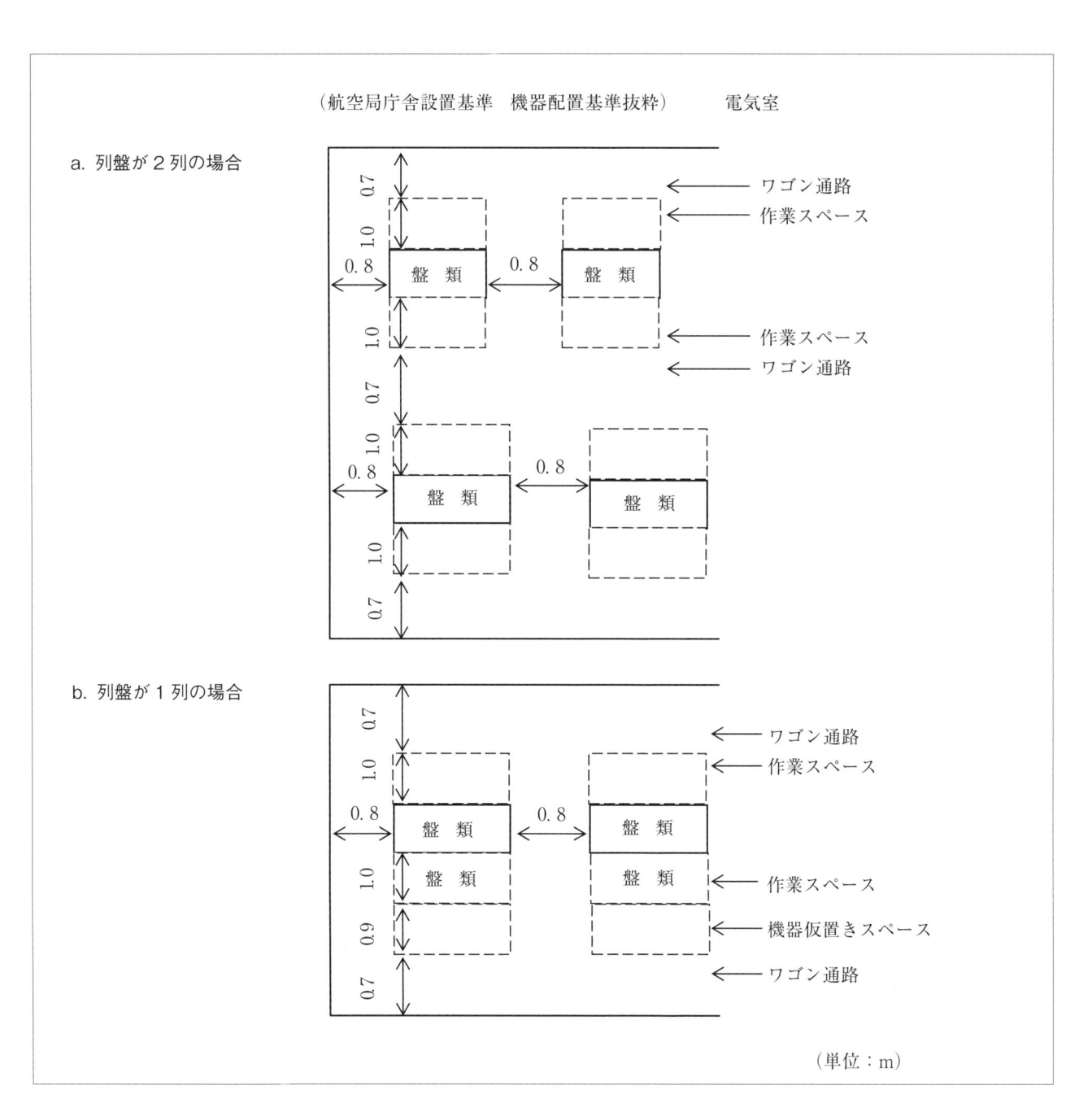

b. 列盤が1列の場合

（単位：m）

(航空保安業務用電源設備標準設計指針抜粋)(空保第1039号平成10年4月1日制定)
1．受配電機器室
　受配電機器室と壁面（柱部は除く）との離隔距離は、保守点検作業に必要な空間及び防災上有効な空間を確保する必要があるので、次に掲げる最低の距離を確保すること。
　1)　盤の前後面
　　扉の幅（列盤の最大幅）に保守点検通路幅（0.7m幅）を加えた距離とする。但し高圧盤（変圧器盤を含む）等で機器の出し入れに作業用機器等を使用する場合は、その作業用機器幅（1.0mを標準とする）を加えるものとする。
　2)　盤の側面
　　保守点検作業に必要な通路幅（0.7m）とする。なお側面に点検用扉を有する場合はその幅を加えるものとする。但し作業用機器の通路幅が必要な場合は、その機器幅に0.3mを加えた幅と前記幅を比較して長い距離を取ることができる。
　3)　列盤が2列以上となる場合の盤間
　　高圧盤前面に高圧盤又は低圧盤（CCR及び制御用盤を含む）等を配置する場合は、各々の列盤の扉の幅に保守点検通路幅（0.7m）と作業用機器幅（1.0m）を加えた距離とし、前記以外の場合は、各々の列盤の扉の幅に保守点検通路幅を加えた距離とすること。
　4)　機器搬入スペース
　　機器の設置、故障時の交換及び更新時に機器盤の搬入搬出のスペースとして機器搬入口は2.5m角の広さを、又搬入通路としてその室に設置する最大盤幅に0.3mを加えたスペースを各々確保すること（このスペースは重複も可）。
　5)　有効高さ
　　放熱及び搬出入を考慮して、床面から梁下部までの高さは3.0m以上とする。但し特高機器室は盤上部から0.8m以上とする。

(5)　機器室の天井の高さは、放熱及び機器、盤等の搬出入を考慮して床面から2.8m以上とした。
(6)　機器配置にあたっては、次の項目に留意し計画を立てること。
　(a)　機器相互の位置関係、機器と壁、柱との離隔距離。
　(b)　工事実施、保守作業及び機器取扱い上、支障なく便利である空間を確保すること。
　　(イ)　保守スペース　　(ロ)　測定器台車スペース　　(ハ)　棚スペース　　(ニ)　工作スペース
　(c)　機器構造上必要とされる空間を確保すること。
　　(イ)　扉付の場合　　(ロ)　内部が引き出せる構造の場合
　(d)　機器の性能維持上、必要とされる空間を確保すること（空調効果を減じないよう空気の流れを円滑にする）。
　(e)　上記各号のほか、機器相互間の配線長が短く、経済的な配置とすること。

表3.1.1　送信局舎及び受信局舎必要各室一覧表

部屋名	空調の必要性		備考
	送信局	受信局	
機器室	○	○	設置機器数により必要面積を算定すること
器材工作室	○	○	ユニット等予備品の保管、工作室
電気室	×	×	屋内用高圧受配電盤を設置する場合
便所、洗面所	×	×	必要とする場合
消火設備ボンベ室	×	×	必要とする場合

【施工参考図】

送信局舎及び受信局舎の施工参考図は次図のとおりとする。

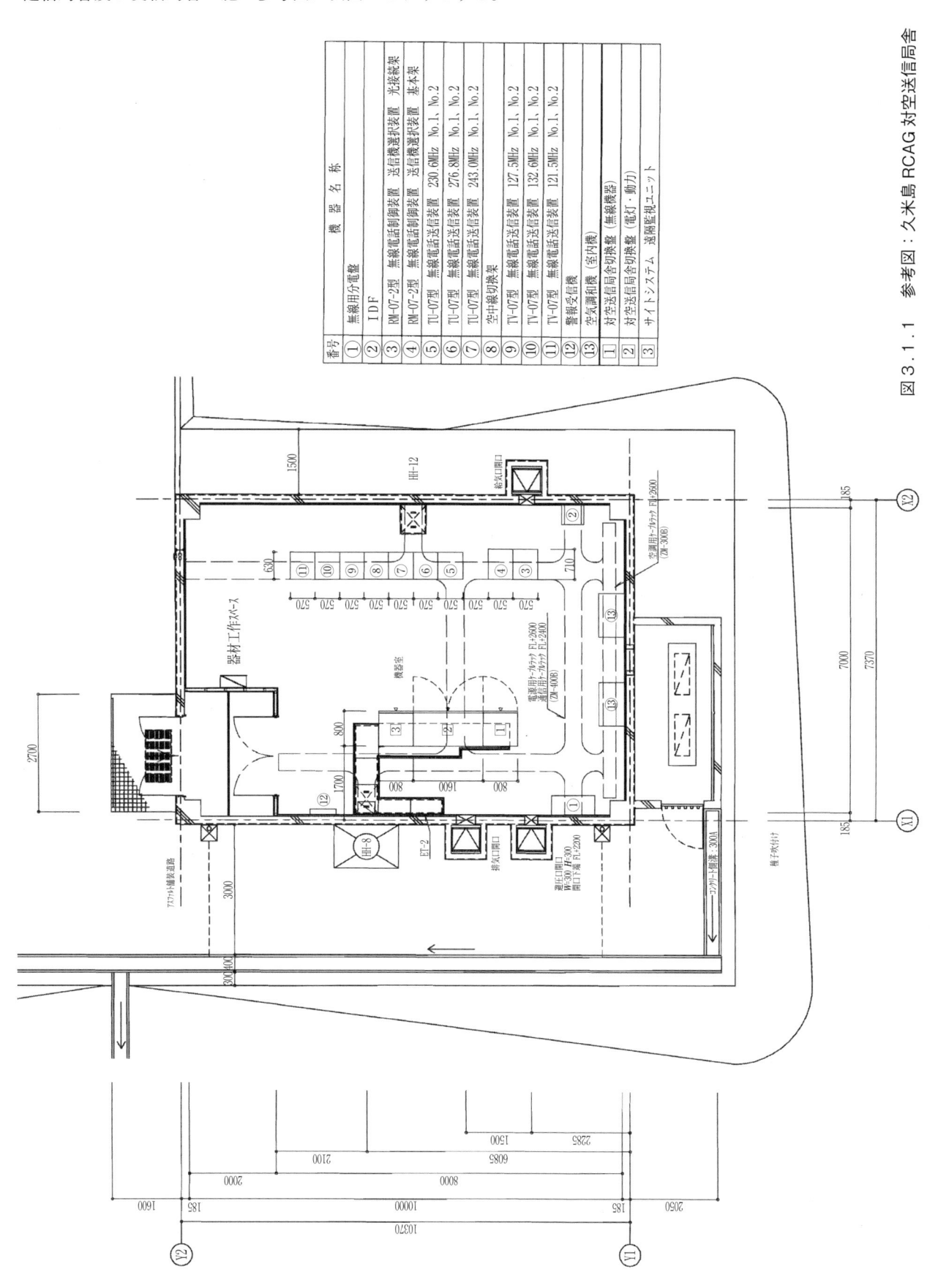

番号	機器名称
①	無線用分電盤
②	ＩＤＦ
③	RM-07-2型 無線電話制御装置 送信機選択装置 光接続架
④	RM-07-2型 無線電話制御装置 送信機選択装置 基本架
⑤	TU-07型 無線電話送信装置 230.6MHz No.1, No.2
⑥	TU-07型 無線電話送信装置 276.8MHz No.1, No.2
⑦	TU-07型 無線電話送信装置 243.0MHz No.1, No.2
⑧	空中線切換架
⑨	TV-07型 無線電話送信装置 127.5MHz No.1, No.2
⑩	TV-07型 無線電話送信装置 132.6MHz No.1, No.2
⑪	TV-07型 無線電話送信装置 121.5MHz No.1, No.2
⑫	警報受信機
⑬	空気調和機（室内機）
Ⅰ	対空送信局舎切換盤（無線機器）
Ⅱ	対空送信局舎切換盤（電灯・動力）
Ⅲ	サイトシステム遠隔監視ユニット

図 3.1.1 参考図：久米島 RCAG 対空送信局舎

第2編　各　論

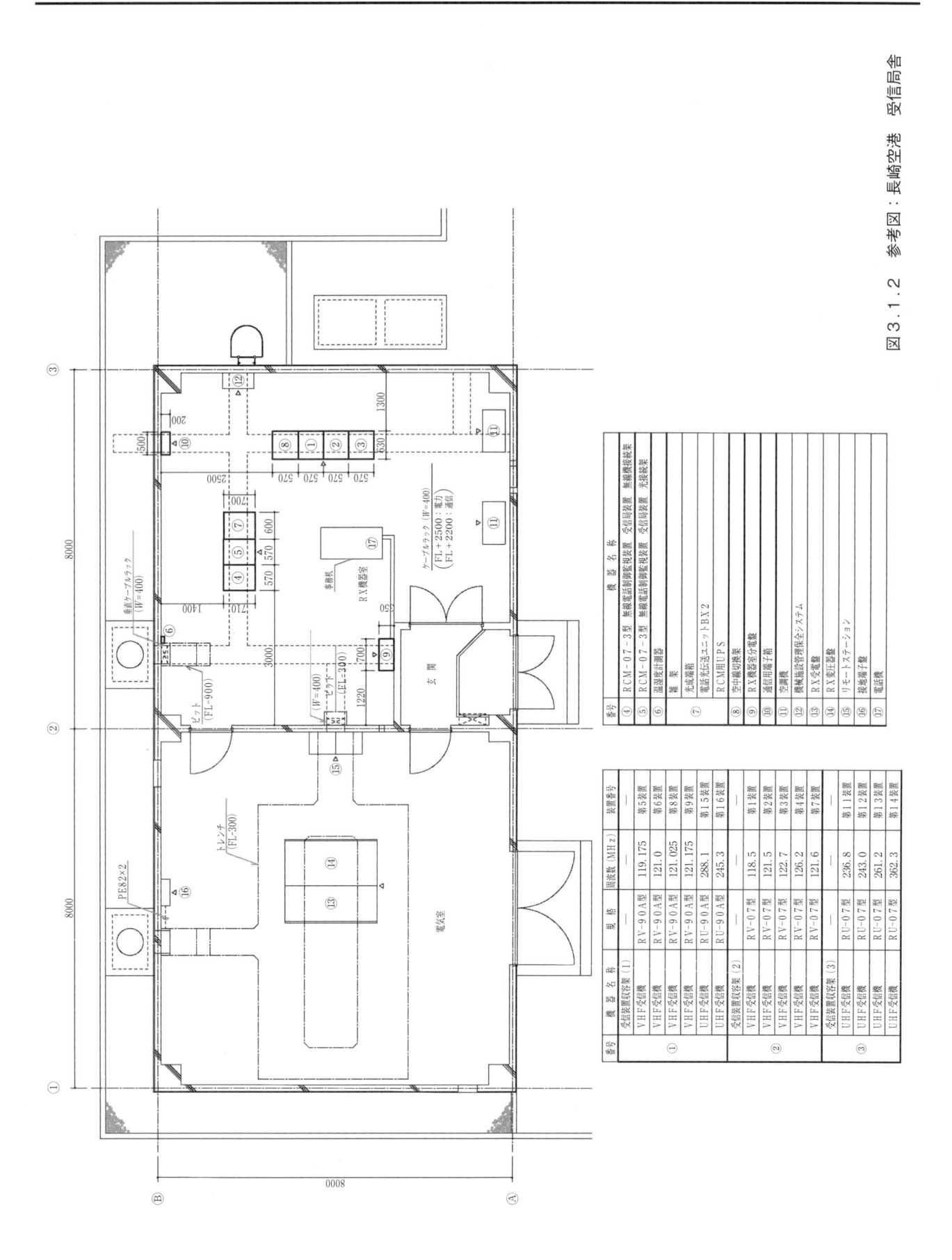

番号	機器名称		規格	周波数(MHz)	装置番号
①	受信装置収容架(1)		—	—	—
		VHF受信機	RV-90A型	119.175	第5装置
		VHF受信機	RV-90A型	121.0	第6装置
		VHF受信機	RV-90A型	121.025	第8装置
		VHF受信機	RV-90A型	121.175	第9装置
		UHF受信機	RU-90A型	288.1	第15装置
		UHF受信機	RU-90A型	245.3	第16装置
②	受信装置収容架(2)		—	—	—
		VHF受信機	RV-07型	118.5	第1装置
		VHF受信機	RV-07型	121.5	第2装置
		VHF受信機	RV-07型	122.7	第3装置
		VHF受信機	RV-07型	126.2	第4装置
		VHF受信機	RV-07型	121.6	第7装置
③	受信装置収容架(3)		—	—	—
		UHF受信機	RU-07型	236.8	第11装置
		UHF受信機	RU-07型	243.0	第12装置
		UHF受信機	RU-07型	261.2	第13装置
		UHF受信機	RU-07型	362.3	第14装置

番号	機器名称
④	RCM-07-3型 無線電話制御監視装置 受信局装置 無線機収容架
⑤	RCM-07-3型 無線電話制御監視装置 受信局装置 光接続架
⑥	温湿度計測器
⑦	端末箱 光成端箱 電話光伝送ユニットBX2
⑧	RCM用UPS
⑨	空中線切換器
⑩	RX機器室分電盤
⑪	通信用端子箱
⑫	空調機
⑬	機械施設管理保全システム
⑭	RX受電盤
⑮	RX蛍圧登盤
⑯	リモートステーション
⑰	接地端子盤
	電話機

図3.1.2　参考図：長崎空港　受信局舎

3.2 TSR（ASR）局舎及びTSR（ASR）/TX局舎の施工標準について

新設のTSR（ASR）局舎及びTSR（ASR）/TX局舎は、原則として以下の標準を適用する。また、現運用施設も更新時等において可能な限りこの標準に適合するよう配慮する。

(1) TSR（ASR）局舎及びTSR（ASR）/TX局舎の標準面積

TSR（ASR）局舎及びTSR（ASR）/TX局舎の標準面積は、機器構成によって大幅にかわるので、その構成により設定すること。又機器室の広さは、機器の適切な配置に必要な面積、保有空間と保守、点検、機器交換、取替え部品の搬出入に必要な通路の面積を合計したものを機器室面積として算定すること。

(2) 器材工作室や電気室の広さ等は、上記と同様とする。

表3.2.1 TSR（ASR）及びTSR（ASR）/TX局舎必要各室一覧表

部屋名	空調の必要性 TSR（ASR）局舎	空調の必要性 TSR（ASR）/TX局舎	備考
TSR（ASR）機器室	○	○	設置機器数により必要面積を算定すること（TSR-07を想定）
TX機器室	—	○	設置機器数により必要面積を算定すること
電気室	×	×	屋内用高圧受配電盤を設置する場合
器材工作室	○	○	ユニット等予備品の保管、工作室
倉庫	×	×	ペデスタル等の保管
消火設備ボンベ室	×	×	必要とする場合
便所、洗面所	×	×	必要とする場合

【施工参考図】
　TSR（ASR）局舎の施工参考図は次図のとおりとする。
　TSR（ASR/SSR）更新時には、空中線の二重化及び次期更新時の併設更新の可能性について検討を行うが、新規にTSR局舎（次期更新時の併設更新が可能）を建設する場合の参考図を以下に示す。次期更新スペースは倉庫としておく。

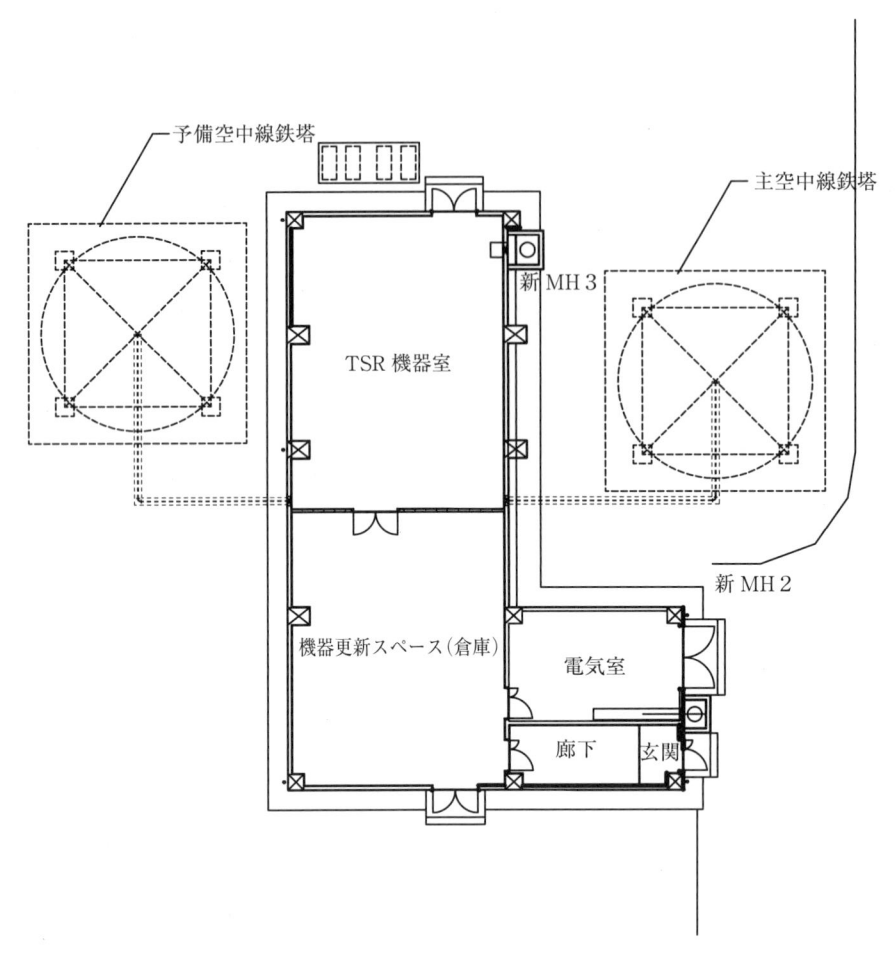

図3.2.1　参考図：TSR局舎サイト配置図（空中線二重化、機器併設更新可）

TSR局舎機器配置図

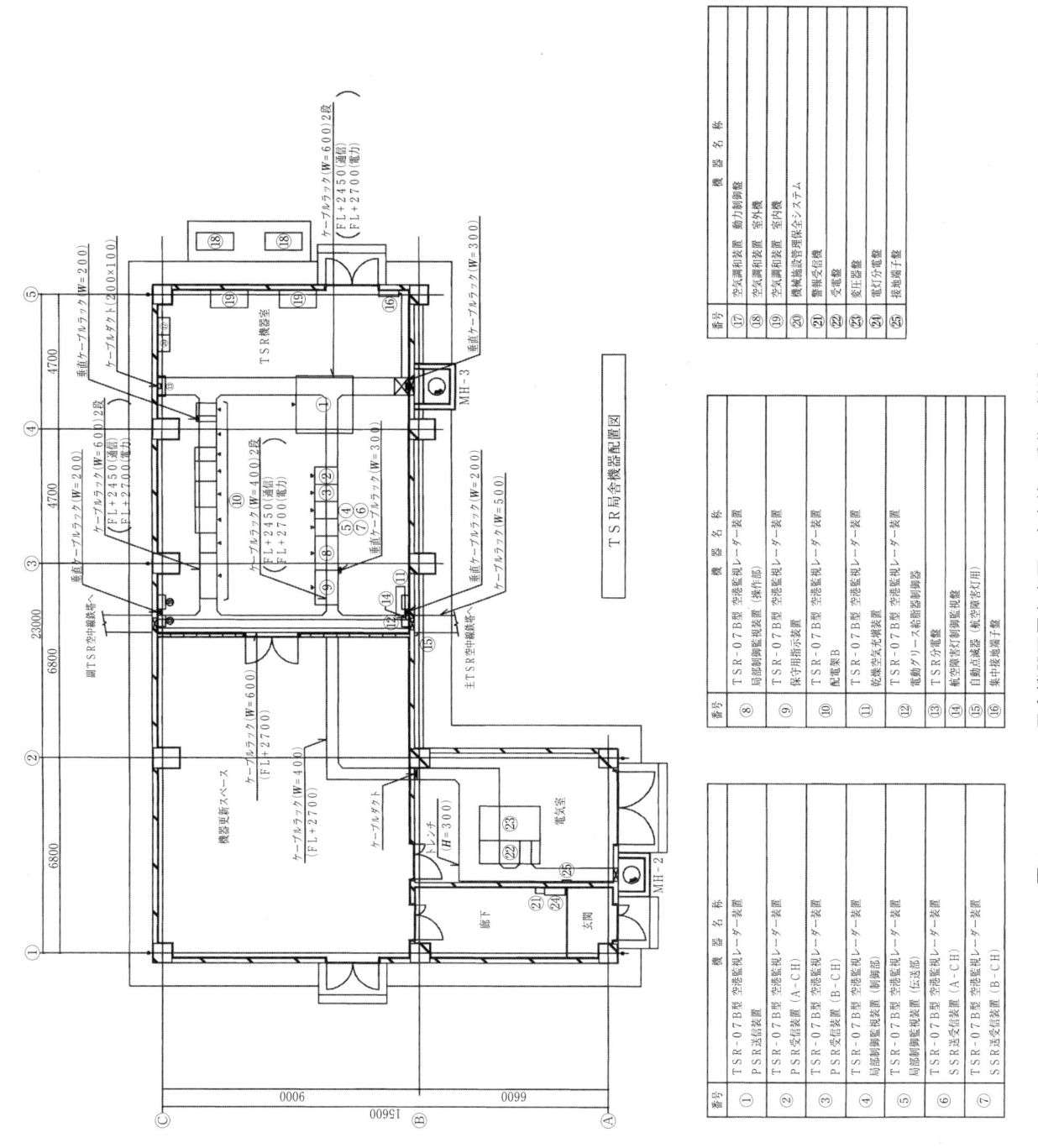

番号	機器名称
①	TSR-07B型 空港監視レーダー装置
②	PSR送信装置
③	TSR-07B型 空港監視レーダー装置（A-CH）
④	PSR受信装置（A-CH）
⑤	PSR受信装置（B-CH）
⑥	TSR-07B型 空港監視レーダー装置（制御部）
⑦	局部制御監視装置
⑧	TSR-07B型 空港監視レーダー装置（伝送部）
⑨	TSR-07B型 空港監視レーダー装置（A-CH）
⑩	SSR送受信装置
⑪	TSR-07B型 送受信装置（B-CH）
⑫	SSR送受信装置

番号	機器名称
⑧	TSR-07B型 空港監視レーダー装置
⑨	局部制御監視装置（操作部）
⑩	TSR-07B型 空港監視レーダー装置
⑪	保守用指示装置
⑫	配電架B
⑬	TSR-07B型 空港監視制御装置
⑭	乾燥空気充填装置
⑮	電動グリース給脂制御器
⑯	TSR分電盤
⑰	航空障害灯制御盤
⑱	自動点滅器（航空障害灯用）
⑲	集中接地端子盤

番号	機器名称
⑰	空気調和装置 動力制御盤
⑱	空気調和装置 室外機
⑲	空気調和装置 室内機
⑳	機械施設管理保全システム
㉑	警報受信機
㉒	受電盤
㉓	変圧器盤
㉔	電灯分電盤
㉕	接地端子盤

図3.2.2 TSR局舎機器配置参考図：空中線二重化、併設更新可

3.3 VOR/DME局舎の施工標準について

航空局管制技術課が施工する新設のVOR/DME局舎は、原則として以下の標準を適用する。また、現運用施設も更新時等において可能な限り、この標準に適合するよう配慮する。

3.3.1 VOR/DME

(1) VOR/DME局舎の標準面積は、機器構成によって大幅にかわるので、その構成により設定すること。又機器室の広さは、機器の適切な配置に必要な面積、保有空間と保守、点検、機器交換、取替え部品の搬出入に必要な通路の面積を合計したものを機器室面積として算定すること。機器室の天井高は2.8mとすること。

(2) 器材工作室や電気室の広さ等は、上記と同様とする。

(3) エンジン室の広さは、機器の適切な配置に必要な面積、保有空間と保守、点検、機器交換、取替え部品の搬出入に必要な面積を合計したものをエンジン室面積として算定する。

　なお、エンジン室の面積の算定にあたっては、機械課と別途調整すること。

表3.3.1　VOR/DME局舎必要各室一覧表

部屋名	空調の必要性 場内	空調の必要性 場外	備考
機器室	○	○	設置機器数により必要面積を算定すること
電気室	×	—	屋内用高圧受配電盤を設置する場合
エンジン室	—	×	エンジン室の必要面積は別途機械課と調整すること
待機室	—	○	
器材工作室	○	○	ユニット等予備品の保管、工作室
倉庫	×	×	
便所、洗面所	×	×	
タンク室	×	×	
消火設備ボンベ室	×	×	

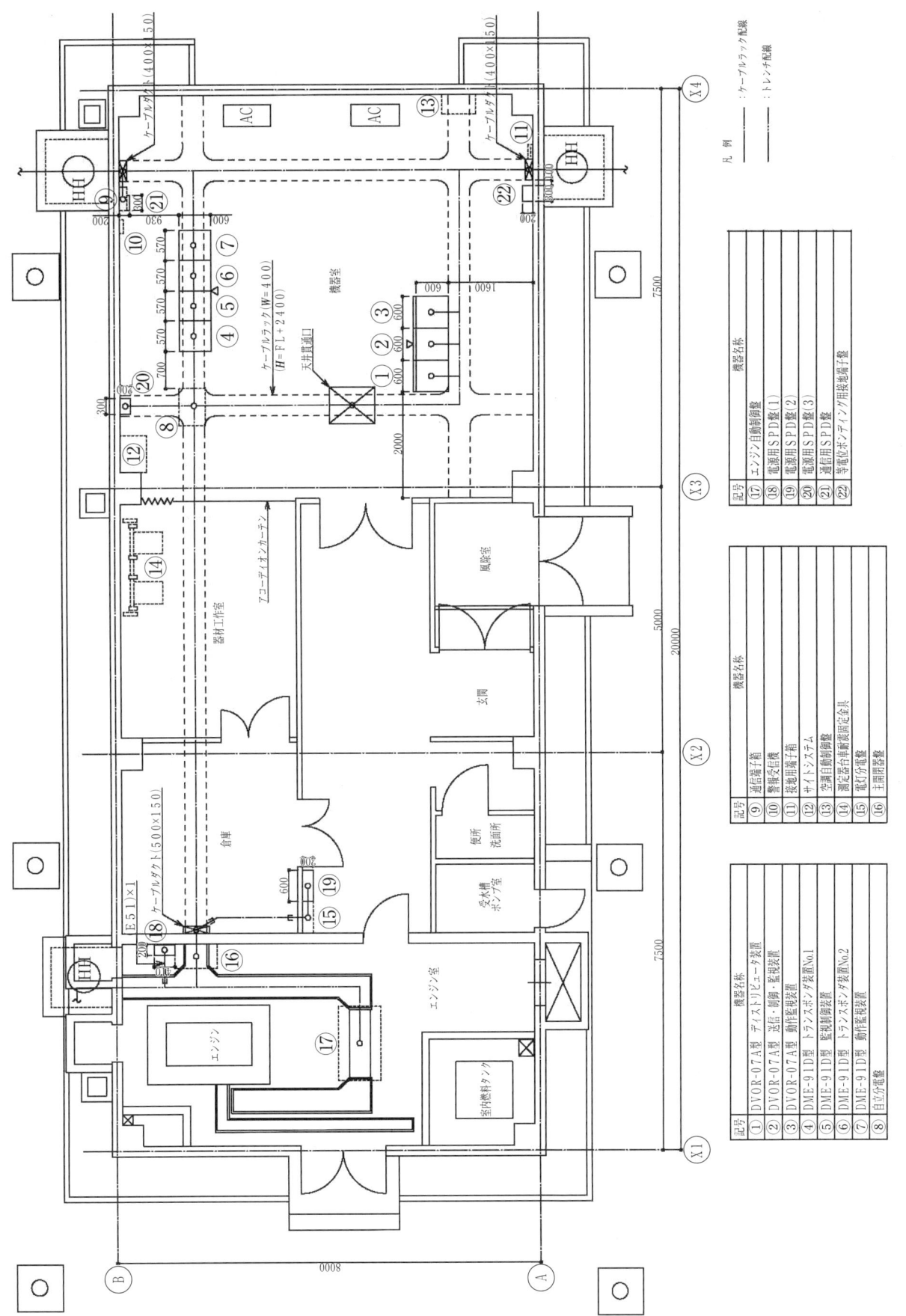

図 3.3.1　参考図：花巻空港 VOR/DME 局舎

(参考)

表3.3.2　局舎用構造体一覧表

項目	S造 (鉄骨造)	RC造 (鉄筋コンクリート造)	SRC造 (鉄骨鉄筋コンクリート造)	CFT造 (コンクリート充填鋼管造)
概略図 断面図				
概要	長所 ・靱性に優れている。 ・比強度が大きい（コンクリートの3倍）。 ・大スパン等の大規模建築物に使用できる。 ・鉄筋コンクリート構造に比較して現場にて短期間に工事ができる。 ・リサイクル材料である。 短所 ・鋼材がさびやすい（塗装必要）。 ・鋼材が耐火性に劣る（耐火被覆必要）。 ・極低温時に脆性破壊を起こしやすい。 ・断面が薄いため座屈を生じやすい。 ・溶接部に欠陥が生じやすい。	長所 ・耐火／耐久性能が優れている。 ・任意の形状の部材を造ることができる。 ・圧縮力、曲げモーメント、せん断力に抵抗できる。 ・材料が安価で、入手しやすい。 ・施工時の騒音等が少ない。 ・維持管理費を少なくできる。 短所 ・ひび割れが発生しやすい。 ・自重が大きいので地震には不利。 ・部材の形状によって脆い所がある。 ・コンクリートの施工条件によっては品質のバラツキが生じる。 ・かぶり厚さが少ないと耐久性がなくなる。	長所 RC造より地震の揺れに対する靱性（粘り）が優れている。またS造よりも剛性が大きく、しかも揺れを急速に小さくする減衰性がある。このため地震や風に対して、建物の水平方向の変位が小さく、梁や床なども振動しにくい。さらに、鉄骨をコンクリートで包むので、鉄骨が地震力で曲がったりしにくい構造である。 短所 ・RC造よりコストは高い。 ・S造より自重が大きい。 ・鉄骨と鉄筋の配置が複雑になるため施工が難。	円形または角形鋼管にコンクリートを充填した柱に、鉄骨梁などを組み合わせたCFT（Concrete Filled Steel Tube）造の柱は、荷重を支持する（圧縮）耐力が優れたコンクリートと、柱を曲げる力（曲げモーメント）に対する耐力に優れた鋼材を組み合わせ、それぞれが持つ特性以上の相乗効果を発揮する。RC造やSRC造が、曲げに強い鉄筋や鉄骨が柱の内側にあるのに対して、CFT構造は柱の表面が鋼管なので、曲げモーメントに対するさらに大きな耐力が期待できる。
空間の自由度	◎	△	○	◎
地震の揺れ	△	◎	◎	○
耐火性	△	◎	◎	○
施工性	◎	○	△	◎
備考	構造別着工面積において2004年以降木造を抜いてトップである。9割が5階以下の低層建築である。			火事による座屈が起きにくい。

4．航空保安施設等防護対策設備の標準化について

　従来、航空保安施設等の防護については、「航空保安施設等防護対策設備基準：整理番号 RED-5008-1-05：国空技第214号（空無第123号 昭和63年4月27日)、改正 国無第486号」が制定され、また本基準を補足するための運用指針を定めるとともに基準第6項に基づく防護設備のランク指定を行うため、「航空保安施設等防護対策設備基準の運用指針並びに防護設備のランク指定」が制定され、これらの基準により防護対策を必要とする航空保安施設等について整備を進めてきたところである。

　上記基準等により各航空保安施設等の防護対策設備実施事項は規定されているが、防護対策項目毎の細部については規定されておらず、各地方航空局で制定した「航空保安施設等防護対策設備基準の運用指針並びに防護設備のランク指定」の運用指針の中でも「防護対策項目毎の細部は、従来の実施内容に沿って実施することを原則とする」とされ、標準化がはかられていないのが実情である。このため、航空保安施設等の新設あるいは更新にあたっては、そのたび毎に過去の事例等の検討を行うとともに警備当局との調整をはかりながら整備を実施してきている。

　防護対策については防護という性格上、保険的意味合いもあり何を想定して防護を行うかというテーマがつきまとう。しかしながら、このままの状態で整備のたびに検討を加えることは多くの時間をとられ、しかも担当者ごとに防護対策がバラバラとなり多くの問題を抱えることになると思われるので、標準化をはかることが求められている。

　本標準は従来の域を出ていない面もあろうと思われるが、今後これらを参考とし具体的な実施設計の中でさらに検討・工夫を加えて、より有効なものとなっていくための最初のステップとなるよう運用されるようになれば幸いである。

4.1 航空保安施設等防護対策設備の整備プロセス

　航空局管制技術課が航空保安施設等の防護対策を行う場合には、「航空保安施設等防護対策設備基準」及び「航空保安施設等防護対策設備基準の運用指針並びに防護設備のランク指定」に基づき実施する。

　なお、現在までに制定されている防護対策等に関する基準等は上記のほか、次のようなものがあるので実施にあたっては参考とされたい。

(1) 非常通報装置保守請負業務契約指針（暫定）（保安部無線課 平成2年3月19日）
(2) 機械警備業務契約運用指針（暫定）（東空無第272号 平成2年5月17日制定）
(3) 航空局建築施設設計標準（国土交通省航空局制定）
(4) 管制、運用、無線機器室等の施錠装置の改善について（空保第67号 平成元年7月7日）
(5) 無線機器室の施錠装置の改善についての指針（保安部無線課 平成元年7月28日）
(6) 航空保安施設警備方針（東空無第694号 昭和62年10月27日制定）
(7) 空港保安計画ガイドライン（航空局管理課制定）

　航空保安無線施設等の防護対策を行う場合のフローを示せば次図（航空保安施設等防護設備整備方針フローチャート）のとおりである。

第2編　各　論

航空保安施設等防護設備整備方針フローチャート

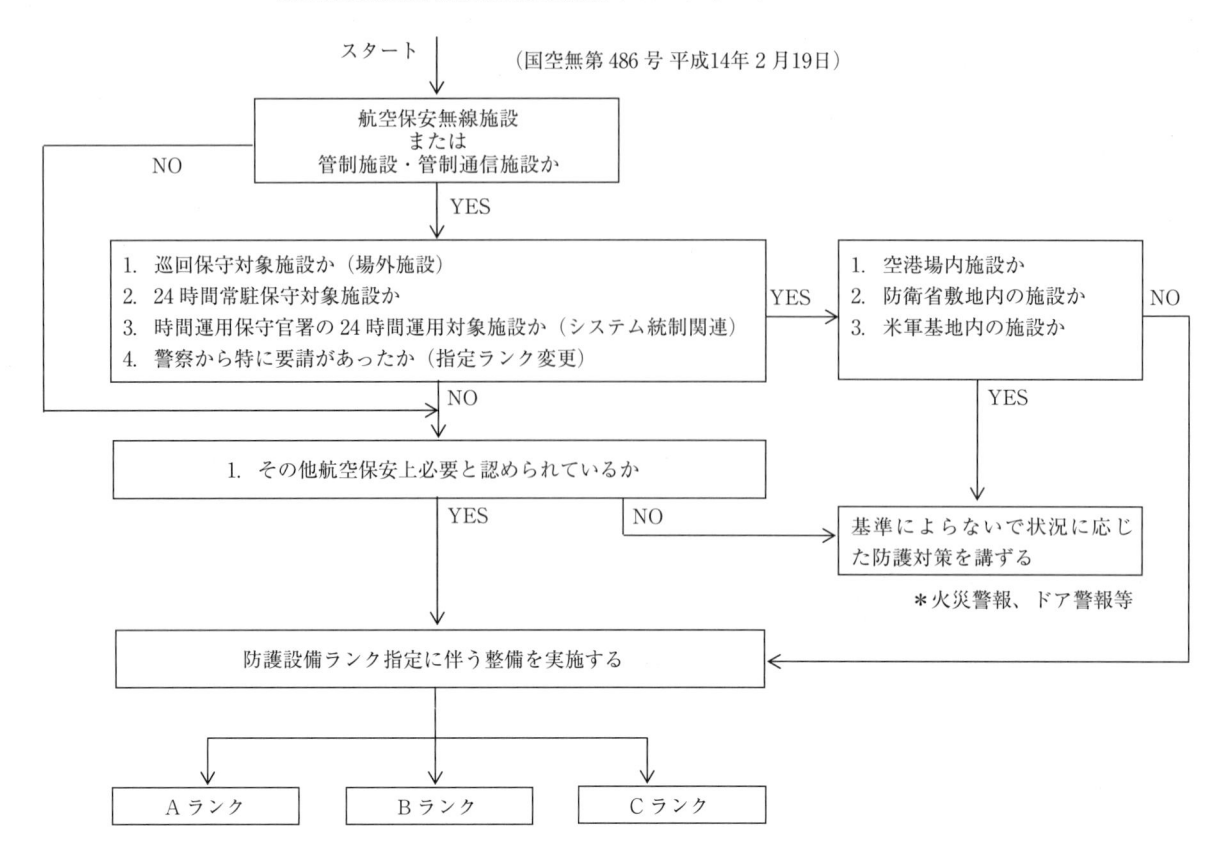

（国空無第486号 平成14年2月19日）

```
スタート
  ↓
┌─────────────────────┐
│ 航空保安無線施設       │
│ または                │──NO──┐
│ 管制施設・管制通信施設か │      │
└─────────────────────┘      │
        │YES                   │
        ↓                      │
┌─────────────────────────────┐  ┌─────────────────────┐
│ 1. 巡回保守対象施設か（場外施設）│  │ 1. 空港場内施設か    │
│ 2. 24時間常駐保守対象施設か    │──YES→│ 2. 防衛省敷地内の施設か │──NO┐
│ 3. 時間運用保守官署の24時間運用 │  │ 3. 米軍基地内の施設か │    │
│    対象施設か（システム統制関連）│  └─────────────────────┘    │
│ 4. 警察から特に要請があったか   │        │YES                    │
│    （指定ランク変更）          │        ↓                       │
└─────────────────────────────┘                                  │
        │NO                                                        │
        ↓                                                          │
┌─────────────────────────────┐                                   │
│ 1. その他航空保安上必要と認められているか │                       │
└─────────────────────────────┘                                   │
     YES│    │NO→┌──────────────────┐                            │
        │        │ 基準によらないで状況に応じ │←───────────────────┘
        │        │ た防護対策を講ずる        │
        │        └──────────────────┘
        │             ＊火災警報、ドア警報等
        ↓
┌─────────────────────────────┐
│ 防護設備ランク指定に伴う整備を実施する │←─────────────
└─────────────────────────────┘
     ↓          ↓          ↓
  Aランク    Bランク    Cランク
```

表4.1.1　航空保安施設等ランク別防護対策設備

事　項	Aランク	Bランク	Cランク	備　考
1．防護対策				
(1) 囲　障				
一重フェンス		○	○	
二重フェンス	○			
(2) 車止め	○			
(3) 出入口二重化	○	○	○	
(4) 局舎無窓化	○	○	○	
(5) フィーダ防護	○	○	○	
(6) 空調コンデンサー防護	○	○	○	
(7) 空中線柱、鉄塔防護	○	○		
(8) カウンターポイズ階段施錠	○	○	○	（ARSR局舎外階段も準拠する）
(9) 表示類対策	○	○		
(10) 防犯灯	○	○	○	（屋外照明）
(11) マンホール等蓋	○	○		
(12) 燃料タンク等フェンス	○	○		
2．警報装置				
局舎出入口警報	○	○	○	
局舎内警報	○	○	○	
消火設備	○	○	○	
自動警報通報装置	○	○	○	

4.2　囲障及び門扉等施工標準について

　防護対策用の囲障（いしょう：民法上隣りあった建物の所有者が共同で、境界上に設けるべき遮蔽する設備のこと。以下、防護フェンスという）及び門扉は、原則として以下の標準を適用する。ただし、構造設計及び施工に関しては、所掌課の指針による。
　また、現運用施設も更新等において可能な限り、この標準の適合に配慮する。

【標準】
　当該官署の航空保安施設等防護設備ランク及びランク別防護設備実施事項により実施する。
(1)　一重防護フェンスは、忍返し付き高さ1.8m＋0.45（忍び返し）＝2.2m のフェンスとする。
(2)　二重防護フェンスは、忍返し付き高さ1.8m＋0.45（忍び返し）＝2.2m のフェンスを1.5m 間隔に設置する。
(3)　仮設フェンスは、高さ1.5m のフェンスとする。
(4)　門扉は防護フェンス毎に設置する。

【解説】
(1)　防護フェンス等は施設保護及び電波障害を考慮した配置とする。
　　また、防護フェンスは境界フェンスを兼ねることができる。
(2)　二重フェンス間には必要に応じ有刺鉄線を設置し、簡易舗装を施す。
(3)　防護フェンス下部には必要に応じ侵入防止板を設置する。
(4)　豪雪地帯については、フェンスの形状を別途考慮すること。
(5)　門扉は当該施設の外方への開閉式もしくは横引式とする。また、必要に応じ防犯用特殊マット等を設置する。
(6)　門扉については出入りする車両のための駐車スペースを門扉前方に確保する。
(7)　門扉の幅については、車両の通行に支障がない寸法とする。
(8)　横引式門扉に関しては新規に設置する場合、積雪地帯等においては不向きと考えられるので、敷地スペース等制約がある場合以外は設置しない。なお、設計にあたっては、倒壊及び脱輪しない構造とする。
(9)　積雪地における門扉は積雪深度を考慮した道路路盤とのクリアランスの確保、開閉方向及び人用通用扉の設置高さを考慮する。
(10)　寒冷地におけるフェンス基礎及び門扉基礎は凍結深度を考慮した構造もしくは、基礎構造の一体化を考慮する。
(11)　国立公園、史跡、保安林等に指定されている地域及び多雪地帯等本標準により難い特殊事情がある場合は、周囲の環境立地条件を考慮し、本標準に準じて処置する。
(12)　風圧荷重は空港隣接地に関しては空港土木要領と同じ風圧荷重とする。場外については建築基準法による。

【施工標準】
　仮設フェンスの施工標準は、図4.2.1のとおりとする。

第2編　各　論

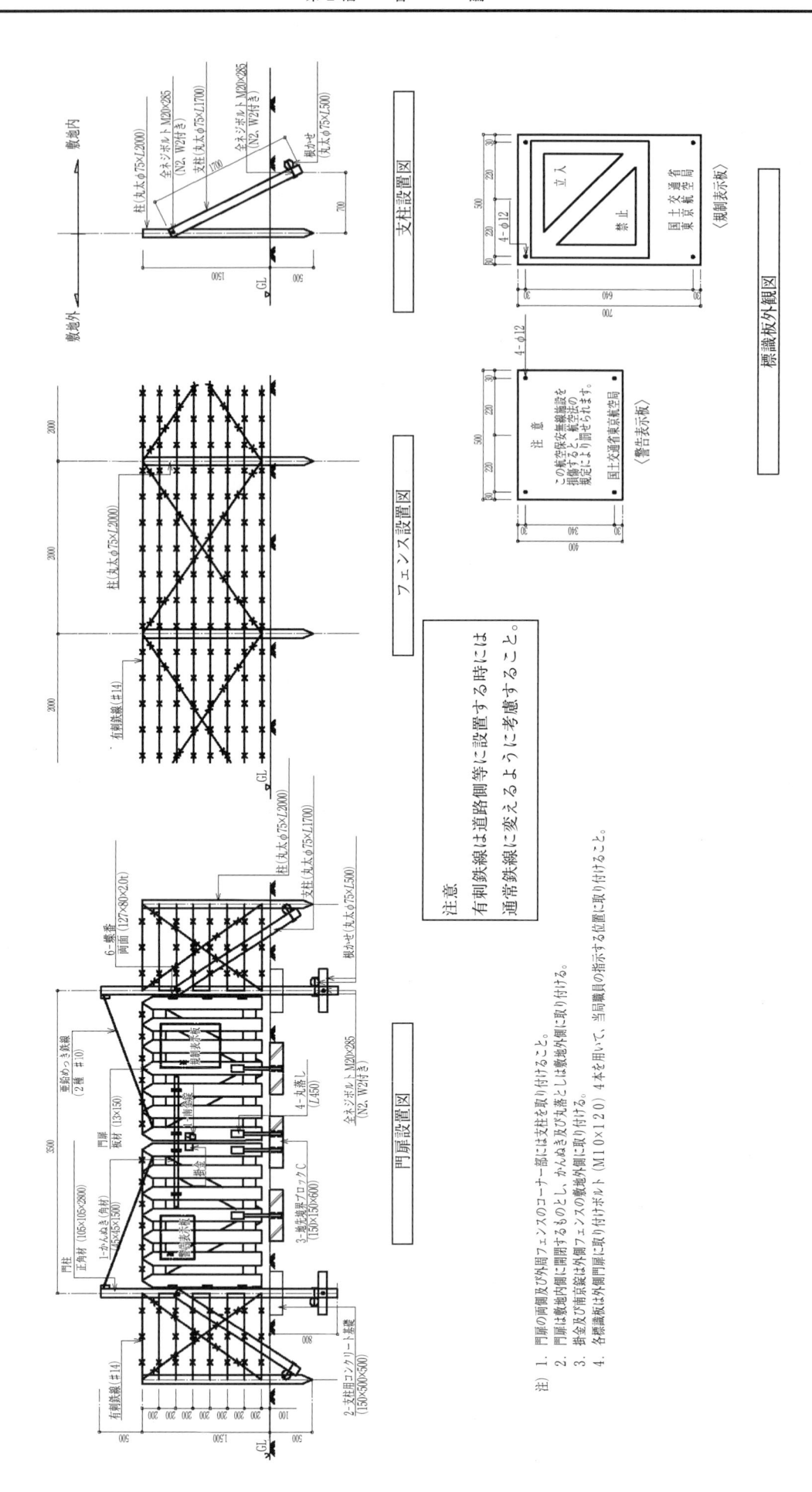

支柱設置図

フェンス設置図

標識板外観図
〈規制表示板〉 立入禁止 国土交通省東京航空局
〈警告表示板〉 注意　この模型安全無線標識を損傷する事及び丸落としは航空法の規定により罰せられます。国土交通省東京航空局

門扉設置図

注意
有刺鉄線は道路側等に設置する時には通常鉄線に変えるように考慮すること。

注) 1. 門扉の両側及び外周フェンスのコーナー部には支柱を取り付けること。
　　2. 門扉は敷地内側に開閉するものとし、かんぬき及び丸落としは敷地外側に取り付ける。
　　3. 掛金及び南京錠は外側フェンスの敷地外側に取り付ける。
　　4. 各標識板は外側門扉に取り付けボルト（M10×120）4本を用いて、当局職員の指示する位置に取り付けること。

図4.2.1　参考図：防護フェンス

2-4-4

4.3 防護センサー等施工標準について

　航空局管制技術課が施工する防護対策用の各種センサーは、原則として以下の標準を適用する。また、現運用施設も更新等において可能な限り、この標準の適合に配慮する。

> 【標準】
> 　当該官署の航空保安施設等防護設備ランク及びランク別防護設備実施事項により実施する。
> (1) 施設局舎の外部に面した扉部分には防護センサーを設置する。

【解説】
(1) 施設局舎の玄関、機器搬入口及び各種扉部分にはドアセンサー及び警戒センサーを設置する。
(2) 機器室、電気室等に火災報知器を設置する。
(3) ドアセンサーは取付け部分の状況を考慮して動作が確実であること。
(4) 警戒センサーの警戒範囲は扉部分の開口部等を十分照射できる性能であること。
(5) 保守職員の巡回保守及び警備員の配置に際し、扉の開閉警報装置の解除等防護施設の運用について、業務に支障のないよう検討しておくものとする。

【施工標準】
　防護センサー等の施工標準は、次図のとおりとする。

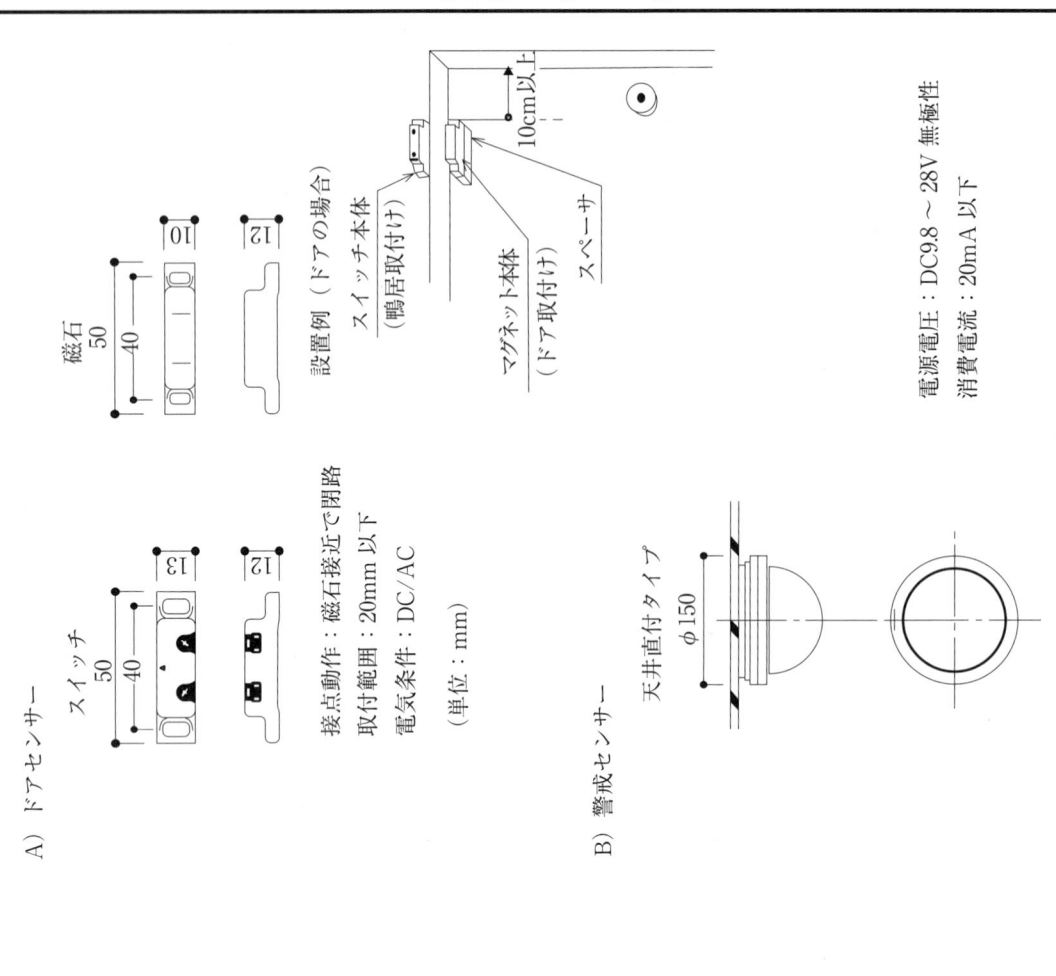

センサー標準仕様

A) ドアセンサー

磁石
スイッチ

接点動作：磁石接近で閉路
取付範囲：20mm 以下
電気条件：DC/AC

（単位：mm）

設置例（ドアの場合）
スイッチ本体（鴨居取付け）
マグネット本体（ドア取付け）
スペーサー
10cm以上

B) 警戒センサー

天井直付タイプ
φ150

電源電圧：DC9.8～28V 無極性
消費電流：20mA 以下

防護センサー標準

機器搬入口

機器室-1　機器室-2

倉庫　廊下　電気室

玄関　機器搬入口

凡例
▫ ドアセンサー
◎ 警報センサー
▲ 火報センサー（熱、煙）

注）ドアセンサーは局舎外部に面した扉に設置する。

取付標準

ドアセンサー：玄関ドア、搬入口ドア
警報センサー：熱線センサー又はパッシブセンサー
　　　　　　：玄関天井、搬入口天井
火報センサー：機器室天井、電気室天井

防護センサー設置標準

4.4　屋外ケーブルダクトについて

航空局管制技術課が施工する防護対策用の屋外ケーブルダクトは、原則として以下の標準を適用する。
また、現運用施設も更新等において可能な限りこの標準の適合に配慮する。

【標準】
　当該官署の航空保安施設等防護設備ランク及びランク別防護設備実施事項により実施する。
(1)　通信鉄塔等における屋外水平及び垂直ケーブルラックにはケーブルダクトを設置する。

【解説】
(1)　原則として地上約5mの部分までの屋外水平及び垂直ケーブルラックはケーブルダクトにて保護する。ただし、施設の構造に応じ不要と認められる場合は、この限りでない。

【施工標準】
　屋外ケーブルダクトの施工標準は、次図のとおりとする。

第2編　各　論

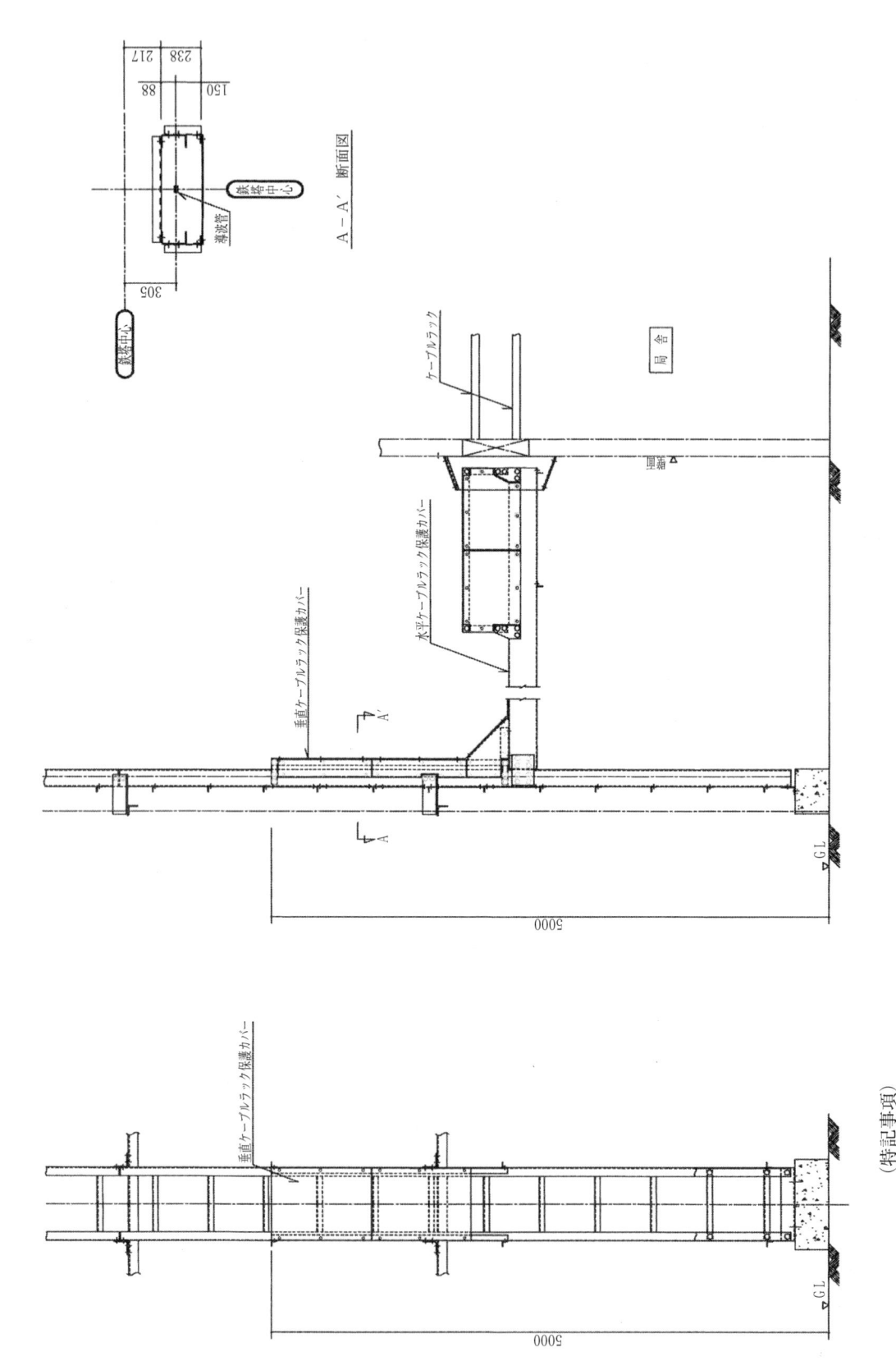

(特記事項)
1. ケーブルラック及び保護カバーの材質は、溶融亜鉛めっき (HDZ 55) に適合するもの、又は高耐食性めっき鋼板によること。

図4.4.1　参考図：水平（垂直）ケーブルラック保護カバー

4.5 ケーブル貫通口部分の耐火施工標準について

航空局管制技術課が施工する各種貫通口部分の耐火施工は、原則として以下の標準を適用する（建築基準法施行令第112条、第129条の2の5）によること。

また、現運用施設も更新等において可能な限り、この標準との適合に配慮する。

【標準】
　防火区画と他の防火区画間の貫通口部分は耐火工法を施す。

【解説】
(1) 貫通部の隙間は、モルタルなどの不燃材料で埋戻しをするとともに、ケーブルなどには防火措置をしなければならない。
(2) 貫通する管の構造は、以下のいずれかであること。
　(a) 配管の貫通部および貫通部の両端1mの部分を不燃材とすること。
　(b) 配管の外形が材料その他の事項に応じて、国土交通大臣が定める数値未満であること（配電管の材質が難燃材料または硬質塩化ビニルで、肉厚5.5mm以上である場合、管の外径は90mm未満であること）。
　(c) 貫通する管に、通常の火災による加熱が加えられた場合、防火区画などの構造種類ごとに加熱開始後20分間、45分間、1時間は防火区画などの反対側に火災を出す原因となる亀裂、その他の損傷を生じないものとして、国土交通大臣の認定を受けたものであること。
(3) 防火区画とは耐火構造の床、壁等で区切られた区画をいう。また、耐火建築物の場合、基本的には床面積が1500m²以内ごとに防火区画を設けることが規定されている（建築基準法施行令第112条）。
(4) 航空保安無線施設の場合、無線機器室等が耐火構造の床、壁で仕切られている場合の区画を防火区画と考え、この区画から他の区画に接続されるケーブル等の貫通口部分は耐火工法を施す。しかし、施設規模及び状況から不要な場合はこの限りではない。
(5) 耐火構造の床又は壁を貫通する給水管、配電管その他の管の部分及びその周囲の部分の構造方法を定める件（昭和62年建設省告示第1900号：最終改正平成12年5月建設省告示第1378号）によること。

【施工標準】
　ケーブル貫通口部分の耐火施工標準は、下図のとおりとする。

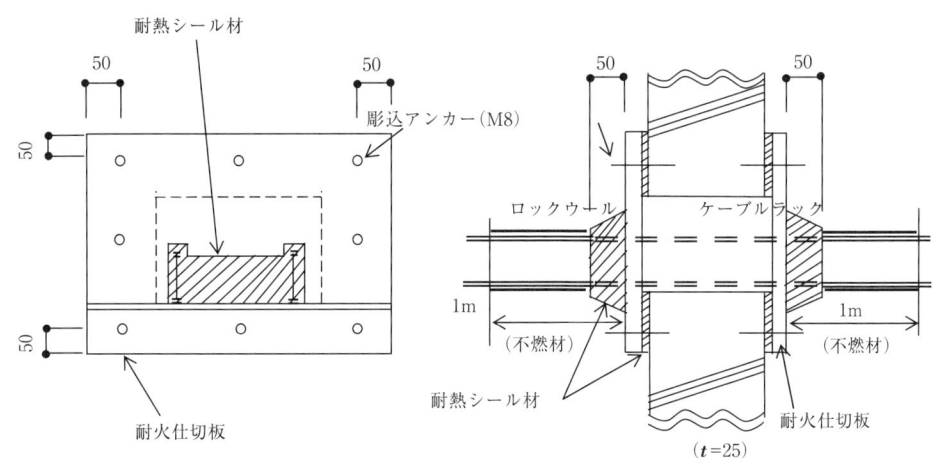

図4.5.1　ケーブル貫通口部分の耐火施工標準例

防火区画貫通部施工仕様
(1) ロックウール繊維の密度は300kg/m³以上、耐火仕切板の厚さは25mm以上とする。また、繊維混入ケイ酸カルシウム板から50mmまでの電線相互間及び繊維混入ケイ酸カルシウム板と電線の隙間には、耐熱シール材を充てんする。

5. 機械警備システム及び自動警報通報システム設置標準

　システム統制業務開始によって夜間勤務が廃止される官署の施設管理体制については機械警備を導入、機械警備が困難な官署については自動通報装置等による管理体制をとってきたところである。したがって機械警備システム及び自動警報通報システム等を設置する場合は、原則として以下を適用する。

【標準】
　無人施設については、別図により機械警備システム、又は自動通報システム等を設置する。

【解説】
(1)　機械警備とは、警備業法に定められた警備で、民間警備会社が警備業務用機械装置を使用して警報監視体制を敷き、警報を受信した場合、警備員が速やかに現地に赴き、事実の確認及びその他必要な処置を講ずるものである。
(2)　自動警報通報システムとは、自営にて自動警報通報装置を使用して、当該連絡先に警報を転送し、警報状況に応じた処置を講ずるものである。
(3)　防護警報監視装置とは、「航空保安施設等防護対策設備基準」により設置され、モニタ回線により施設の警報を基地官署に通報する装置である。

システム統制導入に伴う施設管理フローチャート

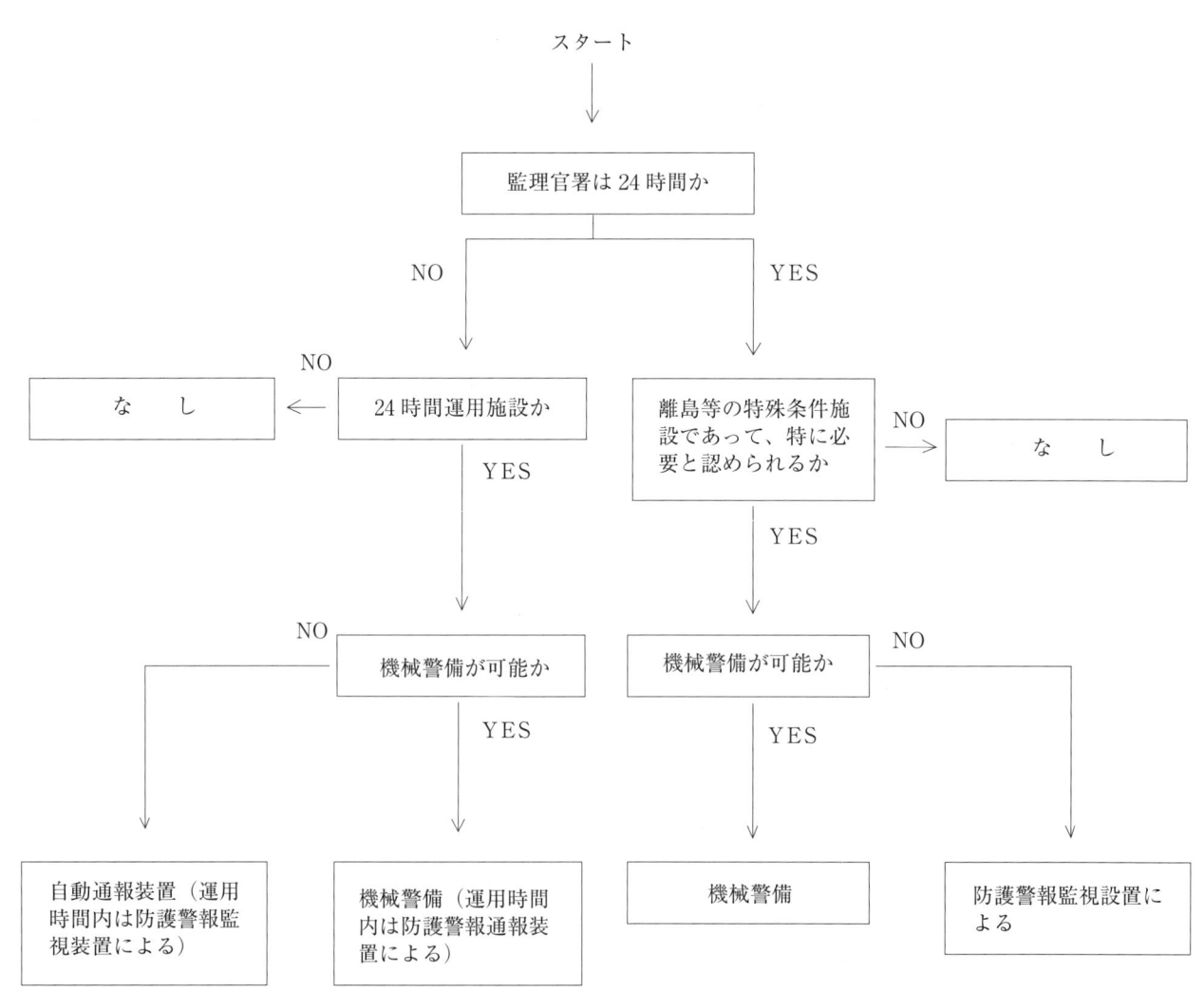

```
                        スタート
                           │
                           ▼
                   ┌──────────────┐
                   │ 監理官署は24時間か │
                   └──────────────┘
                    NO │         │ YES
           ┌──────────┘         └──────────┐
           ▼                                ▼
   ┌──────────────┐              ┌──────────────┐
   │ 24時間運用施設か │              │ 離島等の特殊条件施 │   NO
   └──────────────┘              │ 設であって、特に必 │ ─────▶ なし
    NO │         │ YES          │ 要と認められるか   │
  なし◀┘         │              └──────────────┘
                 │                      │ YES
                 ▼                      ▼
        ┌──────────────┐      ┌──────────────┐
   NO   │ 機械警備が可能か │      │ 機械警備が可能か │   NO
 ┌──────│              │      │              │──────┐
 │      └──────────────┘      └──────────────┘      │
 │             │ YES                   │ YES         │
 ▼             ▼                       ▼             ▼
自動通報装置  機械警備（運用時間       機械警備       防護警報監視設置
（運用時間内  内は防護警報通報装置                    による
は防護警報監  による）
視装置による）
```

2-5-1

無人化官署の施設管理体制概念図

◎ 自営施設管理体制

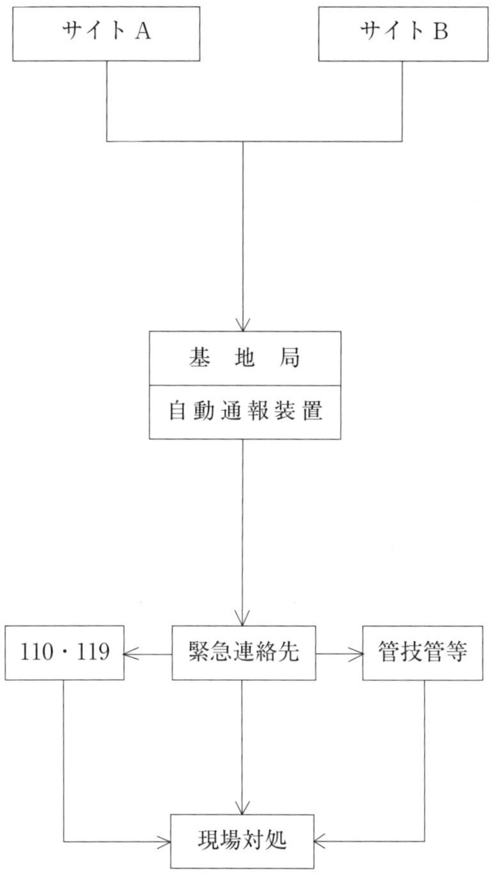

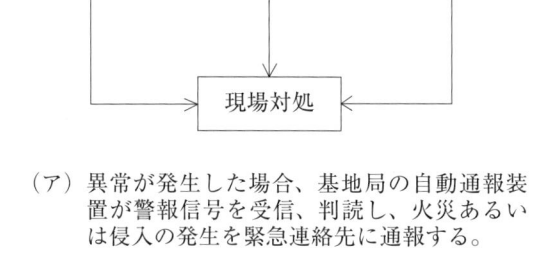

```
┌─────────┐    ┌─────────┐
│ サイトA  │    │ サイトB  │
└────┬────┘    └────┬────┘
     └────────┬─────┘
              ▼
      ┌──────────────┐
      │   基 地 局    │
      │ 自動通報装置  │
      └──────┬───────┘
             ▼
┌────────┐ ┌──────────┐ ┌────────┐
│110・119│◄│緊急連絡先│►│管技管等│
└───┬────┘ └────┬─────┘ └────────┘
    │           │
    ▼           ▼
         ┌──────────┐
         │ 現場対処 │◄──
         └──────────┘
```

（ア）異常が発生した場合、基地局の自動通報装置が警報信号を受信、判読し、火災あるいは侵入の発生を緊急連絡先に通報する。

（イ）緊急連絡先の責任者は、職員の応援を得て現場に急行し、異常事態を確認した場合、必要な連絡を行うほか、その他必要な措置をとる。

◎ 機械警備による施設管理体制

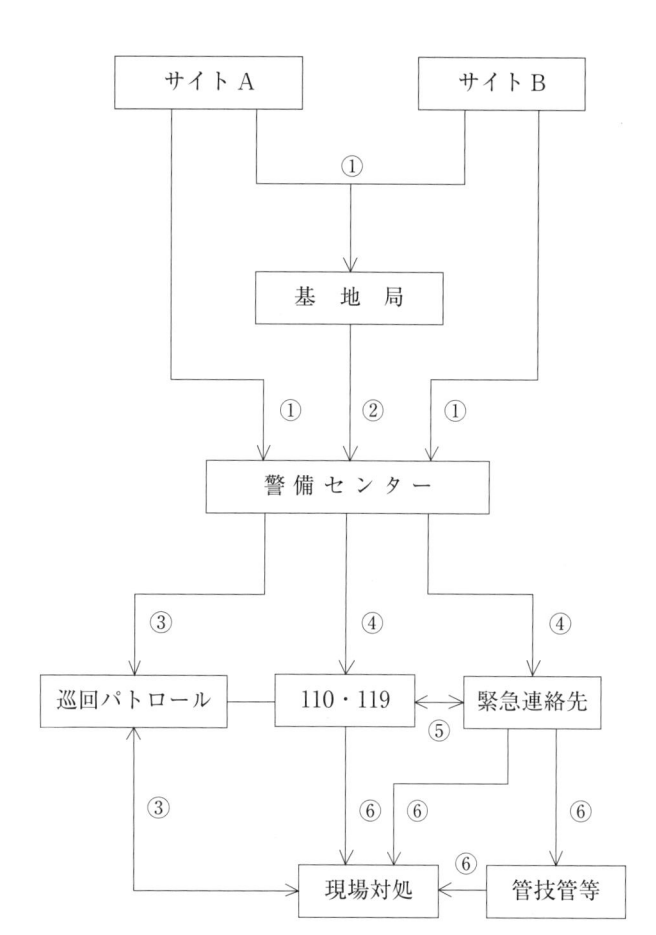

```
┌─────────┐    ┌─────────┐
│ サイトA  │    │ サイトB  │
└────┬────┘    └────┬────┘
                    │①
                    ▼
             ┌──────────┐
             │  基 地 局 │
             └─────┬────┘
          ①    ②  │   ①
                   ▼
            ┌──────────────┐
            │  警備センター │
            └──┬────┬────┬─┘
              ③│   ④│   ④│
               ▼    ▼    ▼
     ┌────────┐┌────────┐┌──────────┐
     │巡回    ││110・119││緊急連絡先│
     │パトロール│└────┬───┘└────┬─────┘
     └───┬────┘   ⑤    
         │③    ⑥│  ⑥│    ⑥│
         ▼      ▼    ▼      ▼
              ┌──────────┐┌────────┐
              │ 現場対処 │◄│管技管等│
              └──────────┘└────────┘
```

（ア）異常が発生した場合、自動的に警備センターに警報信号が受信される。（①〜②）

（イ）警備センターは巡回パトロール中の車両に連絡し、現場へ急行させる。（③）

（ウ）警備センターは、現場から異常事態を確認した旨の連絡を受けた場合には、緊急連絡先及び110、あるいは119へ通報する。（④）

（エ）緊急連絡先の責任者は必要な連絡を行うと同時に職員の応援を得て、現場に赴き必要な措置をとる。（⑤〜⑥）

6．接地工法の標準化について

6.1　接地の種類と役割

　接地は、その機能・目的に応じて種々のものがあるが、大きく「保安用接地（感電防止用）」と「機能接地」に分けることができ、多くの場合、これらの接地極は独立してそれぞれ接地されている。なお、航空無線施設に係る接地の種類と役割については、表6.1.1に示す。

表6.1.1　航空無線施設に係る接地の種類と役割

区分	種類	目的	関連法規等
雷害対策用接地	外部雷保護システムの接地	落雷電流が、危険な過電圧が生じることがないよう、速やかに大地に放流させるための接地で、接地極の抵抗値よりも接地システムの形状・寸法を重視し被保護物内の電位差を発生させないことが重要としている。ただし、一般的には低い接地抵抗値を推奨している。JIS A 4201：2003では、接地極の種別として、その構造・布設方法により、A型接地極とB型接地極がある。	・JIS A 4201：2003建物等の雷保護 ・2.3 接地システム
保安用	高圧避雷器接地	高圧電源線に誘導した雷サージを大地に放流することを目的に設置する高圧避雷器用の接地である。高圧配電の受電点（引込口、受電盤）に避雷器を設置することとなっており、そのための接地である。A種接地工事が要求されている。	・電気設備技術基準（第10、11条） ・同解釈（第42条「避雷器の接地」）
保安用	機器接地 （保安用）	本接地目的は、「機器きょう体（人が触れる金属部）と大地（アース）の間を電気的に接続し、漏電した場合の電位を大地の電位と等しくして感電災害を防止する」ことにある。通常、電気製品の絶縁が正常であれば、製品きょう体に電圧が加わることはないが、絶縁の劣化や巻線の焼損などがあればきょう体に漏電して電圧が発生する。この場合、大地に立っている人が漏電部分に触れると、電流が人体を通り大地に流れ感電災害を起こすことになる。そこできょう体と大地の間を電気抵抗の少ない電線で接続しておけば、電流は直接大地に流れ電圧が低くなるので、電気抵抗の大きい人体側へ電流は流れず安全が確保される。 注）きょう体は一般的に「人が触れるおそれがある金属部」のことであるが、合成樹脂製きょう体であっても、水など導電性液体がかかる環境であれば合わせ目などを通じて感電するおそれがあるため対処が必要となる場合がある。	・電気設備技術基準及び解釈（解釈第19～29条） ・内線規程 ・労働安全衛生規則（第333条）
保安用	系統接地 （高低圧混触防止）	配電用の変圧器は1次巻線（高圧側）と2次巻線（低圧側）の間は絶縁されているが、この絶縁が劣化すると2次巻線を経て低圧側に高電圧が発生（混触という）し、低圧側に接続された電気製品が破損し感電や火災が発生する危険がある。そこで変圧器の2次巻線の一端と大地の間を電気的に接続（B種接地）しておけば、接続部を通じて高圧電気は大地に流れ、低圧側の回路に高圧は発生しない。	・電気設備技術基準（第10、11条） ・同解釈（第24条「（特別）高圧と低圧の混触による危険防止」）
機能用	システム機能用接地	コンピュータ、信号機器等の電子機器正常動作を図るための電位安定基準点を得るための接地をいう。	
機能用	ノイズ対策用接地	電子機器誤動作防止、通信品質の維持、電磁遮蔽等を目的とする。コンピュータや周辺機器の電源ユニット、フィルタ等からは数十mAの雑音エネルギーが放出されている。この雑音電流を大地に放流するための接地である。	

6.2　航空無線施設の等電位ボンディング

　接地は、従来から「避雷針接地」、「A種接地」、「B種接地」、「C種接地」、「D種接地」、「通信機器の機能用接地（A種接地）」、など個別に接地極を設け、単独接地されている場合が非常に多い。JIS A 4201：2003ではこれらをすべて等電位ボンディングすることで、等電位化を図ることとなっている。図6.2.1 に等電位ボンディングの対象となる接地の種類を示す。

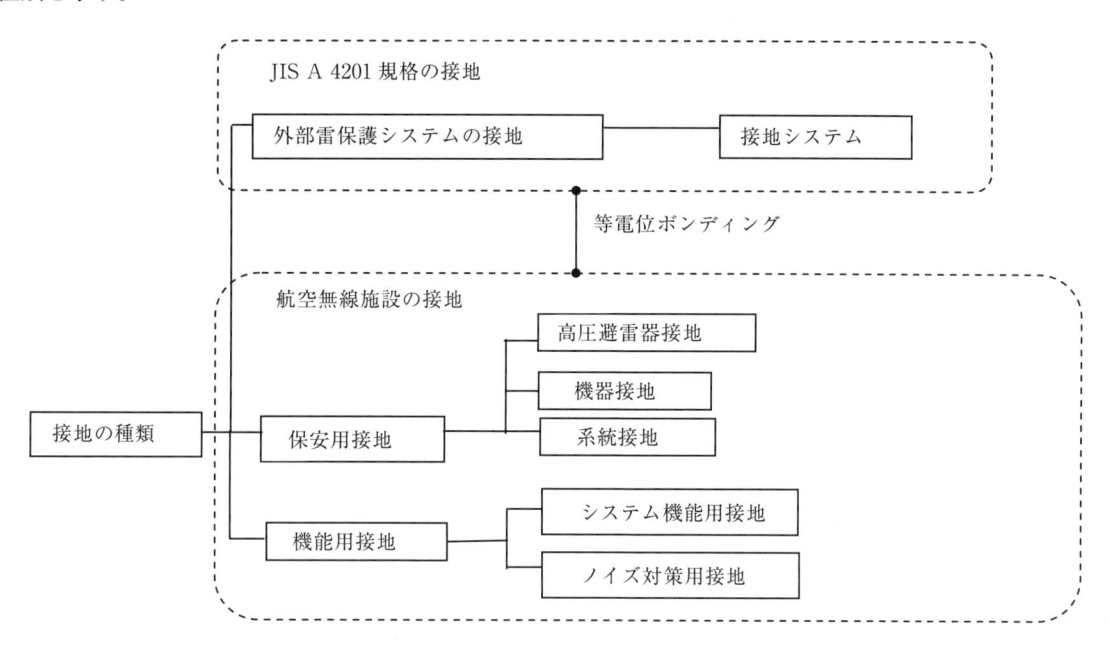

図6.2.1　航空無線施設の等電位ボンディングの対象となる接地の種類

　等電位ボンディングを実施するに当たっては、無線・通信機器に対するノイズ干渉の問題や、B種接地統合による地絡電流の低減問題などから、部分的・機能的には単独接地とする必要がある。
　このような問題を解決して等電位化を図る方法として、「雷害対策施工標準」では図6.2.2に示すように、集中接地端子盤で接地電極間をSPDによって接続し、雷サージによる電位差が発生した場合にのみ、各接地間をSPDで短絡させる方法を採っている。

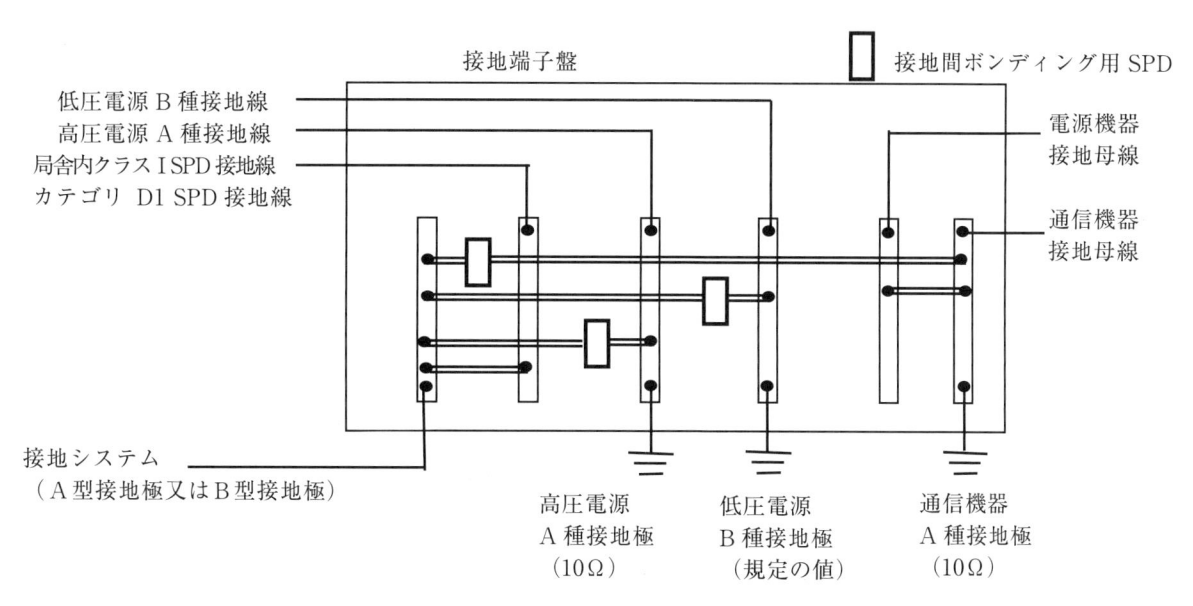

図6.2.2　集中接地端子盤を使用する方法

6.3　接地形態の選定

　接地を必要とする通信機器及び設備機器は多種多様にある。これらは、各々接地を行う目的があるので、通信機器及び設備機器を目的別に分類し、接地工事の種類を決定する。その後で接地工事エリアを把握し、分類した機器を個別に接地するのか、まとめて共用接地にするのか、接地形態の選択を行う必要がある。この作業は非常に困難である。何故ならば、現時点では接地システムがまだ体系化されていないことにある。

　もし、個別の接地形態をとるならば、地絡電流、電位分布、電位干渉係数、被害を受ける機器の許容耐電圧などを把握する必要があり、共用であれば、構造体の代用接地極、又は人工接地極に施工することを考える。

6.4　接地施工標準について

航空保安無線施設の電力、通信用の接地については、原則として以下の標準を適用する。
また、現運用施設も更新等において可能な限り、この標準の適合に配慮する。

> 【標準】
> 　当該官署の航空保安無線施設における接地設備の整備に関しては、次の事項により実施する。
> (1)　「計画・設計システムフローチャート」に基づき遂行すること。
> (2)　「接地工法選定フローチャート」に基づき最適な工法を選定すること。

【解説】
(1)　大地の接地抵抗は、一般に、埋設接地体の形状・寸法、埋設深さ及び土壌の抵抗率によって定まる。土壌の抵抗率は水分含有量、電解質量が大きいほど低く、また、温度が高い方が低くなる。接地抵抗を小さくするには、より適した土壌の選択、接地面積が大となる埋設接地体の形状と寸法、埋設深度の十分な深さ等が条件となる。
(2)　大地固有抵抗値の測定にあたっては環境状況を考慮すること。特に、測定時期、気象条件により大地の電気的状態が変動するので設計に採用する数値については補正を行うこと。
(3)　将来、造成工事が計画されている場合、造成規模（盛土量）等より判断し、必要に応じて既成地盤での大地固有抵抗値の測定を実施する。

6.5 接地設計の手順

接地設計を行う指標となる基準接地抵抗の決定フロー、個別接地か共用接地を行うかの接地形態の選定フローを示し、それらをもとに、標準的な接地極の設計フローを示すことにする。

6.5.1 基準接地抵抗の決定

接地極を設計するためには、その指標となる基準接地抵抗を決定する必要がある。電気工作物を大別すると、建物、工場、商店、住宅などの一般用・自家用電気工作物と、電力会社の発変電所のような電気事業用の電気工作物がある。

これらの電気工作物においては、図6.5.1に示すように、基準接地抵抗の決定方法が異なる。

```
                        接地目的
              ┌───────────┴───────────┐
              ▼                       ▼
    ┌──────────────────┐    ┌──────────────────┐
    │ 一般用・自家用電気工作物 │    │  電気事業用電気工作物  │
    └─────────┬────────┘    └─────────┬────────┘
              ▼                       ▼
    ┌──────────────────┐    ┌──────────────────────────┐
    │   低圧、高圧の選定    │    │ 想定地絡電流、許容電位上昇、許容接触電圧 │
    └─────────┬────────┘    └─────────┬────────────────┘
              ▼                       ▼
    ┌──────────────────┐    ┌──────────────────────────┐
    │ 電技・規格による接地工事の種類 │    │ 地絡遮断電流、人体の電気的特性、接触電圧、 │
    │                  │    │ 歩幅電圧の算定               │
    └─────────┬────────┘    └─────────┬────────────────┘
              └───────────┬───────────┘
                          ▼
                  ┌──────────────┐
                  │   基準接地抵抗   │
                  └──────────────┘
```

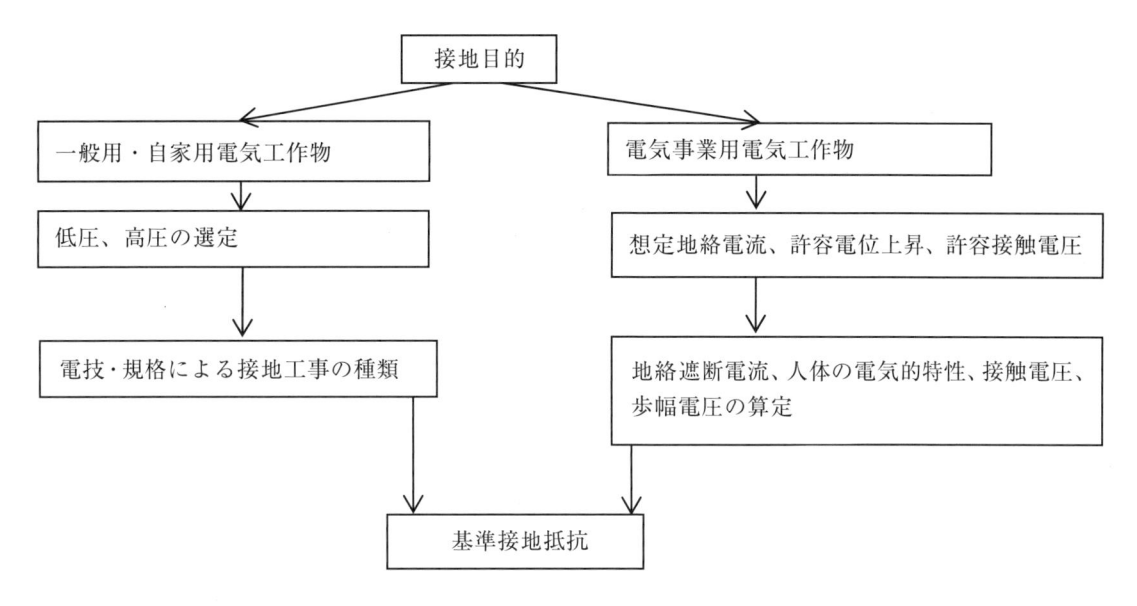

図6.5.1　基準接地抵抗の決定フローチャート

第2編　各　論

計画・設計システムフローチャート

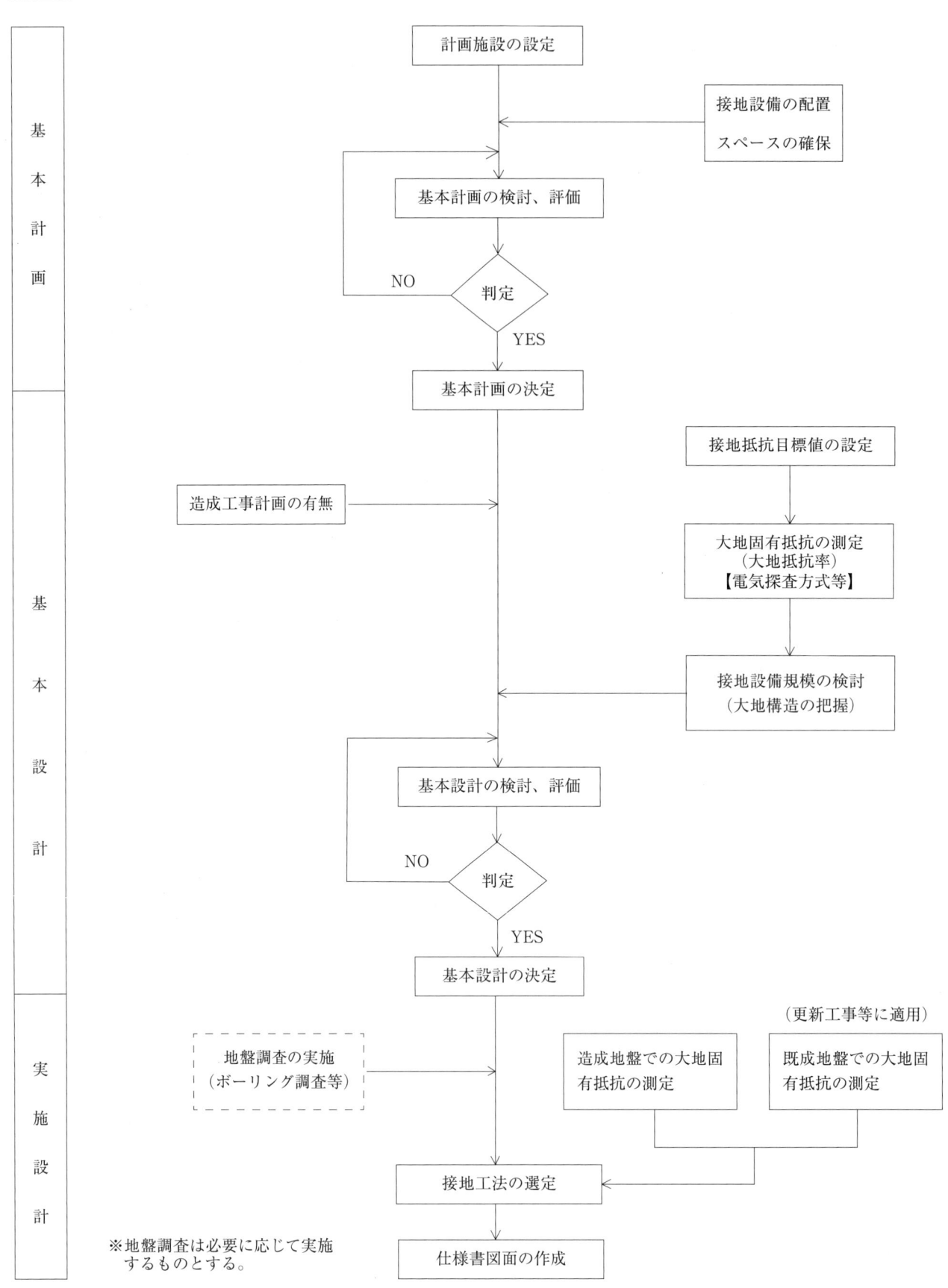

設計工程

```
基本計画
    ┌─────────────────┐
    │  計画施設の設定  │ ←─── 接地設備の配置スペースの確保
    └────────┬────────┘
             ↓
    ┌─────────────────┐
    │ 基本計画の検討、評価 │
    └────────┬────────┘
             ↓
         ◇判定◇  ── NO →（上へ戻る）
             ↓ YES
    ┌─────────────────┐
    │   基本計画の決定   │
    └────────┬────────┘

基本設計
                            ┌──────────────┐
                            │ 接地抵抗目標値の設定 │
                            └───────┬──────┘
                                    ↓
                            ┌──────────────┐
                            │ 大地固有抵抗の測定  │
                            │  （大地抵抗率）    │
                            │ 【電気探査方式等】  │
                            └───────┬──────┘
                                    ↓
    ┌─────────────────┐    ┌──────────────┐
    │  造成工事計画の有無 │───→│ 接地設備規模の検討  │
    └─────────────────┘    │ （大地構造の把握）  │
                            └───────┬──────┘
             ↓←─────────────────────┘
    ┌─────────────────┐
    │ 基本設計の検討、評価 │
    └────────┬────────┘
             ↓
         ◇判定◇ ── NO →（上へ戻る）
             ↓ YES
    ┌─────────────────┐
    │   基本設計の決定   │
    └────────┬────────┘

実施設計                                       （更新工事等に適用）
    ┌┄┄┄┄┄┄┄┄┄┄┄┐    ┌──────────────┐ ┌──────────────┐
    ┊ 地盤調査の実施  ┊    │ 造成地盤での大地固 │ │ 既成地盤での大地固 │
    ┊（ボーリング調査等）┊───→│   有抵抗の測定   │ │   有抵抗の測定   │
    └┄┄┄┄┄┄┄┄┄┄┄┘    └───────┬──────┘ └───────┬──────┘
             ↓                     ↓←────────────┘
    ┌─────────────────┐
    │   接地工法の選定   │←──────────────────────
    └────────┬────────┘
             ↓
    ┌─────────────────┐
    │  仕様書図面の作成  │
    └─────────────────┘
```

※地盤調査は必要に応じて実施するものとする。

図6.5.2　接地調査実施フローチャート（1/2）

接地工法選定フローチャート

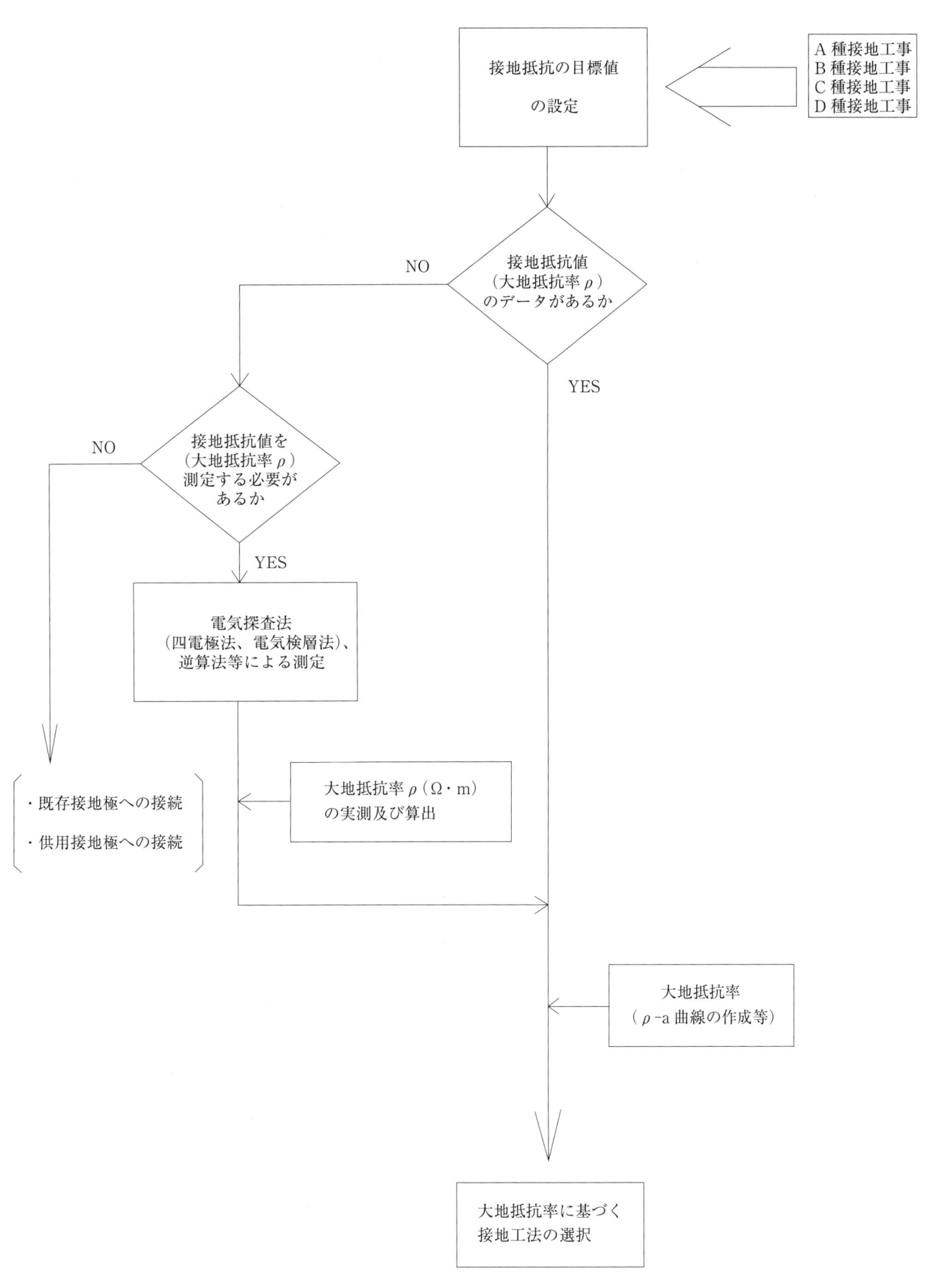

```
                    ┌─────────────┐        ┌─────────────┐
                    │ 接地抵抗の目標値 │ ◄──── │ A種接地工事   │
                    │   の設定     │        │ B種接地工事   │
                    └──────┬──────┘        │ C種接地工事   │
                           │               │ D種接地工事   │
                           ▼               └─────────────┘
                        ◇接地抵抗値◇
              NO     （大地抵抗率ρ）
            ┌────── のデータがあるか ──────┐
            │                         YES │
            ▼                             │
       ◇接地抵抗値を◇                      │
   NO  （大地抵抗率ρ）                      │
  ┌── 測定する必要が                        │
  │    あるか    ◇                         │
  │       │YES                            │
  │       ▼                               │
  │  ┌──────────┐                         │
  │  │ 電気探査法    │                      │
  │  │（四電極法、電気検層法）、              │
  │  │ 逆算法等による測定 │                  │
  │  └─────┬────┘                         │
  │        │                              │
  │        ▼                              │
  │  ┌──────────┐                         │
  │  │ 大地抵抗率ρ（Ω・m）│                 │
  │  │ の実測及び算出    │                  │
  ▼  └─────┬────┘                         │
｛・既存接地極への接続｝   │                  │
｛・供用接地極への接続｝   │                  │
                        │                 │
                        │                 ▼
                        │          ┌──────────┐
                        │          │ 大地抵抗率    │
                        │          │（ρ-a曲線の作成等）│
                        │          └─────┬────┘
                        │                │
                        └────────┬───────┘
                                 ▼
                         ┌──────────┐
                         │ 大地抵抗率に基づく │
                         │ 接地工法の選択   │
                         └──────────┘
```

図6.5.3　接地調査実施フローチャート (2/2)

表6.5.1　電気設備技術基準における基準接地抵抗

接地工事の種類	接地抵抗値	接地工事の適用
A種	10Ω以下	高圧用又は特別高圧用の鉄台及び金属製外箱
B種	電圧(V)／1線地絡電流　(電圧(V)：150、300、600V)	
C種	10Ω以下：(回路に地絡を生じた場合に0.5秒以内に自動的に電路を遮断する装置を施設するときは500Ω以下)	300Vを超える低圧用の鉄台及び金属製外箱
D種	100Ω以下：(回路に地絡を生じた場合に0.5秒以内に自動的に電路を遮断する装置を施設するときは500Ω以下)	300V未満の低圧用の鉄台及び金属製外箱

6.6　接地工事の動向

接地工事には、保安用接地、雷保護用接地、静電気障害防止用接地、機能用接地等がある。最近の接地方式は、これらを統合して構築するような方式が多くなってきた。

電気設備技術基準及びその解釈では、電気工作物の維持と感電事故防止を目的として接地の種別ごとに接地抵抗値を定めているが、単に種別ごとの単独接地工事方法だけでなく、等電位を目的として接地工事全体を共用化する接地方法が採用される傾向にある。

また、国際化を図るためIEC 60364(建築電気設備)が電気設備技術基準の解釈第272条に導入され、平成11(1999)年11月から施行された。IEC 60364では、系統接地を3種類に分け、屋内配線の保護方式と関連づけて規定している。

6.6.1　電気設備技術基準及び同解釈について

各種接地は原則として単独接地とするようになっている。しかし、最近の雷保護に関するIEC規格、それを翻訳したJISでは各種接地を統合接地化することを求めている。

6.6.2　電子機器等の雷保護対策

落雷や誘導雷から電子機器等を保護するため、等電位化が有益である。JIS Z 9290-4では等電位ボンディングと称している。等電位化は電子機器等の金属製きょう体をケーブルのメタルシース、建物の金属製柱、はり等と共に接地し、低圧電力線及び通信線の心線はSPDを介して同一接地に接続することにより、統合接地を行うことができる。このSPDにより、予測される雷電流に耐え、被保護機器の耐電圧以下で動作するものを使用することで機器の保護がなされる。

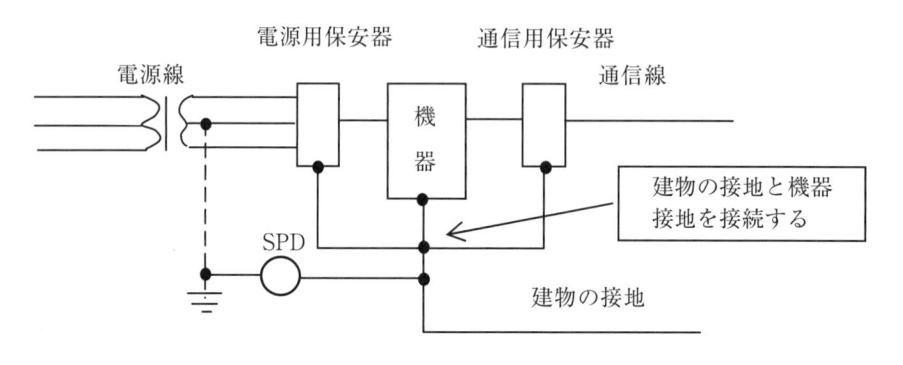

図6.6.1　電子機器等の雷保護対策例

6.6.3 通信障害対策

電子機器等を雷から保護する基本は等電位化で、関連する装置の接地を全て連接することが効果的である。しかし、ノイズを発生している機器の接地線にはノイズ電流が流れていることがあり、このノイズ電流が他の機器に影響を与えることが懸念される。

JIS Z 9290-4：2009では、情報通信機器の基本的なボンディング方法として図6.6.2に示すような星型（S形）、メッシュ状（M形）のうちの一つを使用しなければならないとしている。

S形は各機器からの接地線を1点に集め、建築物の共通接地に接続する方法であり、1点接地方式である。個別電子機器においては、よく用いられる方式の1つであり、雷等の外部からの低周波電流は情報機器に流入せず、さらに情報機器内で発生した低周波ノイズは他の機器に流入しないのでノイズの影響を受けにくい。しかし機器の金属ケースは建築物から絶縁する必要があるので、実現はかなり困難である。

M形では各機器の接地線をメッシュ状に接続し、多数の点で建築物の共用接地に接続し、機器の金属ケースも建築物に直接接続するようにする。これにより、高周波に対しても低インピーダンスの接地回路網が構成され、等電位化が容易となるが、外部からのノイズの影響は受けやすくなる。この対策としては、避雷管による接地の連接、あるいは通信線として電磁遮蔽ケーブルを使用し、メタルシースの両端を機器の接地端子に接続する方式がある。

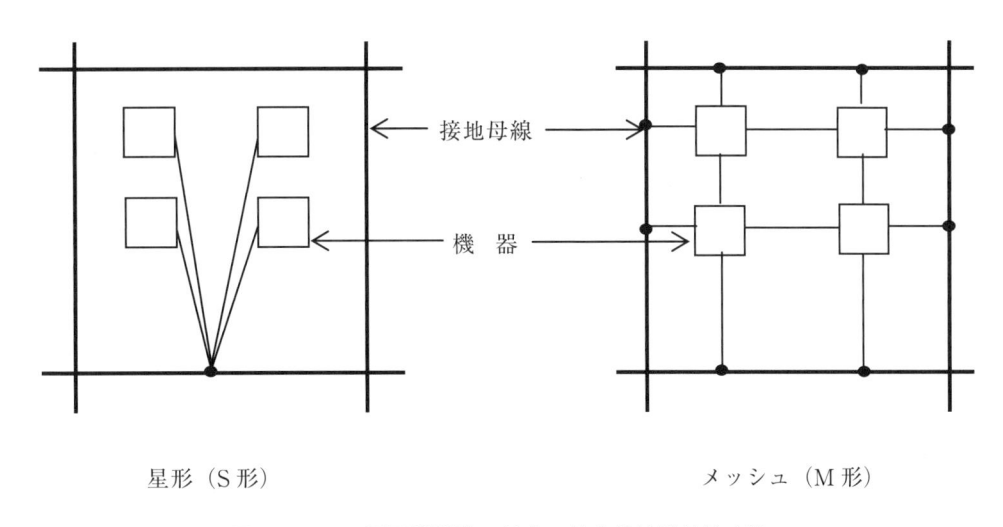

星形（S形）　　　　　メッシュ（M形）

図6.6.2　電子機器等に対する基本的接地接続方法

6.7 接地工事の施工方法

(1) 接地工法には大別して人工接地電極による工法と、自然接地極を代用する工法がある。前者は棒状、板状、線状、網状、ループ形帯状電極などの単独、あるいはそれらを組み合わせた並列、併用接地極がある。後者には建築構造体、基礎杭などを使用する工法である。又、接地工事の施工方法には、次の方式がある。なお、接地線に人が触れるおそれがある場所に施設するA種接地工事又はB種接地工事の接地極は、地下75cm以上の深さに埋設する必要がある。

表6.7.1 接地工事の施工方法

	接 地 方 式	施 工 方 法
1	棒状電極	棒状、銅被覆鋼棒が一般的である。この寸法は単独で用いる場合は直径14mm、長さ1.5mである。銅被覆の厚さは0.5、1.0mmであるがなるべく厚いものを用いるべきである。特殊なものとしてステンレス被覆鋼棒（直径14mm、長さ1.5m）、炭素被覆鋼棒（直径16mm、長さ0.5m）もある。
2	連結接地棒方式	直接地表から接地棒を打ち込み、必要な接地抵抗値が得られるまで連結しながら打ち込む方式である。
3	深打ち方式（ボーリング方式）	ボーリングして、垂直に電極を埋設するものである。施工性を考慮して線状電極や細い帯状電極を複数条束ねて埋設する工法がある。この工法は接続部を設ける必要がなく、連続に何百mもの埋設が可能であり、便利である。しかし、原則的にはボーリング電極は銅パイプを用いる。その場合、パイプの連結接続部の処理の仕方はろう付け、ねじ式があり、機械的な強度をもつ必要がある。銅パイプの寸法は直径38〜66mm、長さが5m程度のもので、これを直列に連結して用いている。
4	線状電極	線状電極をそのまま用いる接地電極形態に埋設地線（カウンタポイズ）がある。これらの形態に対して、故障地絡電流の電流分布が異なり、電流容量は線状電極の布設形状によって決定されるものである。一般に、接地線で用いられているJIS規格品を代用している。そのサイズは電極規模にもよるが、60、100mm^{2}の銅線を用いている。
5	板状電極	一般に銅製の正方角板を用いており、その寸法は90×90cm、100×100cmである。板の厚さは1.5、2.0mmがある。他の電極に比べて表面積が大きいので、特に水平に埋設する場合に、土壌にしっかり密着した施工をすべきである。その理由は、電極表面に空気層が存在すると腐食を促進するからである。
6	帯状電極	あまり一般的ではないが、ループ型に布設する接地形態の場合、接地抵抗及び雷インピーダンスの観点から、線状電極よりも有効である。材料にはJIS規格銅条が用いられ、寸法は厚さ1.4mm、幅20、30mmのものがある。コイル状になっているので任意の長さに使用できる。
7	メッシュ状接地方式	変電所など大規模な接地工事に使用される。地中に一定の深さで溝を掘り裸銅線を網状に布設し、網目の交差する場所を電気的に接続して接地極とする方式である。大地との広範囲な接地面積により接地抵抗値の低減が図れる。また、メッシュ上に設置した建造物及び電気機器類は等電位となる。
8	建物構造体接地方式	建物基礎の鉄筋、鉄骨を接地極として使用する方式で、建物の鉄骨その他の金属体の接地抵抗値が2Ω以下の場合には接地極として使用することができ、1〜4の接地工事による抵抗値よりも低い抵抗値が得られる。
9	接地抵抗低減剤	接地工事において所定の接地抵抗値が得られない場合に接地点の土壌に化学処理を施して接地抵抗を減少させるために接地抵抗低減剤が使用される。低減剤を使用する際は、低減剤の安全性、効果、作業性及び腐食の問題などを検討する必要がある（最近はあまり使用されない）。

(2) A種及びB種接地工事の施工方法
 (a) 接地極は、なるべく湿気の多い場所でガス、酸等による腐食のおそれのない場所を選び、接地極の上端を地下0.75m以上の深さに埋設する。
 (b) 接地線と接地する目的物及び接地極との接続工事は、電気的及び機械的に堅ろうに施工する。
 (c) 接地線は、地下0.75mから地表上2.5mまでの部分を原則として硬質ビニル管で保護する。ただし、これと同等以上の絶縁効力及び機械的強度のあるもので覆う場合はこの限りでない。
 (d) 接地線は、接地すべき機器から0.6m以下の部分及び地中横走り部分を除き、必要に応じ管等に収めて損傷を防止する。
 (e) 接地線を人が触れるおそれのある場所で鉄柱その他の金属体に沿って施設する場合は、接地極を鉄柱その他の金属体の底面から0.3m以上深く埋設する場合を除き、接地極を地中でその金属体から1m以上離隔して埋設する。
 (f) 避雷用引下導線を施設してある支持物には、接地線を施設してはならない。ただし、引込み柱は除く。

(3) C種及びD種接地工事の施工方法
 (a) 「A種及びB種接地工事の施工方法」による。なお、接地線の保護に、金属管を用いてもよい。また、電気的に接続されている金属管等は、これを接地線に代えることができる。
(4) 各接地と避雷設備及び避雷器の接地との離隔
 接地極及びその裸導線の地中部分は、避雷設備、避雷器の接地極及びその裸導線の地中部分と2m以上離す。
(5) 接地極位置等の表示
 接地極の埋設位置には、その近くの適当な箇所に接地極埋設標を設け、接地抵抗値、接地種別、接地極の埋設位置、深さ及び埋設年月を明示する。ただし、電柱及び屋外灯等の柱位置の場合並びにマンホール及びハンドホールの場合は、接地極埋設標を省略してもよい。
(6) その他
 (a) 高圧ケーブル及び制御ケーブルの金属遮へい体は、1箇所で接地する。
 (b) 計器用変成器の二次回路は、配電盤側接地とする。
 (c) 接地導線と被接地工作物、接地線相互の接続は、はんだ揚げ接続をしてはならない。
 (d) 接地線を引込む場合は、水が屋内に浸入しないように施工する。
 (e) 接地端子箱内の接地線には、合成樹脂製、ファイバー製等の表示札等を取付け、接地種別行先等を表示する。
(7) 接地システムの考え方の一つに等電位方式がある。等電位の目的は、接地を共用することにより各機器間に電位差を生じさせない方策であり、特に直撃雷や誘導雷に起因する電位差によって生じる人体及び設備機器へ影響を及ぼすことを防止する効果がある。具体的には、保安用接地として設備機器に接地工事種別ごとに施している接地配線を、建物等の構造体及び金属体を含めすべて結合するボンディングを施すことで電位差をなくすものである。

6.8 接地極の埋設

(1) 接地極の埋設場所は、土質が均一で、他の金属埋設物がない場所とする。
(2) 接地極の埋設深さは、接地極に電流が流れた場合、地表に生ずる歩幅電圧が異常に高くならないように設定する。
(3) 接地抵抗は、接地極と大地との接触抵抗、大地の抵抗等により構成される。このため接地抵抗の低減法には、接地極の寸法を変える、土壌の抵抗率を変える等の方法がある。
 (a) 接地極の深打ちによる方法
  連結式接地棒を逐次連結しながら大地に打込み、接地抵抗を低減させる方法である。土壌の抵抗率が変化しないものとした場合の連結本数による接地抵抗の減少を次に示す。
   2本連結の場合　　1本の抵抗値の約55％
   3本連結の場合　　1本の抵抗値の約40％
   4本連結の場合　　1本の抵抗値の約30％
  一般には、地表面近くの箇所よりも深い箇所の方が土壌の抵抗率が低いため、上記以上の効果が得られることが多い。
 (b) 接地極の並列接続による方法
  複数の接地極を接続し、接地抵抗を低減させる方法である。接地極を接近させて埋設した場合には、接地極相互の干渉により、十分な低減効果が得られないため、接地極相互は少なくとも2mの離隔をとるのが望ましいとされている。また、(a)の方法と併用する場合には、接地極相互の間隔は、埋設深さの3倍程度とすることが望ましい。
 (c) 低減剤による方法
  導電性物質を接地極周辺の土壌に注入し、土壌の抵抗率を低減することで接地抵抗を低減させる方法である。低減剤を選定する場合には、次の事項に留意すると共に監督職員と協議する。

(ｲ) 低減効果の経年変化が少ないものとする。

(ﾛ) 接地極を腐食させないものとする。

(ﾊ) 公害性のないものとする。

(4) 避雷設備（建築基準法第33条に規定する高さ20mを超える建築物の避雷設備）の接地極を省略する場合には、事前に大地の抵抗率を測定し、建築主事の了解を得る。なお、抵抗率は次により求める。

(a) 大地抵抗率測定器（Wennerの4電極法によるもの）を用いて測定する。

(b) 長さ1.5m直径14mmの接地棒を打込み、接地抵抗値を測定し、図6.8.1大地抵抗率推定曲線により大地抵抗率を求める。

(c) 直径 d（m）の接地棒を深さ l（m）まで打込んで接地抵抗値を測定し、接地抵抗 R（Ω）から計算により求める。

$$\rho = \frac{2\pi l R}{\ln(4l/d)} \,(\Omega \cdot m)$$

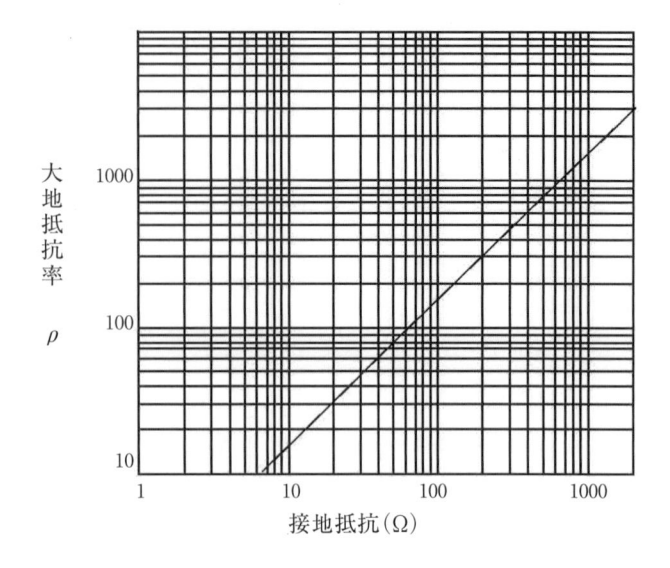

図6.8.1　大地抵抗率推定曲線

6.9　施工標準

接地の施工標準は、次図の通りとする。

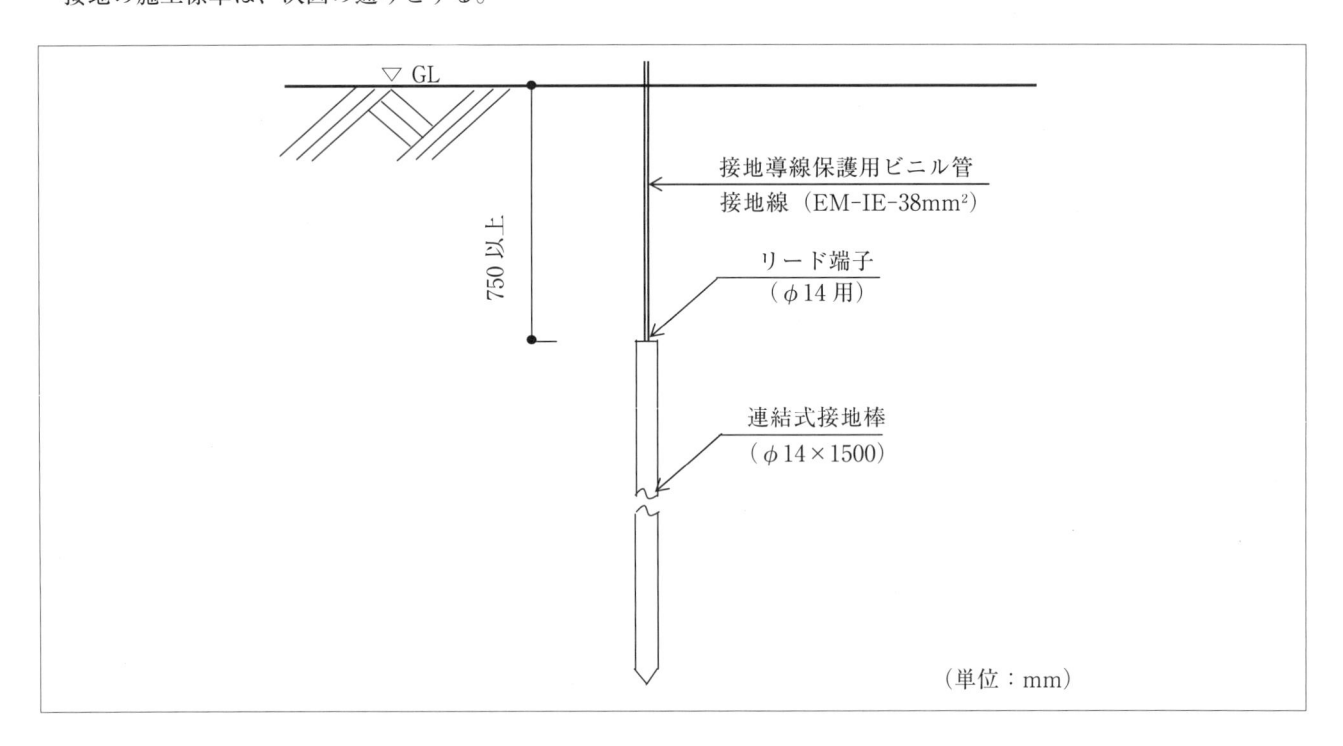

図6.9.1　接地棒埋設標準

注）本標準は接地棒及び接地棒併用の各工法に適用される。

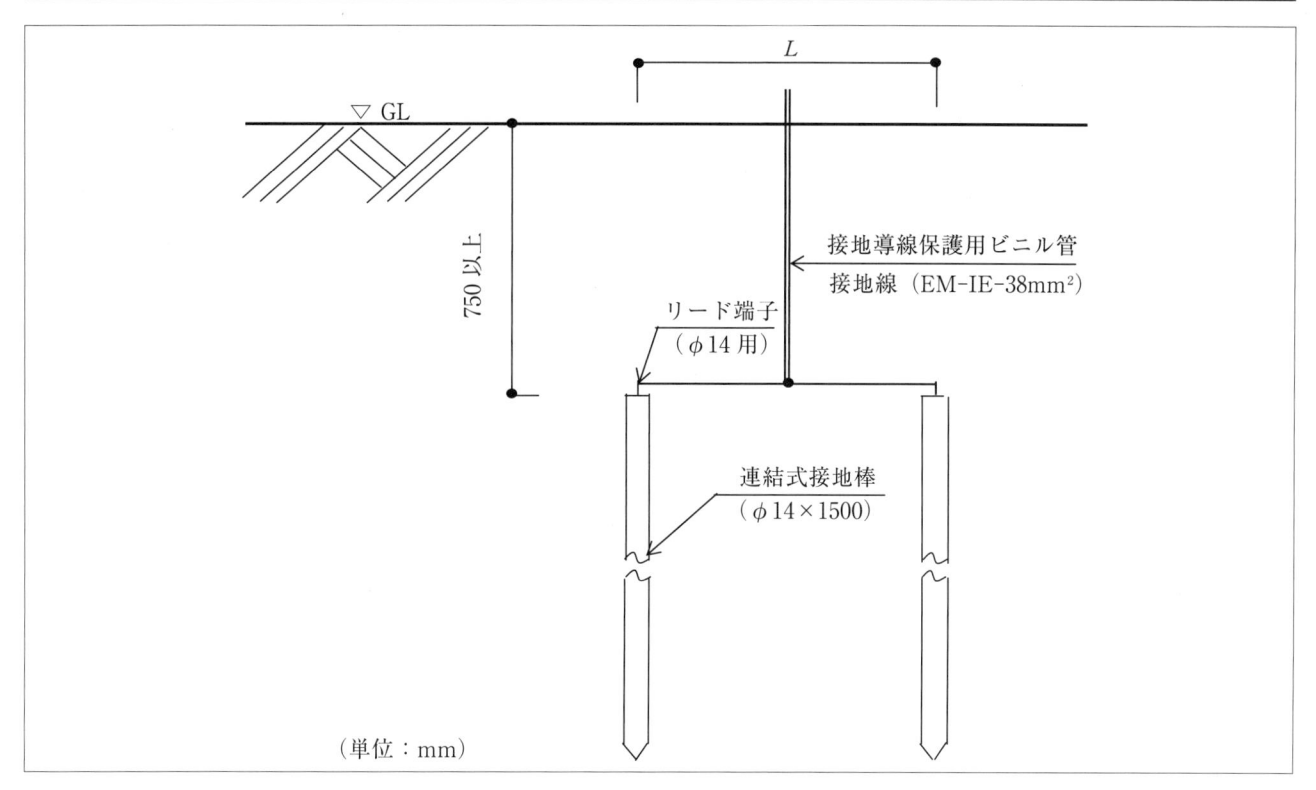

図6.9.2　並列接地標準（接地棒）

注）1．本標準は連結接地棒の並列接続工法に適用される。
　　2．Lは接地抵抗計算値による（接地極間隔は5m以上離すのが望ましい）。

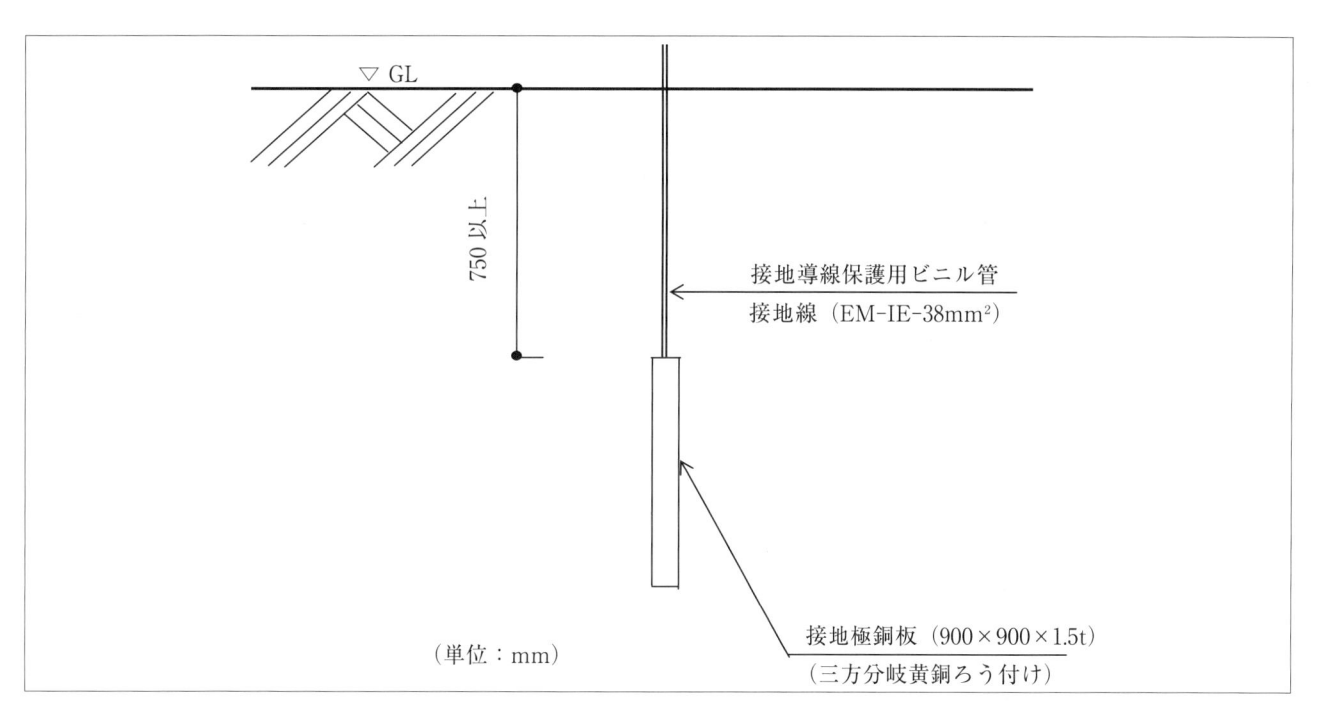

図6.9.3　接地銅板埋設標準

注）本標準は接地銅板による工法に適用される。

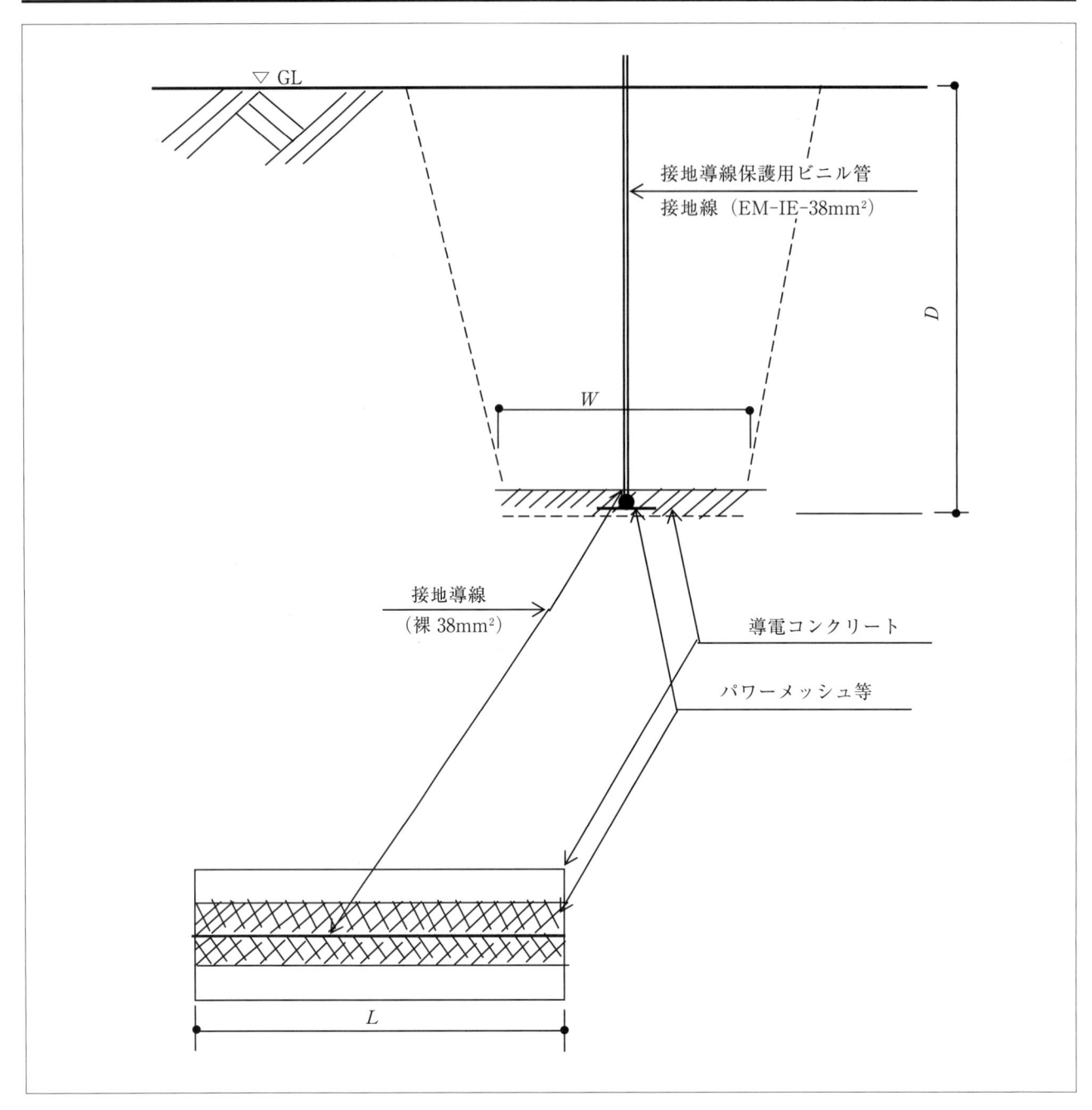

図6.9.4　導電コンクリート工法標準

注）1．本標準は導電コンクリート工法に適用する。
　　2．寸法 D、W、L は接地抵抗計算値による（D の施工標準は75cm）。

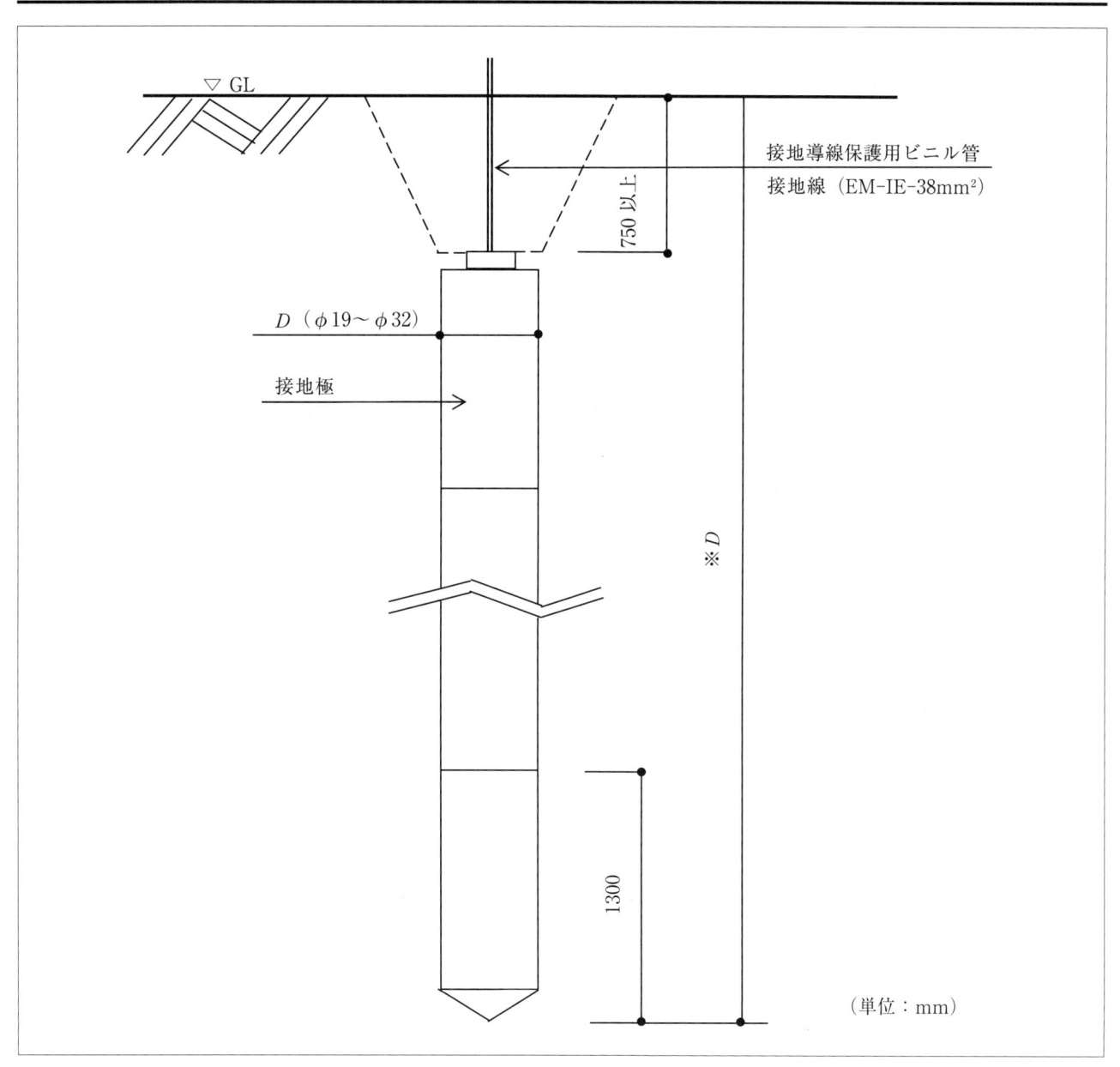

図6.9.5 深打接地工法標準

注） 1. 本標準は深打接地工法に適用する。
　　 2. ※Dは接地抵抗計算値による。

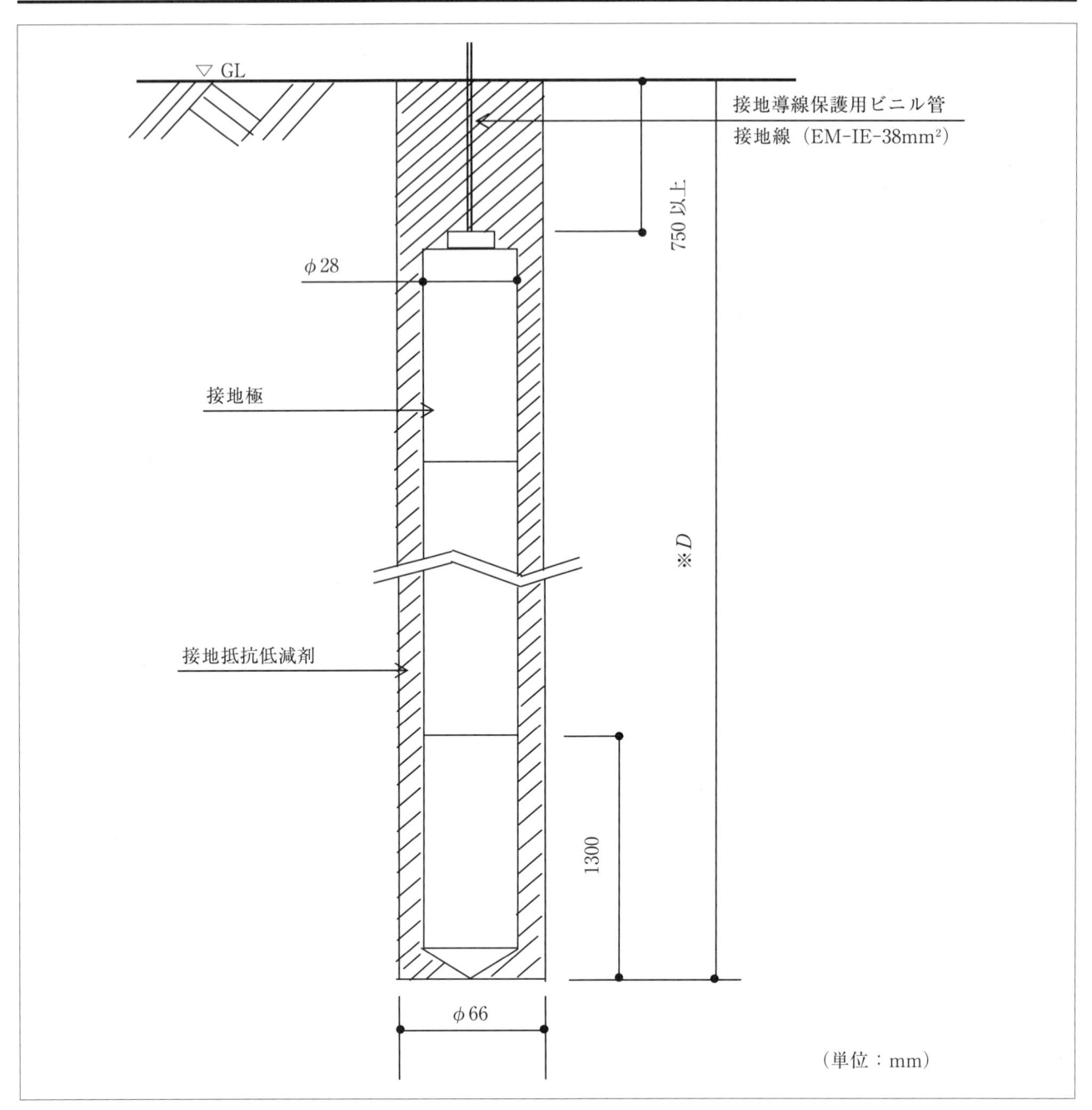

図中ラベル:
- ▽GL
- 接地導線保護用ビニル管
- 接地線（EM-IE-38mm²）
- 750以上
- φ28
- 接地極
- ※D
- 接地抵抗低減剤
- 1300
- φ66
- （単位：mm）

図6.9.6　深掘接地工法標準

注）1．本標準は深掘接地工法に適用する。
　　2．※Dは接地抵抗計算値による。

6.10 基本形状接地極の接地抵抗

接地抵抗計算式は、一般にラプラスの偏微分方程式をもとに導出されている。導出する際にいろいろな境界条件や仮定を組み込んで行うため、考案者によって計算式が異なってくる。基本形状の接地極の代表格は回転楕円体の電極である。それらは半球状を中心として、扁長回転系であれば棒状に、扁平回転系であれば円板にみなして接地抵抗の近似解を得ている。

ここでは、単一接地極として用いられている基本形状接地極の接地抵抗計算式を示す。

表6.10.1 基本形状接地極の種類

種類	内容	施工形態	接地抵抗計算式等
棒状接地極	棒状とは半径 (r) と長さ (l) が $r<l$ の条件になっている時である。この条件の適用は、電極表面の位置における電位のとり方で異なる。市販されている棒状接地極(r=7(mm)、7.5(mm)、l=1.0 (m)、1.5 (m))は、この条件を満足している。電極頭部が地表面にある場合を打込工法といい、地表下に埋設する場合を埋設工法という。	(打込)	$R = \dfrac{\rho}{2\pi l} \ln \dfrac{2l}{r}$
		(埋設)	$R = \dfrac{\rho}{2\pi l} \ln \dfrac{l+t+\sqrt{r^2+(l+t)^2}}{t+\sqrt{r^2+t^2}}$
板状接地極	接地極として最も多く用いられているのは棒状接地極であるが、これに次いで板状接地極が多く用いられている。形状は一辺 a の正方角板であり、埋設方法によって、水平と垂直の二つの工法があり、近似解として、角板の表面積を円板に置き換える等価面積置換法によって円板の解析解をもとに導出されている。	(垂直)	$R = \dfrac{\rho}{8r} + \dfrac{\rho}{4\pi s}\left(1 + \dfrac{7}{24}\dfrac{r^2}{s^2} + \dfrac{99}{320}\dfrac{r^4}{s^4}\right)$ $r = a/\sqrt{\pi}$、$s = 2t$
		(水平)	$R = \dfrac{\rho}{8r} + \dfrac{\rho}{4\pi s}\left(1 - \dfrac{7}{12}\dfrac{r^2}{s^2} + \dfrac{33}{40}\dfrac{r^4}{s^4}\right)$ $r = a/\sqrt{\pi}$、$s = 2t$
線状接地極	この接地極は埋設地線あるいはカウンターポイズともいわれている。一般に、線状(半径 r、長さ l)とは $r<l$ の条件があり、埋設深さ t との条件としては $t<l$ の条件もある。施工方法によって、直線、直角、十文字などの配置形態がある。	(直線)	$R = \dfrac{\rho}{2\pi l}\left(\ln \dfrac{2l}{r} + \ln \dfrac{l}{t} - 2 + \dfrac{t^2}{l^2} + \dfrac{t^4}{8l^2}\right)$
帯状接地極	帯状の幅 (a)、厚さ (b) としたとき、厚さが $t=a/8$ という条件の形状を帯状としている。更に条件として、埋設深さ t との関係を、$t<l$ としている。		$R = \dfrac{\rho}{2\pi l}\left(\ln \dfrac{2l}{a} + \dfrac{a^2-\pi ab}{2(a+b)^2} + \ln \dfrac{l}{t}\right.$ $\left. -1 + \dfrac{2t}{l} - \dfrac{t^2}{l^2} + \dfrac{t^4}{2l^2}\right)$
環状接地極	線状電極あるいは帯状電極を環状、あるいは方形状に布設するもので、日本では一般的でないが、欧州では建物の周囲などによく用いられている。環状接地極(線状の半径 r、環の半径 P)は埋設深さ t との関係を、$t<2\pi$ としている。		$R = \dfrac{\rho}{4\pi^2 P}\ln \dfrac{8P}{\sqrt{2rt}}$

(参考資料−1)

接地抵抗測定値による大地抵抗率の算出

一般的に大地抵抗測定器により得られた測定結果より大地抵抗率を算出する場合、次の計算式により求めることができる。

(1) 棒状電極による接地抵抗逆算法

　接地抵抗値は、接地極の形状、大きさ及び埋設深さ並びに土壌の固有抵抗値によって変化する。本計算は、棒状接地極を設置した場合の計算例である（Tagg法）。

$$R = \frac{\rho}{2\pi l} \ln \frac{4l}{d}$$

よって、求める大地抵抗率 ρ は、

$$\rho = \frac{2\pi l R}{\ln \frac{4l}{d}}$$

となる。

　　ただし、R：接地抵抗値（Ω）
　　　　　l：接地棒の長さ（m）
　　　　　d：接地棒の直径（m）
　　　　　ρ：大地抵抗率（Ω・m）

(2) 多層大地を考慮した接地設計

　従来は Tagg、Sunde らによって二層大地に適用した接地抵抗計算が検討されてきたが、最近になって多層大地に適用した棒状電極の接地抵抗の計算手法が確立されている。例を右図に示す。棒状電極の電極表面電位を地層の境界条件により解析し、接地抵抗計算式を導出し、それを数値計算することによって接地抵抗を求めたものである。同図において、曲線 A は均質大地（$\rho = 10^4$）、B は二層大地、C は三層大地、D は四層大地の場合である。例えば曲線 B は電極が第1地層中（地層の厚さ $h_1 = 7.5$m）に存在する場合は ρ_1 の影響を受け、第2地層中（$h_2 = \infty$）では ρ_2 に依存し、電極長の増大に伴い、接地抵抗が低減する特性を示している。

大地パラメータ		図中の曲線			
		A	B	C	D
$h_1 = 7.5$m	ρ_1	10^4	10^4	10^4	10^4
$h_2 = 7.5$m	ρ_2		10^3	10^3	10^3
$h_3 = 7.5$m	ρ_3			10^2	10^2
	ρ_4（Ω・m）				10

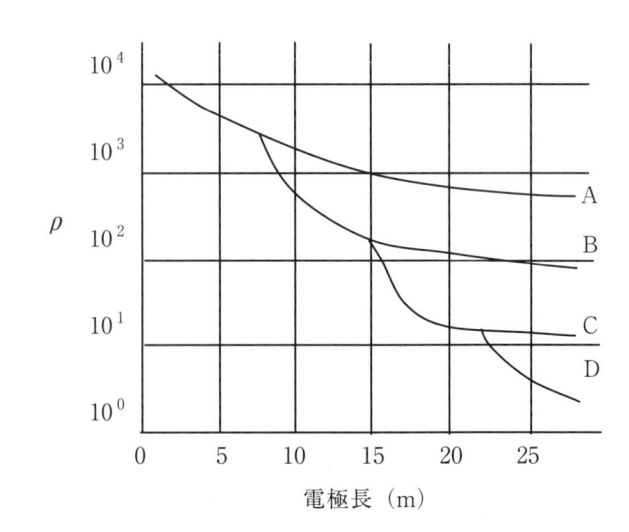

図 資料-1.1　多層大地における接地抵抗曲線

（参考資料－2）

既知の大地抵抗率からの接地抵抗値の算出

(1) 棒状接地極における接地抵抗値の算出（Taggの式）

(a) 接地棒1組当たりの抵抗値 R' は

$$R' = \frac{\rho}{2\pi l} \ln \frac{4l}{d}$$

l ：接地棒長さ（m）

d ：接地棒の直径（m）

(b) 接地棒 N 組を併設した場合の合成抵抗 R_r は

$$R_r = \eta \frac{R'}{N}$$

よって、

$$N = \frac{\eta R'}{R}$$

η ：集合係数

R ：目標値（Ω）

(2) 銅板接地極における接地抵抗値の算出

$$R = \frac{1}{n} \times \frac{\rho}{2\pi\sqrt{t^2 + 4t\left(r - \frac{d}{2}\right)}} \times \ln \frac{t + 2r + \sqrt{t^2 + 4t\left(r - \frac{d}{2}\right)}}{t + 2r - \sqrt{t^2 + 4t\left(r - \frac{d}{2}\right)}}$$

n ：銅板枚数

t ：接地埋設深さ（m）

ρ ：大地抵抗率（Ω・m）

r ：等価表面積半球半径（m）$= \sqrt{A/2\pi}$

A ：接地板面積（m²）

d ：接地導線の直径（m）

(3) 網状電極と棒状接地極を併用した場合の合成抵抗値の算出

$$R = \frac{R_w \times R_r - R_{wr}^2}{R_w + R_r - 2R_{wr}}$$

R_w ：網状電極の接地抵抗値（Ω）

R_r ：棒状接地極の接地抵抗値（Ω）

R_{wr} ：地線と棒状接地極間の相互抵抗値（Ω）

$$R_{wr} = \frac{\rho}{pl_w}\left(\ln \frac{2l_w}{l_r} + K_1 \frac{l_w}{\sqrt{A}} - K_2 + 1\right)$$

l_w ：接地線の全長（m）

l_r ：接地棒の長さ（m）

A ：網状電極のふ設面積（m²）

K_1、K_2 ：Schwarz（シュワルツ）の係数

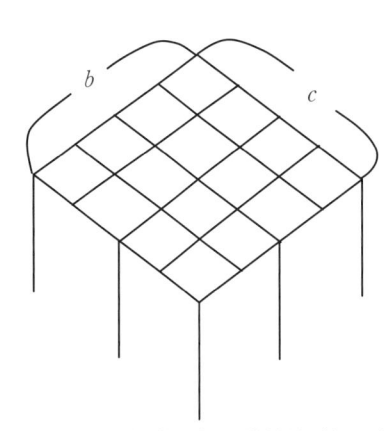

図 資料-2.1　網状電極と棒状接地極の併用図

(4) 網状電極の接地抵抗値の算出

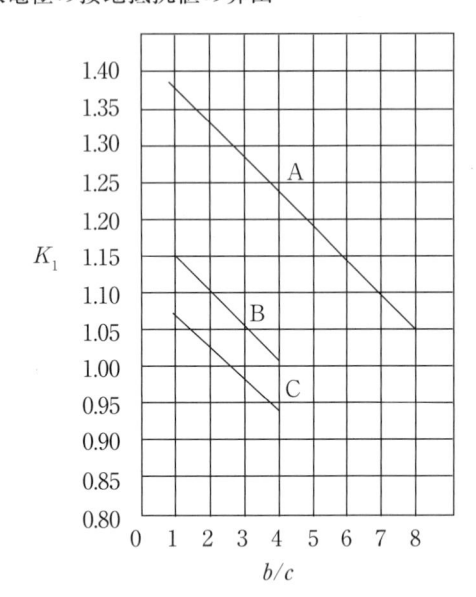

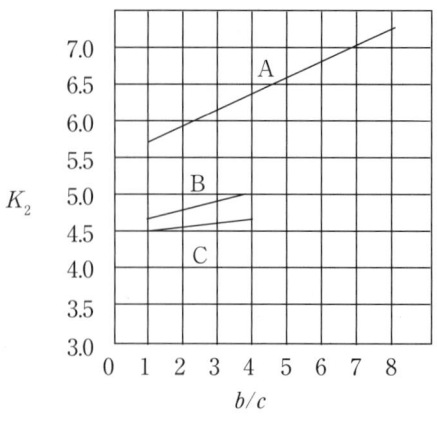

図 資料-2.2　網状電極の接地抵抗

$A : t \fallingdotseq 0 \quad B : t \fallingdotseq \dfrac{\sqrt{A}}{10} \quad C : t \fallingdotseq \dfrac{\sqrt{A}}{6}$

$$R_1 = \frac{\rho}{\pi L}\left(\ln\frac{2L}{a'} + K_1 \frac{L}{\sqrt{A}} - K_2\right)$$

L：接地線の全長　　　　　A　：網状電極の面積
r：接地線の半径　　　　　$K_1、K_2$：縦幅、横幅、埋設深さによって決定される定数
t：埋設深さ　　　　　　　a'　：$\sqrt{2rl}$（地表面のときは $t=r$ とする）

(5) 埋設地線のみにおける接地抵抗値の算出

$$R = \frac{\rho}{8\pi l}\left(n\frac{2l}{d} + \frac{1}{2}n\frac{U_1+\frac{l}{2}}{U_1-\frac{l}{2}} + \frac{1}{2}n\frac{U_2+\frac{l}{2}}{U_2-\frac{l}{2}} + 3.52548 + \frac{l}{\pi F^2} + 3.1066X\right)$$

（ロ字形計算）

l：換算正方形の一辺長（m）　　　d：埋設線の直径（m）
h：埋設深さ（m）　　　　　　　p：大地抵抗率（Ω・m）

$$U_1 = \sqrt{\frac{l^2}{4} + 4h^2}$$

$$U_2 = \sqrt{\frac{l^2}{4} + F^2}$$

$$F = \sqrt{l^2 + 4h^2}$$

$$X = \frac{2h}{l}$$

(6) 環状埋設地線における接地抵抗値の算出（Zingraff 法）

$$R = \frac{\rho}{4\pi P}\ln\frac{8P}{r}\left(1 + \frac{\ln\frac{4P}{t}}{\ln\frac{8P}{r}}\right)$$

ρ：大地抵抗率（Ω・m）　　　r：埋設線の半径（m）
P：環の半径（m）　　　　　t：埋設深さ（m）

(7) メッシュ電極接地における接地抵抗値の算出

$$R_a = \frac{\rho}{4l(\pi+n)} \times \ln\frac{t[(\pi-n^2 t)+2l(\pi+n)]}{2r[(\pi-n^2 t)+l(\pi+n)]}$$

$$R_b = \frac{\rho}{2\sqrt{Z}}\ln\left[\frac{2(\pi-2n^2)\frac{l}{n}+(\pi t+l\pi+2nl)-\sqrt{Z} \times 2(\pi-2n^2)t+(\pi t+\pi l+2nl)+\sqrt{Z}}{2(\pi-2n^2)\frac{l}{n}+(\pi t+l\pi+2nl)+\sqrt{Z} \times 2(\pi-2n^2)t+(\pi t+\pi l+2nl)-\sqrt{Z}}\right]$$

ただし、
$$\sqrt{Z} = \sqrt{8lt(2n^2-\pi)+(\pi t+\pi l+2nl)^2}$$

$$R_c = \frac{\rho}{2l\sqrt{\pi^2-2\pi}}\ln\frac{\frac{n+1}{n}\pi+\sqrt{\pi^2-2\pi}}{\frac{n+1}{n}\pi-\sqrt{\pi^2-2\pi}}$$

$$R = R_a + R_b + R_c$$

l：正方形としたときの1辺の長さ（m）　　ρ：大地抵抗率（Ω·m）
r：接地線の半径（m）　　　　　　　　　　　t：埋設深さ（m）
n：網目数

(8) 導電コンクリート工法による接地抵抗値の算出

表 資料-2.1　導電コンクリート工法による接地抵抗値

	単　形　状	並　列　形　状
接地抵抗式	$R = \dfrac{\rho}{2.73L} \times \log\dfrac{2L^2}{WD}$	$R = \dfrac{\rho}{2.73L} \times \dfrac{1}{2}\left(\log\dfrac{2L^2}{WD} + \log\dfrac{2L}{a}\right)$
略　　図	ρ：大地抵抗率（Ω·m）　D：埋設深さ（m）	長さの単位：m

（参考資料－3）

接地抵抗の増減について

(1) 土質・深度・抵抗値・季節変動値の関係

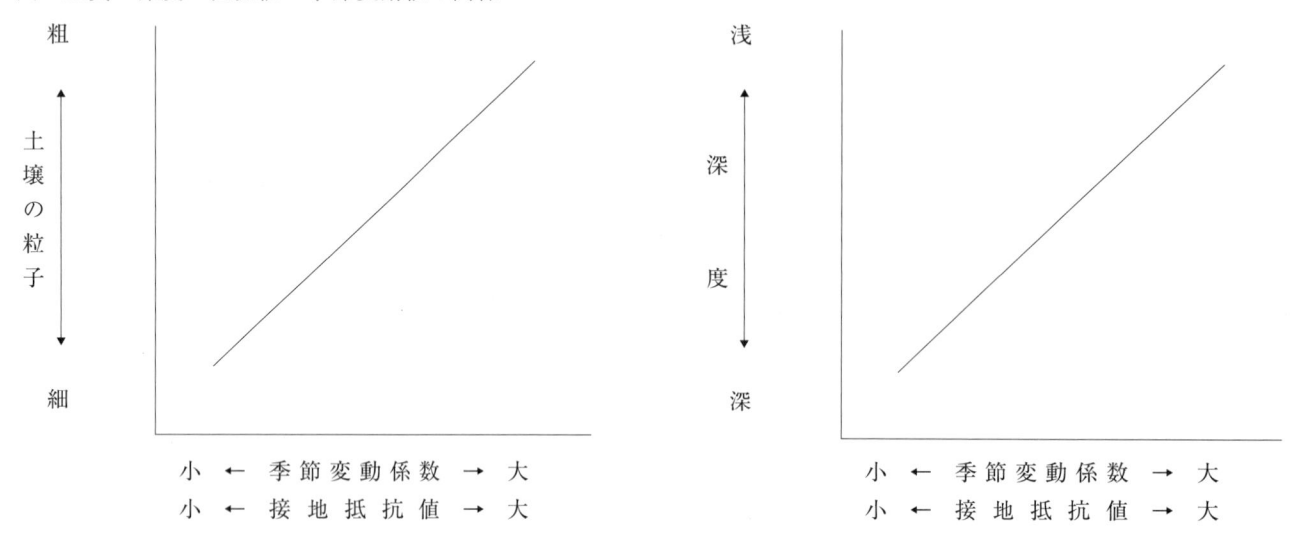

○土壌の粒子が大きくなると、季節変動係数及び接地抵抗値は、大きくなる（正比例）。
○深度が浅くなると、季節変動係数及び接地抵抗値は、大きくなる（正比例）。
　一般には、電極長1mの場合には、季節変動の影響を受けるが、電極長5m以上になると季節変動の影響は少ない。

図 資料-3.1　土質・深度・抵抗値・季節変動値の関係

表 資料-3.1　土壌の種類別抵抗率

土壌の種類	抵抗率（Ω・m）
水田湿地（粘土質）	～150
畑地（粘土質）	10～200
水田・畑（表土下砂利層）	100～1000
山地	100～2000
山地（岩盤地帯）	2000～5000
河岸・河床跡（砂利玉石積）	1000～5000

「電気工学ハンドブック」（電気学会編）

(a) 土壌の温度特性
　　正の温度係数をもつ物質は温度上昇とともに抵抗率が増加する。それに対して、土壌は半導体の一種の様に、負の温度係数を持つため温度上昇とともに抵抗率は減少する。
(b) 以上のように、接地抵抗値の高い土壌においては季節変動係数も高く、目標値を取得するための接地工法選定条件として考慮する必要がある。また、深度が深くなると接地抵抗値が低く、季節変動係数も小さくなり、接地極の設置面積で抵抗値を下げるより深度を下げる方がより安定した抵抗値が得られることになる。
　　一般に各種土質においての接地抵抗値は、高温多湿の8月に最も低く、逆に低温乾燥期の2月に高くなる傾向にある。

(2) 工法・土質別の季節変動係数表（参考資料－4参照）
　　3土質（普通土・砂・砂礫）、3工法（連結式接地棒・浅打・深打）としてまとめる。なお、数値は季節変動の平均値に接地極ごとのばらつき及び同土質における場所ごとのばらつきを考慮したものである。

(3) 低減剤使用による低減効果

　低減剤は、土壌の粒子が大きい土質ほど効果が大きくなる。これは低減剤の浸透に比例するものである。また、低減剤の固有抵抗値との差が少ない土質（粘土層）等は効果が少なく、その反面、差が大きくなると効果も大きくなる。

　その他、低減剤の量を増やすことにより季節変動係数が小さくなる傾向にある。

　参考データとして下表に低減剤使用による低減効果率を示す。ただし、この結果は低減剤使用を前提として接地極におけるものであり、すべての接地工法にこの数値は適用できない。

表 資料 - 3.2　低減剤使用による低減効果率

工　法	深度（m）	普通土（%）	砂（%）	砂礫（%）
浅　打	1.5	56.3	63.4	70.3
深　打	5.0	30.0	35.8	44.1

※低減剤10L（5kg）使用

(4) 連結式接地棒と深打工法の効果

　深打工法は、接地棒長を長くすることによる低減効果を期待すると同時に、接地棒が土壌の固有抵抗の低い箇所に到達し、これによって抵抗値が下がることを期待したものである。一般には、地表面に近い箇所より深い箇所の方が水分が多く、固有抵抗は低いので、低減効果のある工法である。

　連結本数による抵抗値の減少割合を表資料－3.3に示す。なお、1本の場合の抵抗値を100%とし、土壌の固有抵抗は変化しないものとすると下表のとおりとなり、それ以後は連結本数を増加させても、その割合に比例して減少するものではない。

表 資料 - 3.3　連結式接地棒と深打工法の効果

接地棒の連結数	抵抗値減少率
2本	55%
3本	40%
4本	30%
5本	25%

　以上のことから、低減効果が大きい連結本数は、2本または3本である。これで目標値が得られない場合は、別の箇所に探打工事を行って、これと並列に接続する工法が合理的である。なお、深打工法は、深い砂利層など土壌の条件（施工性）がよくないと何本も連結できるものではない。

　また、並列接続を行う場合は、接地極相互の離隔距離が大きく影響している。参考として、下表に接地極を並列に接続した場合の合成抵抗を算出する場合の集合係数 η（＝測定値／計算値）を示す。

注）接地極は連結式接地棒（長さ1500mm、直径10mmで、接地極の間隔は2m）である。

表 資料 - 3.4　合成抵抗を算出する場合の集合係数 η

並列条件：（連結本数）	2	3	4	5	6	7	8	9	10
集合係数：η	1.09	1.14	1.26	1.30	1.31	1.39	1.47	1.57	1.62

(参考資料—4)

全国の季節変動係数表

表 資料-4.1　全国の季節変動係数表

地名	1月	2月	3月	4月	5月	6月	7月	8月	9月	10月	11月	12月
稚内	1.75	2.76	2.58	1.91	1.36	1.20	1.08	1.00	1.02	1.19	1.53	1.77
旭川	2.67	2.92	3.01	2.26	1.37	1.14	1.04	1.00	1.04	1.19	1.37	1.69
帯広	3.15	6.28	3.33	2.38	1.39	1.15	1.05	1.00	1.09	1.25	1.73	1.90
釧路	2.91	5.42	4.55	2.17	1.50	1.18	1.10	1.00	1.01	1.15	1.34	1.56
函館	2.35	3.24	3.24	1.85	1.34	1.22	1.08	1.00	1.11	1.27	1.48	2.03
札幌	2.38	3.09	2.84	1.83	1.26	1.13	1.02	1.00	1.04	1.18	1.48	1.93
青森	1.51	1.59	1.57	1.48	1.32	1.20	1.08	1.00	1.03	1.15	1.29	1.44
秋田	1.49	1.53	1.52	1.42	1.29	1.16	1.08	1.00	1.00	1.11	1.26	1.38
山形	1.51	1.56	1.53	1.39	1.28	1.13	1.08	1.00	1.04	1.13	1.25	1.39
仙台	1.38	1.47	1.44	1.31	1.24	1.14	1.06	1.00	1.01	1.06	1.16	1.29
福島	1.42	1.46	1.43	1.31	1.23	1.14	1.08	1.00	1.02	1.09	1.21	1.33
東京	1.46	1.49	1.39	1.32	1.20	1.12	1.05	1.00	1.02	1.11	1.22	1.36
新潟	1.56	1.61	1.56	1.44	1.29	1.17	1.07	1.00	1.05	1.16	1.29	1.45
富山	1.63	1.68	1.64	1.48	1.33	1.20	1.07	1.00	1.03	1.14	1.29	1.18
名古屋	1.55	1.57	1.52	1.39	1.26	1.16	1.06	1.00	1.04	1.16	1.29	1.45
神戸	1.47	1.49	1.44	1.34	1.22	1.13	1.06	1.00	1.02	1.11	1.23	1.35
大阪	1.48	1.51	1.46	1.34	1.23	1.13	1.05	1.00	1.04	1.12	1.25	1.37
岡山	1.47	1.49	1.45	1.35	1.24	1.14	1.05	1.00	1.03	1.13	1.25	1.36
広島	1.47	1.50	1.46	1.35	1.24	1.16	1.06	1.00	1.04	1.14	1.26	1.38
鳥取	1.64	1.72	1.69	1.46	1.32	1.19	1.08	1.00	1.04	1.19	1.33	1.52
高知	1.38	1.41	1.37	1.29	1.21	1.12	1.05	1.00	1.01	1.08	1.18	1.29
松山	1.50	1.52	1.47	1.37	1.26	1.15	1.05	1.00	1.03	1.13	1.25	1.38
高松	1.39	1.41	1.38	1.30	1.22	1.14	1.05	1.00	1.02	1.09	1.18	1.28
福岡	1.40	1.43	1.39	1.30	1.21	1.13	1.05	1.00	1.03	1.11	1.20	1.32
長崎	1.37	1.41	1.37	1.29	1.20	1.12	1.05	1.00	1.02	1.09	1.17	1.28
熊本	1.38	1.24	1.23	1.28	1.20	1.12	1.03	1.00	1.04	1.06	1.14	1.25
宮崎	1.37	1.40	1.36	1.35	1.19	1.12	1.04	1.00	1.01	1.08	1.18	1.28
鹿児島	1.32	1.33	1.31	1.25	1.17	1.11	1.03	1.00	1.00	1.07	1.14	1.23
那覇	1.22	1.22	1.21	1.16	1.09	1.04	1.00	1.00	1.00	1.06	1.10	1.17
石垣	1.25	1.28	1.25	1.20	1.12	1.06	1.02	1.00	1.00	1.05	1.11	1.19

注）1．接地抵抗値は年間を通じて8月が最も低くなるため、上表は8月を基準とした場合の他の月の変動係数（補正係数）を示す。よって、測定データに上記に示された測定月の該当する係数を乗じた値が接地設備をする設計する上での採用値となる。
　　2．上表を参考するにあたっては十分に配慮すること。

7．各種機器シェルタ等の基礎構造について

　従来、各種機器シェルタ等における基礎構造設計については、さまざまな物理的・環境的条件を考慮したうえで、担当者と協議しながら各航空保安無線施設に適合した種々のタイプの基礎構造設計が行われてきた。このようななかで、効率的な設計を行うための標準工法の確立をはかることが求められている。

　本標準は、過去に実施された整備の事例を調査し、評価分析を行ったうえで、今後の航空保安無線施設の施設設計をするにあたり、最適な設計ができるように基礎構造の標準化を行うものである。

7.1　ILS施設基礎構造について

　航空保安無線施設（ILS、VOR/DME、可搬型LOCの各種機器シェルタ、各空中線）の基礎設計においては、基礎構造設計に影響のある、風圧荷重の計算方法（建築基準法の改正による）が大きく変更になったことから（設置場所毎に荷重の検討要）、基礎構造の標準化は難しい。よって、指針には基礎の種類（直接基礎：独立、連続フーチング、べた基礎の形状・構造設計事例（参考図として）を掲載する。

　可搬型ILS装置には現在、表7.1.1「ILS装置構成一覧」に示すものがあるが、機器シェルタの構造（寸法等）は異なることから、基礎設計時には注意を要（各工事要領書等を確認）する。

表7.1.1　可搬型ILS装置構成一覧

号機番号	型　式	送信電力	シェルタ構成	寸　法（mm）			特記事項
				幅	奥行	高さ	
1	LLZ/DME-2002型	LOC：10W T-DME：100W	本体 空中線 空中線	2400 2400 2400	5010 7210 7210	2450 2500 2500	 きょう体2（空中線14本） きょう体3（空中線10本）
2	LLZ/DME-2002型	LOC：10W T-DME：100W	本体 空中線 空中線	2400 2400 2400	5010 7210 7210	2450 2500 2500	 きょう体2（空中線14本） きょう体3（空中線10本）
3	T/DME－99型	T-DME：100W	本体	2000	5010	2400	T/DMEのみ
4	LLZ/DME-2002A型	LOC：10W T-DME：100W	本体 空中線 空中線	2300 2300 2300	9280 7200 7200	2450 2500 2500	 きょう体2（空中線14本） きょう体3（空中線10本）
5	LOC/DME-2002B型	LOC：10W T-DME：100W	本体 空中線 空中線 空中線	2300 2300 2300 2300	9280 7200 7200 7200	2450 2500 2500 2500	 きょう体2（空中線14本） きょう体3（空中線10本） きょう体4（空中線支柱）
6	LOC/DME-2002B型	LOC：10W T-DME：100W	本体 空中線 空中線 空中線	2300 2300 2300 2300	9280 7200 7200 7200	2450 2500 2500 2500	 きょう体2（空中線14本） きょう体3（空中線10本） きょう体4（空中線支柱）

【標準】
　当該官署の航空保安無線施設における基礎構造の整備に関しては次の事項により実施する。
(1) 「基礎構造設計フローチャート」によること。
(2) その他環境条件（積雪地域等）を適用すること。

【解説】
(1) 寒冷地における基礎構造の埋設深度については、該当する地域の凍結深度によって決定すること。
(2) 地耐力を決定するにあたっては、盛り土及び埋立地の場合、並びに形成地盤がシルト層及びローム層の場合は十分に留意すること。特に既成地盤の構成が判断しにくい場合は、必要に応じてボーリング調査を行うこと。
(3) 転倒及び滑りに対する安全率は滑動安全率1.0、転倒は長期3倍、短期1.5倍の安全率を見込むこと。
(4) 地耐力については長期は極限支持力の1/3、短期は極限支持力の2/3倍の安全率を見込む。
(5) 地下水位下にある砂地盤の場合は地震時における液状化現象に留意すること。

基礎構造設計フローチャート

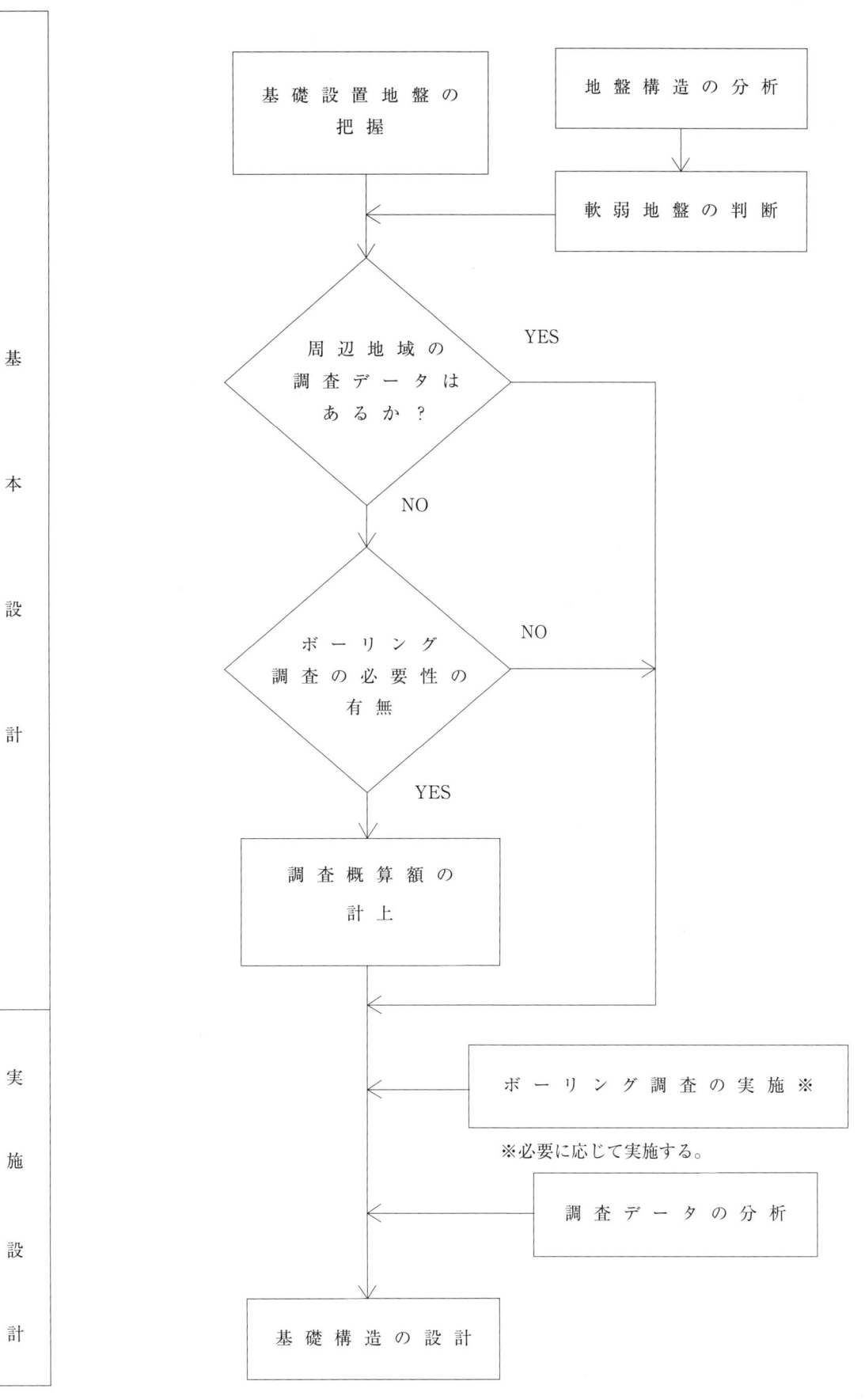

```
基本設計
├─ 基礎設置地盤の把握 ← 軟弱地盤の判断 ← 地盤構造の分析
│         ↓
│   周辺地域の調査データはあるか？ ─YES─┐
│         │NO                          │
│         ↓                            │
│   ボーリング調査の必要性の有無 ─NO──┤
│         │YES                         │
│         ↓                            │
│   調査概算額の計上                   │
│         ↓←──────────────────────────┘
実施設計
│   ← ボーリング調査の実施※
│   ※必要に応じて実施する。
│   ← 調査データの分析
│         ↓
│   基礎構造の設計
```

図7.1.1　基礎構造設計フローチャート

2-7-3

7.2 地盤の調査

7.2.1 設計・施工関連調査項目

表7.2.1 設計・施工関連調査項目

項目	基礎設計		試験方法等	基礎施工
地盤	支持層の検討(地層の構成等)		ボーリング調査、標準貫入試験	・掘削時の安定性
	支持力(せん断強度)		標準貫入試験、せん断試験	・山留め計画
	沈下量(圧密特性、地盤の均一性等)		圧密試験等	・排水・止水計画
	くいの水平抵抗(水平地盤反力係数)		孔内水平載荷試験	・埋設物養生・地中障害物撤去計画
	振動特性(弾性波速度等)		弾性波試験	
	液状化(液状化強度)		物理試験、液状実験	
	地震の安定性及び応答性状		物理試験等	
周辺環境	・隣接構造物への影響および隣接構造物による影響 ・隣地掘削など隣地状況の変更による影響 ・地震・豪雨など災害時における周辺からの影響		・建設地が埋立地か、盛土で造成した土地か、液状化しやすいか、できれば近隣の建物はどんな基礎か、くいを打っているか等の調査	・隣接構造物の養生計画 ・近接構造物への影響 ・建設公害(騒音・振動・廃棄物などによる環境問題) ・廃棄物・排水などの処理 ・機材搬出入計画と交通状況

7.2.2 探査のためのボーリング法

表7.2.2 探査のためのボーリング法

方法	手順	土の型および現場条件	制限	用法
オーガーボーリング(人力)	オーガービットを手動で土中に回転させながら入れる方法。	細粒の粘着性から硬いものまで幅が広い。	地下水位以下の不安定な非粘着性土では満足な結果は得られない。硬い土の時は時間がかかる。	(1) 削孔を進める。 (2) 記録用データ。 (3) 分類用代表的乱した試料。指数試験標準特性試験。 (4) 現場貫入試験および透水試験用準備孔。
オーガーボーリング(動力)	オーガービットを動力で土中に回転させながら入れる方法。	細粒の粘着性から硬いものまで幅が広い。	地下水位以下の不安定な非粘着性土では満足な結果は得られない。硬い土の時は時間がかかる。	上記と同様
パーカッションボーリング	重量のあるタガネ先端ビットの衝撃によるたたき切り作用。注入水と切取りにより泥水ができるが、これはポンプ、またはシャクでときどき除去する。	玉石、軽石、硬い、密な細粒土および岩石を含んだ粗粒土。	不安定土または割れ目のある岩では満足な結果が得られない。	硬い、粗砂利、玉石、または他の障害物を通して、削孔を進行するため他の方法と併用する。
ボーリング	短ストロークで上下させるパイプから下方に向けた高速水ジェットで土を侵食する。その土を水で上方へ運ぶ。	細粒または粗粒土、粘着性、地下水位以上、または以下で可能。	記録用情報、分類用試料は得られず、硬い粘性土では時間がかかる。	(1) ケーシングを必要とする不安定土を通して、削孔を進めるためには、他の方法と併用する。 (2) 細粒土を貫通して基岩までの深さに到達する。 (3) 地下水観測用孔を掘削する。

7.2.3 標準貫入試験

表7.2.3　標準貫入試験方法

種　類	方　　　法	特　　　徴
スウェーデン式サウンディング	試験機に9800 Nの重量を載荷して、ハンドルを回転させて25cmごとの半回転数を求める。この半回転数を標準貫入試験のN値に換算する。	極めて簡便で、盛土の締固めや住宅等の基礎調査に用いている。
打撃数と貫入量：N値と呼ぶ	ハンマー（622N）／76cm／ノッキングヘッド／標準貫入試験用サンプラー	最も広く行われている貫入試験であり、その方法はJIS A 1219として規定されている。 ・打撃数と貫入量との関係から土層の力学的性質を求める試験である。

N値の定義

　貫入試験の結果をN値と言う。土質、土層の強さを表すのに使われている。

(1) 予備打ちとしてサンプラーを土中に15cm打込む。

(2) 622N（63.5±0.5kg）のハンマーを76±1cmの高さから自由落下させ打撃を与える。

(3) 貫入量30cmになる打撃回数をN値という。

(4) 貫入試験は通常深度1mごとに行い、30cmの沈下に要した打撃回数10回であれば10/30と記録しN値10という。地盤が締まっていてN値が50を超過するときは打撃を50回で中止し、そのときの沈下量が5cmの場合は50/5と記録する。

7.2.4 LOC/GSシェルタ基礎参考配置図

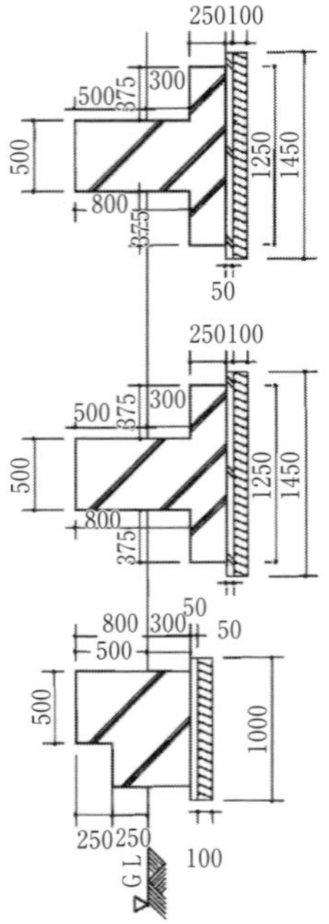

注) 1. 基礎の使用材料は下記による。
① 生コンクリート：21N/mm²，スランプ18cm，粗骨材20mm
② 敷き均しコンクリート：18N/mm²，スランプ15cm，粗骨材20mm
③ 砕石：クラッシャラン（40～0mm）
④ 鉄筋：SD295A
2. 基礎地盤は十分に転圧を行う。

図7.2.1 LOC/GSシェルタ基礎参考配置図（独立基礎）

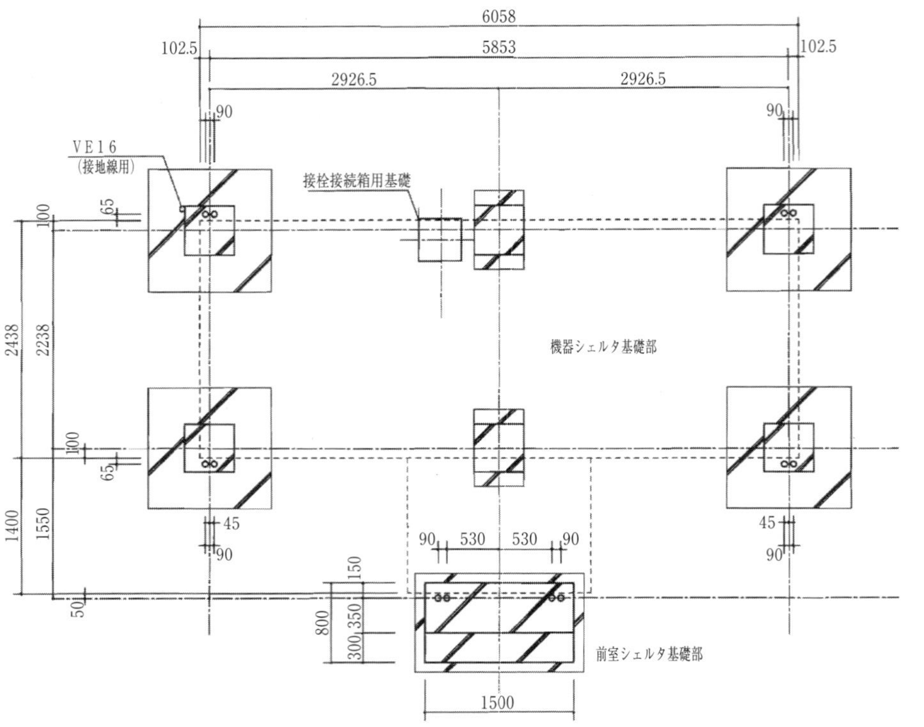

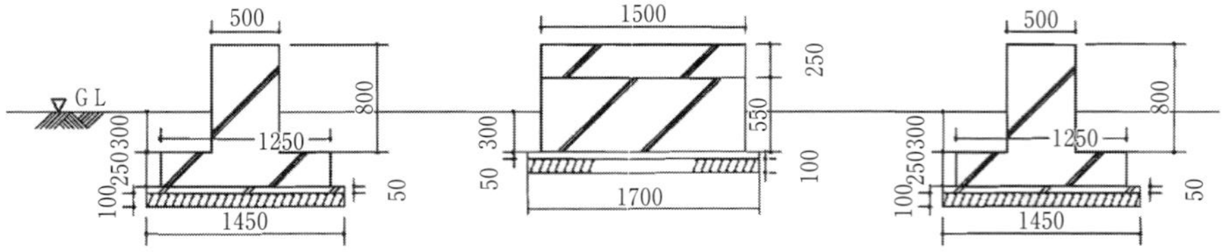

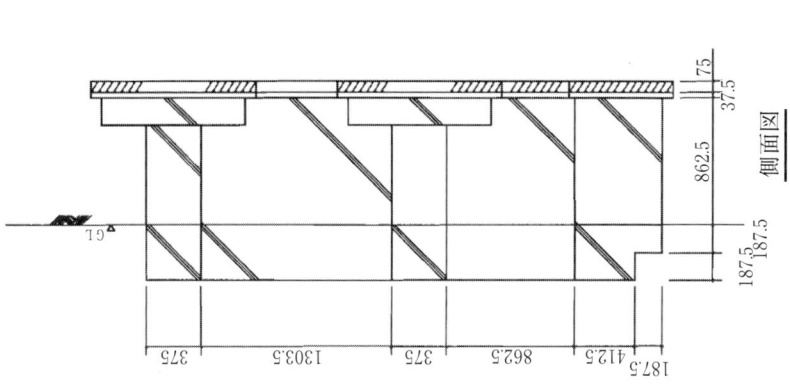

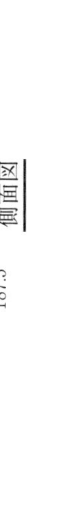

注） 1. 基礎の使用材料は下記による。
① 生コンクリート：21N/mm², スランプ18cm, 粗骨材20mm
② 敷き均しコンクリート：18N/mm², スランプ15cm, 粗骨材20mm
③ 砕石：クラッシャラン（40～0mm）
④ 鉄筋：SD295A
2. 基礎地盤は十分に転圧を行う。

図7.2.2 LOC/GSシェルタ基礎参考配置図（連結基礎：寒冷地）

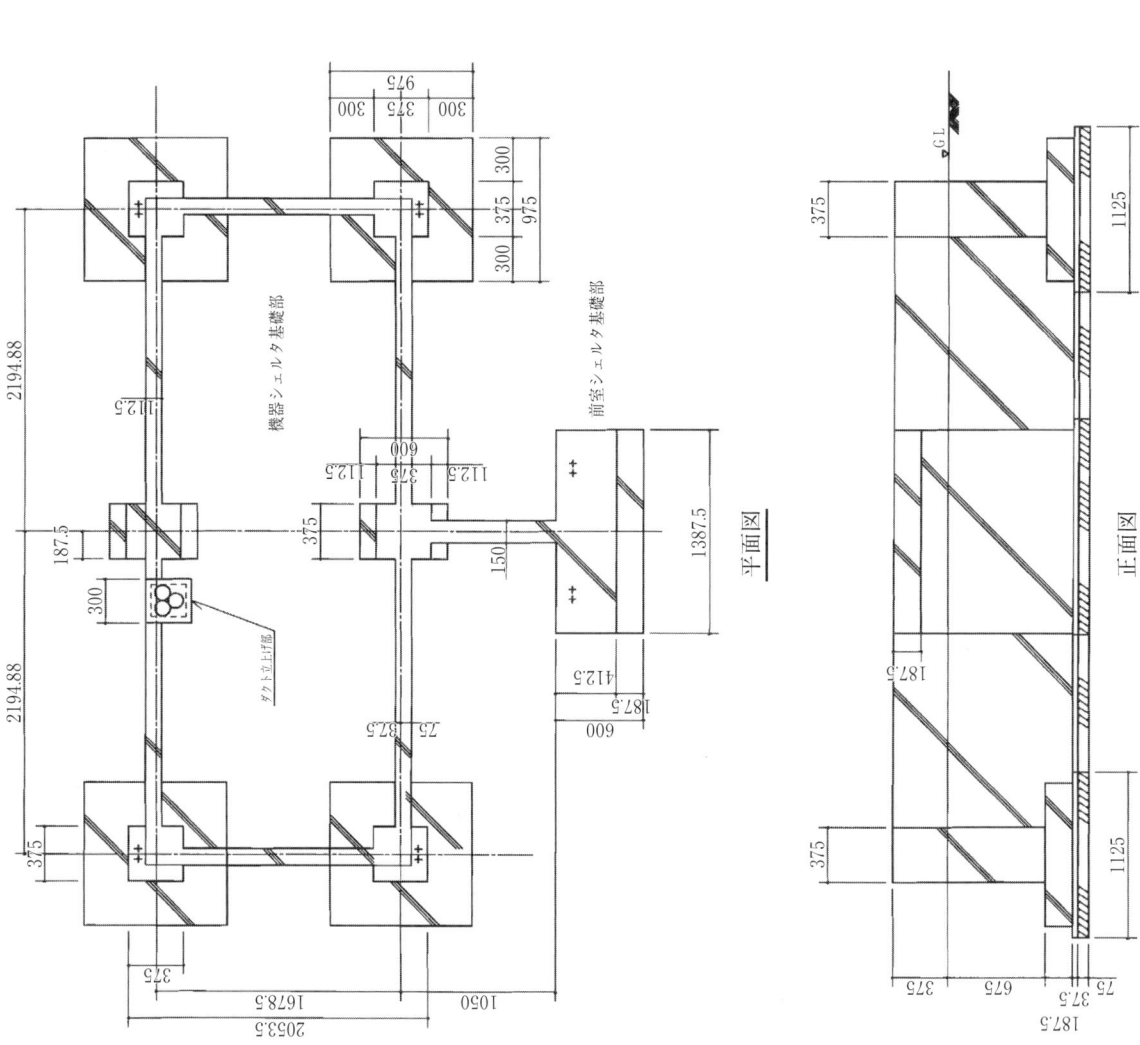

注) 1. 基礎の使用材料は下記による。
① 生コンクリート：21N/mm^2、スランプ18cm、粗骨材20mm
② 敷き均しコンクリート：18N/mm^2、スランプ15cm、粗骨材20mm
③ 砕石：クラッシャラン（40〜0mm）
④ 鉄筋：SD295A
2. 基礎地盤は十分に転圧を行う。

図7.2.3　LOC/GSシェルタ基礎参考配置図（べた基礎：軟弱地盤）

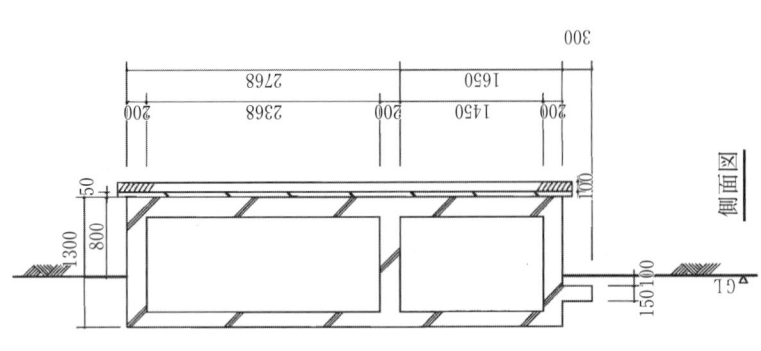

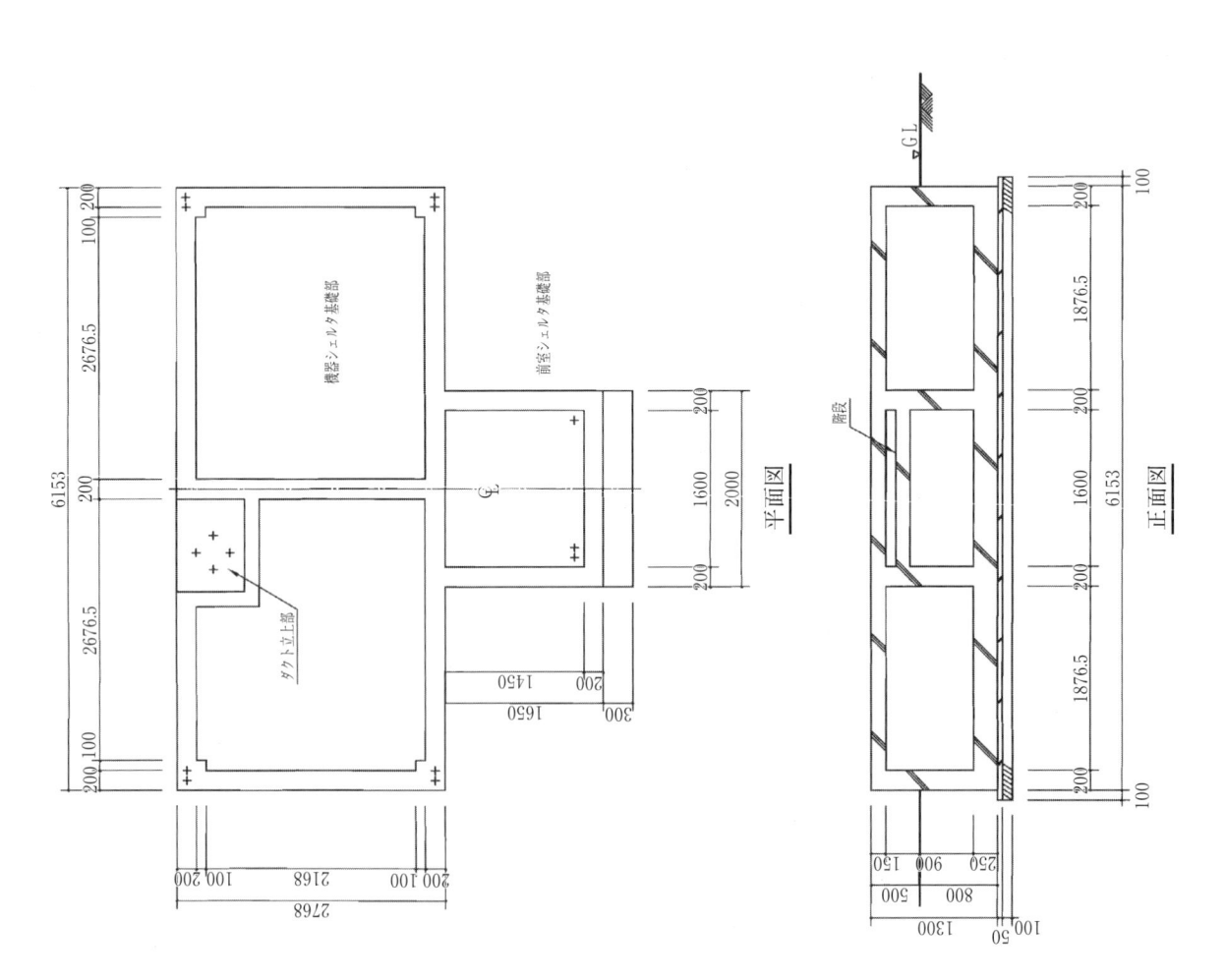

(参考資料－1)

地盤の許容支持力度の算出

地盤の支持力とは

　基礎から受ける荷重が増加すると地盤は塑性化して局部的に極限状態になる。それが進行すると全体が極限状態になる。その進行状態を荷重―変形の関係と対応づけて模式的に示したのが右図である。図には荷重の小さい範囲では地盤は弾性的な状態から、変形の増加と共に塑性域（非線形域）が広がる様子を示している。塑性域が発生すると荷重を除いても変形が残留し、その荷重を維持すると変形が長期的に発生するなどの現象が現れる。そして更に変形（沈下）が進むと図のようにすべり線が大きく発生して、極限状態になりこれ以上地盤の抵抗は増加しなくなる。この状態を極限支持力状態といい、その抵抗力を地盤（基礎）の支持力という。

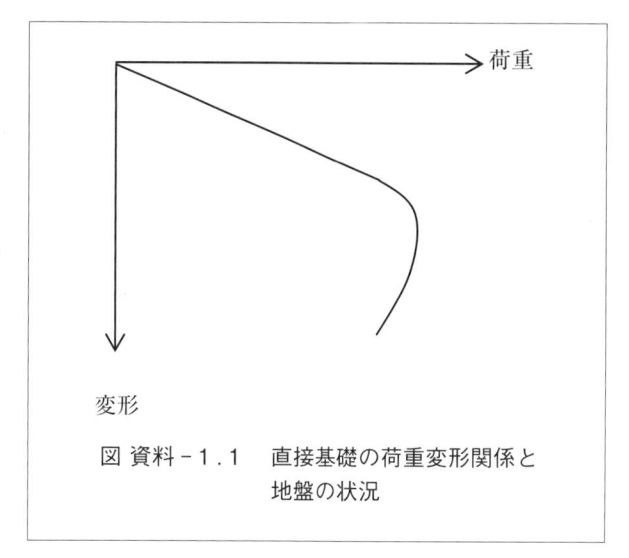

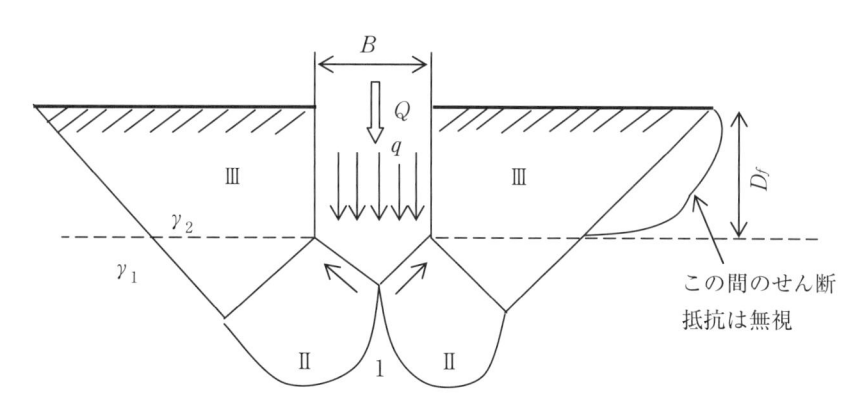

図 資料-1.1　直接基礎の荷重変形関係と地盤の状況

図 資料-1.2　地盤の許容支持力

地盤の許容支持力度の算出

　地盤の支持力算定方法としては、一般に用いられているのは、テルツァーギの支持力理論の式を以下に述べる。

$$q_d = CN_c + \frac{1}{2}\gamma_1 B N_r + \gamma_2 D_f N_q \quad (\text{kN/m}^2) \qquad ①$$

　q_d：地盤の極限支持力度（kN/m²）
　C　：粘着力（kN/m²）
　γ_1：支持地盤の単位体積重量（kN/m³）
　γ_2：根入れ部分の土の単位体積重量（kN/m³）
　　　（γ_1、γ_2には地下水位以下の場合には水中単位体積重量を用いる）
　B　：基礎荷重面の最小幅（m）
　D_f：基礎の根入れ深さ（m）
　N_c, N_r, N_q：支持力係数、内部摩擦角 ϕ の関数

　根入れ深さ D_f にある帯状の幅 B の基礎から等分布荷重 q（全荷重 Q）が作用する場合、基礎底面から上の地盤は単なる $p_0 = \gamma_2 D_f$ の大きさの上載圧として働くとする。基礎底面が粗であると、底面と地盤との間には摩擦が働き、底面下の地盤が水平方向に自由に変位ができず、基礎直下の三角形状の土は基礎にくっついたくさび形の剛体として

働くことになる。この領域がⅠである。この領域が下方へ下がろうとすると、領域Ⅱの放射状せん断領域とⅢのランキン受働領域の受働土圧が抵抗することになる。式（1-1）の第1項は地盤の粘着力Cによる支持力、第2項は底面下の地盤の自重γ_1による支持力で基礎幅Bに比例する支持力である。第3項は根入れ部分の土被り圧$\gamma_2 D_f$を載荷重と考えた支持力、これらを加え合わせたのが地盤の支持力である。

また、上式に対して基礎底面の形状によって異なる形状係数（$\alpha、\beta$）を取り入れ、支持係数に実用的修正を施すと、地盤の極限支持力を与える式として、

$$q_d = \alpha C N_c + \beta \gamma_1 B N_r + \gamma_2 D_f N_q \quad (\text{kN/m}^2) \qquad ②$$

が得られる。

(1) 安全率と支持力係数の修正

次に、②式を書き直すと、

$$q_d - \gamma_2 D_f = \alpha C N_c + \beta \gamma_1 B N_r + \gamma_2 D_f (N_q - 1)$$

となる。左辺の$\gamma_2 D_f$は、掘削による排土重量だけ建物荷重を軽減する意味を表す。この式に、安全率3を適用すると、

$$f_a - \gamma_2 D_f = \frac{1}{3}[\alpha C N_c + \beta \gamma_1 B N_r + \gamma_2 D_f (N_q - 1)]$$

f_a：安全率を考慮した場合の地盤の極限支持力度（kN/㎡）となる。

長期に対する安全率として3を採用したことは、現在、国際的にも建築物に対してはおよそ妥当であると認められている数字である。なお、左辺に移した$\gamma_2 D_f$を安全率の圏外においたのは、掘削底面下の地盤は掘削以前には現実に$\gamma_2 D_f$だけの荷重を受けており、確実な重力の作用による周囲地盤からの最小限の押さえとして考えられるからである。

よって、左辺の$\gamma_2 D_f$をもとに戻せば、

$$f_a = \frac{1}{3}[\alpha C N_c + \beta \gamma_1 B N_r + \gamma_2 D_f (N_q + 2)]$$

となり、$N_q + 2$をN_qで表すと長期許容支持力度としては、

$$f_a = \frac{1}{3}(\alpha C N_c + \beta \gamma_1 B N_r + \gamma_2 D_f N_q) \quad (\text{kN/m}^2)$$

で与えられる。また、短期許容支持力度は長期許容支持力度の2倍の、

$$f_a = \frac{2}{3}\left(\alpha C N_c + \beta \gamma_1 B N_r + \frac{1}{2}\gamma_2 D_f N_q\right) \quad (\text{kN/m}^2)$$

で同様に与えられる。

（参考資料－2）

N値からの設計地盤支持力の算定

（「建築基礎構造設計指針」日本建築学会）

（砂地盤）

N値から内部摩擦角の値を推定し、粘着力は$C=0$と仮定する。

$$\text{内部摩擦角} \quad \phi = \sqrt{20N} + 15$$

ϕより支持力係数N_c、N_r、N_qを割り出し、長期及び短期許容支持力度計算式に代入し、設計用地盤支持力を算出する。

（粘土質地盤）

圧縮強度q_uを求め、粘着力Cを仮定する。

$$q_u \fallingdotseq \frac{N}{8} \text{ (kg/cm}^2\text{)} \rightarrow q_u = 1.25N \text{ (t/m}^2\text{)}$$

$$C = \frac{q_u}{2} \text{ (t/m}^2\text{)}$$

この場合、内部摩擦角は$\phi=0°$と仮定する。

よって、以上の条件によりC及び支持力係数を割り出し、計算式に基づき設計用地盤支持力を算出する。

(1) 地盤の許容支持力度は、次の各式によって算定する。

(a) 長期許容支持力度

$$f_a = \frac{1}{3} \left(\alpha C N_c + \beta \gamma_1 B N_r + \gamma_2 D_f N_q \right) \text{ (kN/m}^2\text{)}$$

(b) 短期許容支持力度

$$f_a = \frac{2}{3} \left(\alpha C N_c + \beta \gamma_1 B N_r + \frac{1}{2} \gamma_2 D_f N_q \right) \text{ (kN/m}^2\text{)}$$

f_a：許容支持力度（kN/m^2）

C：基礎底面下にある地盤の粘着力（kN/m^2）

γ_1：基礎底面下にある地盤の単位体積重量（kN/m^3）

（地下水位下にある場合は水中単位体積重量をとる）

γ_2：基礎底面より上方にある地盤の平均単位体積重量（kN/m^3）

（地下水位下にある部分については水中単位体積重量をとる）

α、β：表 資料-2.1に示す形状係数

N_c、N_r、N_q：表 資料-2.2に示す支持力係数。内部摩擦角ϕの関数

D_f：基礎に近接した最低地盤面から基礎底面までの深さ（m）

（隣接地で掘削の行われるおそれのある場合は、その影響を考慮しておくことが望ましい）

B：基礎底面の最小幅（m）。円形の場合は直径

(2) 地盤の許容支持力度は、平板載荷試験に基づいて定めることができる。ただし、この場合は特に地盤の成層状態に注意しなければならない。

(3) 地下水位下にある砂地盤の許容支持力度に関しては、地震時における液状化現象に留意しなければならない。

表 資料-2.1　形状係数

基礎底面の形状	連続	正方形	長方形	円形
α	1.0	1.2	$1.0 + 0.2\dfrac{B}{L}$	1.2
β	0.5	0.3	$0.5 + 0.2\dfrac{B}{L}$	0.3

注）　B：長方形の短辺長さ　　L：長方形の長辺長さ

表 資料-2.2　支持力係数

ϕ（土の内部摩擦角）	N_c	N_r	N_q
0°	5.1	0.0	1.0
5°	6.5	0.1	1.6
10°	8.3	0.4	2.5
15°	11.0	1.1	3.9
20°	14.8	2.9	6.4
25°	20.7	6.8	10.7
28°	25.8	11.2	14.7
30°	30.1	15.7	18.4
32°	35.5	22.0	23.2
34°	42.2	31.1	29.4
36°	50.6	44.4	37.8
38°	61.4	64.1	48.9
40°以上	75.3	93.7	64.2

(参考資料－3)

寒冷地における建築設計資料

1. 寒冷地の範囲
文献によると、下記のいずれかに該当する地域を寒冷地とするのが適当とされている。
(1) 1月の日平均気温の月平均値が0℃以下の地域
(2) 1月の日最低気温の月平均値が－5℃以下の地域
(3) 暖房度日数 D_{18-18} が2500℃・day以上の地域

2. 凍結深度と基礎下端
該当する地域の最大凍結深度より以深を基礎下端位置とする。

3. 凍着・凍上の判定
寒冷地における凍着・凍上に対しては文献によると、凍着・凍上は基礎側面と周辺の地盤が凍上した状態で起こる持ち上がり現象のこととあり、これに対して判定方針が記されている。

実際の凍上例では、基礎重量が基礎側面長さに対して22kg/cm以上あれば、安全であるとされている。なお、基礎側面長さは、凍着・凍上すると考えられる基礎外周側面長さとする。

4. 凍上防止対策法
基礎底深さを最大凍結深度以下とする。また、必要に応じて凍結深度以浅の土を砂利、砂等の凍上を起こしにくい粒状材料と入れ替える。

Coffee Break

暖房度日とは？

1. 暖房度日（暖房デグリデー：degree-day：単位「℃・day」）
2. 住宅等の一冬の暖房に用いられる熱量を求めるときの指標
3. D_{18-18}：とは日平均外気温と暖房温度を示す。
4. 暖房度日と対象の事象で冷房度日というものもある。これは一夏の冷房に用いられる熱量を求めるときの指標である。
5. 概算の日本の数値を示す。

場所	暖房度日（18℃）	冷房度日（23℃）
札幌	3300℃・day	80℃・day
東京	1400℃・day	500℃・day
福岡	1300℃・day	580℃・day
那覇	140℃・day	650℃・day

(参考資料−4)

地　業

1. 地業とは

「建築基礎構造設計規準」(日本建築学会)では、「基礎スラブを支えるために、それより下に割栗・杭などを設けた部分」を地業というと定義されている。基礎スラブとは「上部構造の応力を地盤または地業に伝えるために設ける構造部分、フーチング基礎ではそのフーチング部分を、ベタ基礎ではスラブ部分を指す」とある。

2. 割栗地業

　割栗地業とは、割栗石を基礎のフーチング底面に敷き並べる工法のことである。最近は使用されることが少ない。割栗石とは、安山岩などの硬質の岩石を砕いた200mm以下の割石である。現在は河川採集が厳しいので、使用されることは少ない。

　なお、敷き並べ後に切込み砂利を使用する。砂利が使用できない場合は砕石を使うが、積算資料的にいうと単粒度砕石でS-80（1号）80mm-60mm、S-60（2号）60mm-40mm、S-40（3号）40mm-30mm、S-30（4号）30mm-20mm等の段階的サイズがある。

　最近は解体現場から廃材として出るコンクリートガラを再利用するクラッシャラン（C-40）が代用品として多く使われている。

　割栗地業は、日本の伝統的工法で割栗石を根切り底より、いくぶん高めに、小端立てに配列しておき、ランマー（タンパー）等で、これを敷き込めば、ある程度の強さに地盤は固まる。また、割栗の先端までフーチング底面の受圧面が下がり、さらに、土の横逃げを防ぐという2次的効果もある。砂質地盤ならば、砂粒子が互いに密にくっつき合って空隙率が減少して締固め効果が発揮される。しかし、むやみに採用すると危険な場合があり、洪積砂層、ローム層、堅固な粘土層などは、割栗石を敷くことによって地盤が乱されて、圧縮強度が自然のままの状態に比べて著しく低下し、土質によって異なるが数分の1程度から20分の1程度まで低下する場合もある。

3. 地盤の締固めの方法と特性

表 資料-4.1　締固めの種類

項　目	内　　容	適　用　場　所　等
転　圧	土に静的に近い圧力を与えて締め固める方法	適度に粘着力のあるシルト質の土。方法は非塑性のシルトは小型のタイヤローラー、可塑性のある土にはタンピングローラーが有効である。
振　動	土に振動エネルギーを与えて締め固める方法	砂や砂利などの非粘着性の土。方法は振動ローラー、振動コンパクター（平ランマー、プレートコンパクター）、ランマー（タンパー）が有効である。
衝　撃	土に衝撃を与えて、締め固める方法	砂や砂利などの非粘着性の土。ランマー（タンパー）が有効である。

7.3 仮設VOR/DME、SSR装置の基礎構造について

下記装置の基礎構造については、施工標準図を参考として設計する。

なお、可搬型装置の設置場所は、新設と同様に必要に応じてボーリング調査等の地盤調査を実施し、最適な構造を設計する。

(1) 可搬型VOR/DME装置、SSR装置

可搬型VOR/DME装置、SSR装置には現在、表7.3.1「可搬型VOR/DME装置構成一覧」、表7.3.2「可搬型SSR装置構成一覧」に示すものがあるが、機器シェルタの構造（寸法／重量等）は異なることから、基礎設計時には工事要領書等で確認する。

表7.3.1 可搬型VOR/DME装置構成一覧

号機番号	型式	送信電力	カウンターポイズ高 (m)	シェルタ構成	寸法 (mm) 幅	寸法 (mm) 奥行	寸法 (mm) 高さ	特記事項
1	DVOR/DME-08	VOR：100/200W DME：1.5k/3.0kW	10.0	機器シェルタ	9280	2300	2450	・HSD64/192対応 ・積雪対応（CP上30cm程度まで）
				空中線シェルタ	6000	2050	2260	
				カウンターポイズシェルタ	6060	2440	2600	
				カウンターポイズシェルタ	6060	2440	2600	
				カウンターポイズシェルタ	6060	2440	2600	
				カウンターポイズシェルタ	6060	2440	2600	
				カウンターポイズシェルタ	6060	2440	2600	
2	DVOR/DME-08	VOR：100/200W DME：1.5k/3.0kW	10.0	機器シェルタ	9280	2300	2450	・HSD64対応 ・積雪対応（CP上30cm程度まで）
				空中線シェルタ	6000	2050	2260	
				カウンターポイズシェルタ	6060	2440	2600	
				カウンターポイズシェルタ	6060	2440	2600	
				カウンターポイズシェルタ	6060	2440	2600	
				カウンターポイズシェルタ	6060	2440	2600	
				カウンターポイズシェルタ	6060	2440	2600	
4	DVOR/DME-90A	VOR：100W DME：1.0kW	3.8	機器シェルタ	5030	2320	2450	・積雪対応（CP上30cm程度まで）
				空中線シェルタ	6000	2050	2240	
				カウンターポイズシェルタ	6000	2050	2240	
				カウンターポイズシェルタ	6000	2050	2240	
5	DVOR/DME-90A	VOR：100W DME：1.0kW	3.8	機器シェルタ	5030	2320	2450	・積雪対応（CP上30cm程度まで）
				空中線シェルタ	6000	2050	2240	
				カウンターポイズシェルタ	6000	2050	2240	
				カウンターポイズシェルタ	6000	2050	2240	
6	DVOR/DME-90A	VOR：100W DME：1.0kW	3.8	機器シェルタ	5030	2320	2450	・積雪対応（CP上30cm程度まで）
				空中線シェルタ	6000	2050	2240	
				カウンターポイズシェルタ	6000	2050	2240	
				カウンターポイズシェルタ	6000	2050	2240	
7	DVOR/DME-90A	VOR：100W DME：1.0kW	3.8	機器シェルタ	5030	2320	2450	・積雪対応（CP上30cm程度まで）
				空中線シェルタ	6000	2050	2240	
				カウンターポイズシェルタ	6000	2050	2240	
				カウンターポイズシェルタ	6000	2050	2240	
8	DVOR/DME-90A	VOR：100W DME：1.0kW	3.8	機器シェルタ	5030	2320	2450	・積雪対応（CP上30cm程度まで）
				空中線シェルタ	6000	2050	2240	
				カウンターポイズシェルタ	6000	2050	2240	
				カウンターポイズシェルタ	6000	2050	2240	

号機番号	型式	送信電力	カウンターポイズ高(m)	シェルタ構成	寸法 (mm) 幅	奥行	高さ	特記事項
9	DVOR/DME-08	VOR：100/200W DME：1.5kW/3.0kW	10.0	機器シェルタ 空中線シェルタ カウンターポイズシェルタ カウンターポイズシェルタ カウンターポイズシェルタ カウンターポイズシェルタ カウンターポイズシェルタ	9280 6000 6060 6060 6060 6060 6060	2300 2050 2440 2440 2440 2440 2440	2450 2260 2600 2600 2600 2600 2600	・HSD64/192対応 ・積雪対応（CP上30cm程度まで）
1	DVOR/DME-08	VOR：100/200W DME：1.5k/3.0kW	10.0	機器シェルタ 空中線シェルタ カウンターポイズシェルタ カウンターポイズシェルタ カウンターポイズシェルタ カウンターポイズシェルタ カウンターポイズシェルタ	9280 6000 6060 6060 6060 6060 6060	2300 2050 2440 2440 2440 2440 2440	2450 2260 2600 2600 2600 2600 2600	・HSD64対応 ・積雪対応（CP上30cm程度まで）

表7.3.2　可搬型SSR装置構成一覧

号機番号	型式	送信電力	シェルタ構成	寸法 (mm) 幅	奥行	高さ	特記事項
1	SSR-09-2型	1.5kW	ローカル機器シェルタ リモート機器シェルタ RPM機器シェルタ	2240 2240 2240	9050 7000 7000	2450 2450 2450	
2	SSR-97型	1.5kW	ローカル機器シェルタ リモート機器シェルタ RPM機器シェルタ1 RPM機器シェルタ2	2330 2330 1950 1950	9040 9040 2100 2100	2510 2510 2550 2550	
3	SSR-09-2型	1.5kW	ローカル機器シェルタ リモート機器シェルタ RPM機器シェルタ	2240 2240 2240	9050 7000 7000	2450 2450 2450	

【施工参考図】

施工参考図は、次図のとおりとする。

(1) VOR/DME

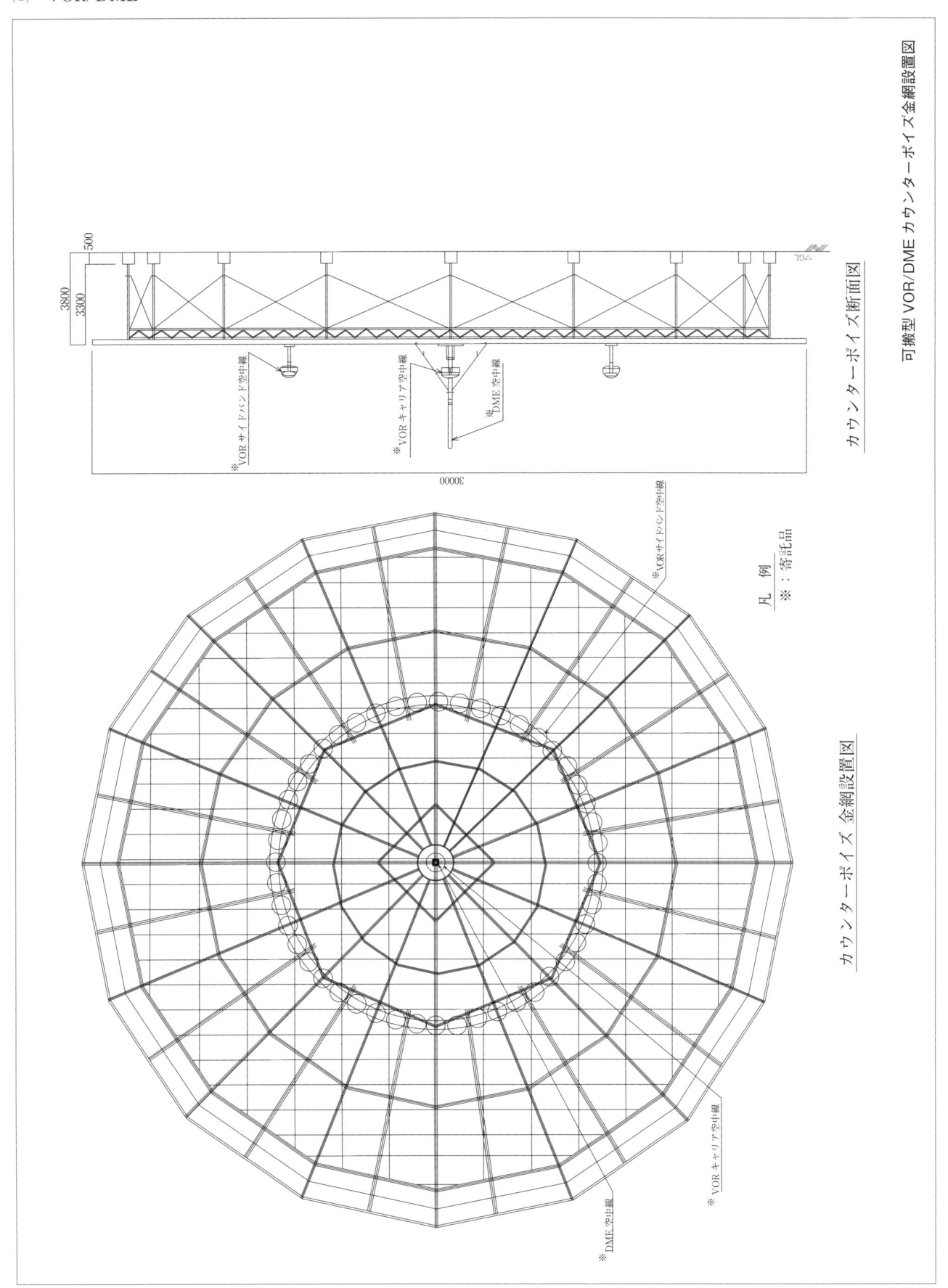

可搬型 VOR/DME カウンターポイズ金網設置図

カウンターポイズ断面図

凡　例
※：寄託品

カウンターポイズ金網設置図

(2) VOR/DME シェルタ

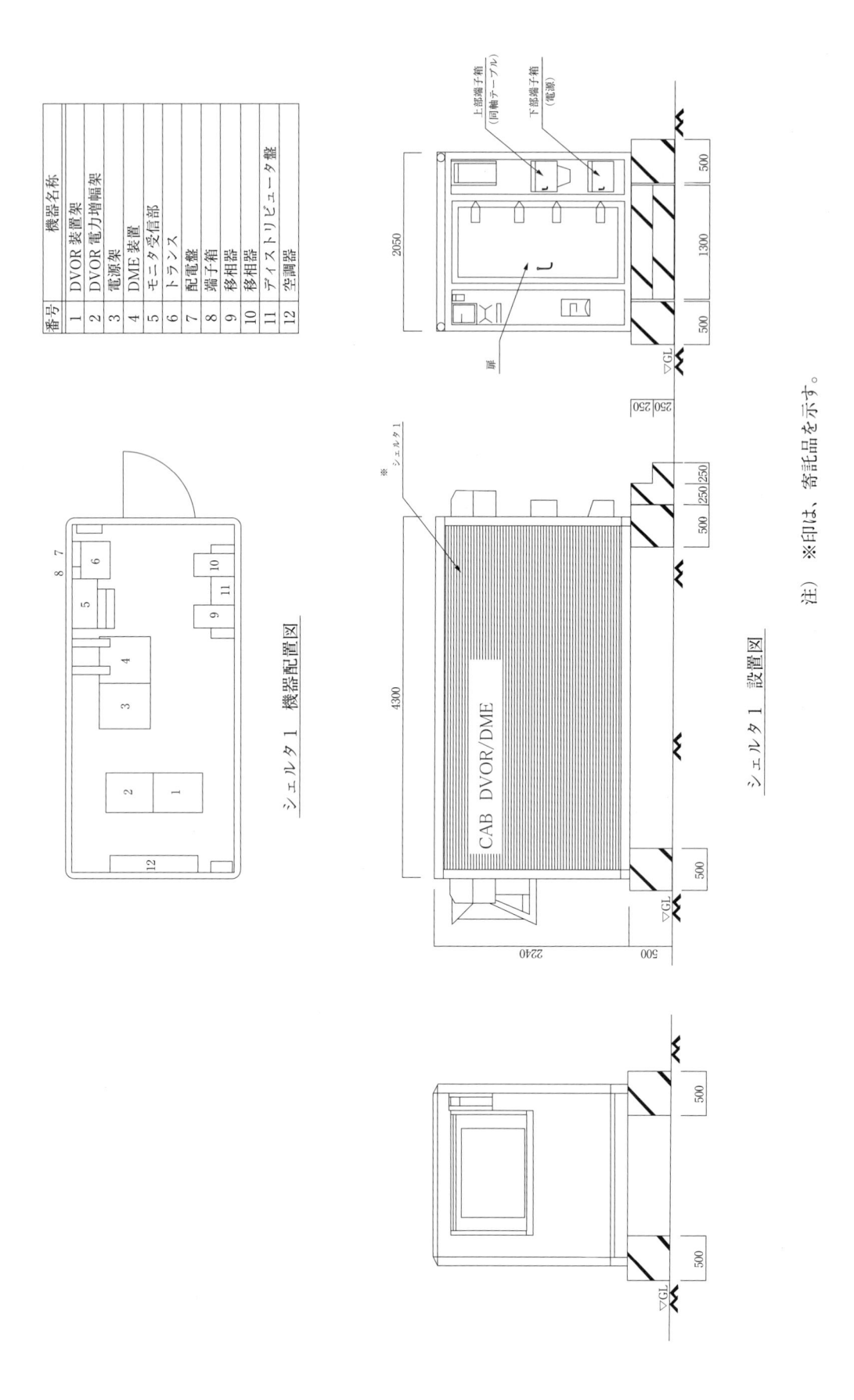

番号	機器名称
1	DVOR 装置架
2	DVOR 電力増幅架
3	電源架
4	DME 装置
5	モニタ受信部
6	トランス
7	配電盤
8	端子箱
9	移相器
10	移相器
11	ディストリビュータ盤
12	空調器

シェルタ1 機器配置図

シェルタ1 設置図

注）※印は、寄託品を示す。

可搬型 VOR/DME シェルタ1 設置図

8．自動消火設備の標準化について

　従来、航空保安無線施設における消火設備については、ハロゲン化合物消火設備を設置してきたが、ハロゲン化合物消火薬剤（以下「ハロン」という）は、オゾン層を破壊する特定物質に指定され、1994年1月1日以降全廃された。既存のハロンに対しては、リサイクルして有効に活用するべくハロンバンクが設立され、回収、再生及び再利用を行っている（ガス系消火剤は全て、特定非営利活動法人 消防環境ネットワークが窓口になっている。回収、再生及び再利用等については、消防環境ネットワークのホームページを参照すること。http://www.sknetwork.or.jp/ 電話：03-5404-2180、FAX：03-5404-7372）。このようなハロンの使用抑制の考え方に伴い、ハロンに代わる消火剤が研究開発されており、各航空保安無線施設に適合した消火設備の効率的な設計を行うための標準工法の確立をはかることが求められている。

　本標準は、平成20年7月に改正された消防法施行規則に準拠し、安全対策を十分考慮したうえで、今後の航空保安無線施設の消火設備の設計をするにあたり、最適な設計ができるように標準化をはかるものである。

8.1　不活性ガス消火設備の標準について

　航空局管制技術課が航空保安無線施設に設置する不活性ガス消火設備については、原則として以下の標準を適用する。

【標準】
　当該官署の航空保安無線施設における不活性ガス消火設備の整備に関しては次の事項により実施する。
(1) 不活性ガスは、窒素、IG-55（窒素とアルゴンとの容量比が50：50の混合物）及びIG-541（窒素とアルゴンと二酸化炭素の容量比が52：40：8の混合物）とする。
(2) 不活性ガス消火設備に係わる装置は、消防庁長官が定める基準に適合すること。
(3) 全域放出方式とする。
(4) 不活性ガス消火設備に使用する消火剤は、以下のガスとする。
　(a) 窒素：JIS K 1107の2級に適合するもの。
　(b) IG-55：窒素とアルゴンの容量比が50：50の混合物とする。
　　　アルゴン：JIS K 1105の2級に適合するもの。
　(c) IG-541：窒素とアルゴンと二酸化炭素の容量比が52：40：8の混合物とする。
　　　二酸化炭素：JIS K 1106の2種又は3種に適合するもの。

【解説】
消防法施行規則第19条（不活性ガス消火設備に関する基準、平成20年7月2日総務省第78号）
(1) 噴射ヘッド
　(a) 噴射ヘッドの放出圧力は、1.9MPa（メガパスカル）以上とする。
　(b) 消火剤の量の10分の9の量以上を放射する時間は、1分以内とする。
(2) 消火剤
　(a) 貯蔵容器に貯蔵する消火剤の量は、右の表のとおりとする（消防法施行規則第19条4項ロ）。

表8.1.1　貯蔵容器に貯蔵する消火剤の量

消火剤の種別	防護区画の体積1m^3当たりの消火剤の量(m^3)（温度20℃で1気圧の状態に換算した体積）
窒素	0.516以上0.740以下
IG-55	0.477以上0.562以下
IG-541	0.472以上0.562以下

(b) 防護区画又は防護対象物が二以上ある場合は、それぞれの防護区画又は防護対象物について計算した量の最大の量以上の量とする。

(3) 設置及び維持

(a) 通信機器室であって常時人がいない場所に設置する。常時人がいない部分以外の場所には設置してはならない。

(b) 防護区画の換気装置は、消火剤放射前に停止できる構造とする。

(c) 防火対象物又は開口部は、消火剤放射前に閉鎖できる自動閉鎖装置を設けること。

(d) 貯蔵容器への充填圧力は、温度35℃において30.0MPa以下であること。

(4) 貯蔵容器

(a) 防護区画以外の場所に設けること。

(b) 温度40℃以下で温度変化が少ない場所に設けること。

(c) 直射日光及び雨水のかかるおそれの少ない場所に設けること。

(d) 貯蔵容器には、消防庁長官が定める基準に適合する安全装置を設けること。

(e) 貯蔵容器の見やすい箇所に、充填消火剤量、消火剤の種類、製造年及び製造者名を表示すること。

(5) 配管

(a) 専用とすること。

(b) 配管及び管継手は、以下による。ただし、圧力調整装置の二次側配管にあっては、温度40℃における最高調整圧力に耐える強度を有する鋼管（亜鉛めっき等による防食処理を施したものに限る）又は銅管を用いることができる。

(イ) 鋼管（JIS G 3454　STPG 370）

呼び厚さでスケジュール80以上のもので、亜鉛めっき等による防食処理を施したものを用いること。

(ロ) 銅管（JIS H 3300　タフピッチ銅）

16.5MPa以上の圧力に耐えるものを用いること。

(ハ) (イ)及び(ロ)にかかわらず、配管に選択弁又は開閉弁を設ける場合にあっては、貯蔵容器から選択弁等までの部分には温度40℃における内部圧力に耐える強度に有する鋼管（亜鉛めっき等による防食処理を施したものに限る）又は銅管を用いること。

(c) 落差（配管の最も低い位置にある部分から最も高い位置にある部分までの垂直距離をいう）は、50m以下であること。

(6) 容器弁

消防庁長官が定める基準に適合する容器弁を貯蔵する容器に設けること。

(7) 選択弁

(a) 一の防火対象物又はその部分に防護区画又は防護対象物が二以上存する場合において貯蔵容器を共用するときは、防護区画又は防護対象物ごとに選択弁を設けること。

(b) 防護区画以外の場所に設けること。

(c) 選択弁である旨及びいずれの防護区画又は防護対象物の選択弁であるかを表示すること。

(d) 消防庁長官が定める基準に適合するものであること。

(e) 貯蔵容器から噴射ヘッドまでの間に選択弁等を設ける場合は、貯蔵容器と選択弁等の間に、消防庁長官が定める基準に適合する安全装置又は破壊板を設けること。

(8) 起動用ガス容器

(a) 起動用ガス容器は、24.5MPa以上の圧力に耐えるものであること。

(b) 起動用ガス容器の内容積は、1L以上とし、当該容器に貯蔵する二酸化炭素の量は、0.6kg以上で、かつ、充填比は、1.5以上であること。

(c) 起動用ガス容器には、消防庁長官が定める基準に適合する安全装置及び容器弁を設けること。

(9) 起動装置は、自動式とし、以下のとおりとする。
　(a) 起動装置は、自動火災報知設備の感知器の作動と連動して起動するものであること。
　(b) 起動装置には、下記により自動手動切替え装置を設けること。
　　(イ) 容易に操作できる箇所に設けること。
　　(ロ) 自動及び手動を表示する表示灯を設けること。
　　(ハ) 自動手動の切替えは、かぎ等によらなければ行えない構造とすること。
　(c) 起動装置の放出用スイッチ、引き栓等の作動により直ちに貯蔵容器の容器弁又は放出弁を開放するものであること。
　(d) 自動手動切替え装置又はその直近の箇所には取扱い方法を表示すること。
(10) 音響警報装置
　(a) 手動又は自動による起動装置の操作又は作動と連動して自動的に警報を発するものであり、かつ、消火剤放射前に遮断されないものであること。
　(b) 音響警報装置は、防護区画又は防護対象物にいるすべての者に消火剤が放射される旨を有効に報知できるように設けること。
　(c) 音声による音響警報装置とすること。ただし、常時人がいない防火対象物にあってはこの限りではない。
　(d) 音響警報装置は、消防庁長官が定める基準に適合するものであること。
(11) 不活性ガス消火設備を設置した場所には、その放出された消火剤及び燃焼ガスを安全な場所に排出するための措置を講じること。
(12) 保安のための措置として防護区画の出入口等の見やすい箇所に消火剤が放出された旨を表示する表示灯を設けること。
(13) 消防庁長官が定める基準に適合する当該設備等の起動、停止等の制御を行う制御盤を設けること。
(14) 非常電源は、自家発電設備又は蓄電池設備又は燃料電池設備によるものとし、その容量を当該設備を有効に1時間作動できる容量以上とする。
(15) 防護区画には、当該防護区画内の圧力上昇を防止するための措置を講じること。

表8.1.2　不活性ガス消火設備の部分ごとの放出方式

放出方式			全域		局所	移動
防火対象物又はその部分		消火剤	二酸化炭素	二酸化炭素以外の不活性ガス	二酸化炭素	二酸化炭素
常時人がいる部分			×	×	×	○
	道路の用に供する部分	屋上部分	×	×	×	○
		その他部分	×	×	×	×
常時人がいない部分	防護区画の面積が1000m²以上又は体積が3000m³以上のもの		○	×	—	—
	その他のもの	自動車の修理又は整備の用に供される部分	○	○	○	○
		駐車の用に供される部分	○	○	×	×
		多量の火気を使用する部分	○	×	○	○
	発電機室等	ガスタービン発電機が設置	○	×	○	○
		その他のもの	○	○	○	○
	通信機器室		○	○	×	×
	指定可燃物を貯蔵し、取り扱う部分	可燃性固体類、可燃性液体類又は合成樹脂類（不燃性又は難燃性でないゴム製品、ゴム半製品、原料ゴム及びゴムくずを除く）に係わるもの	○	×	○	○

○：設置できる　　×：設置できない

8.2　ハロゲン化物消火設備の標準について（消防法施行規則第20条）

航空局管制技術課が航空保安無線施設に設置するハロゲン化物消火設備については、原則としてFK-5-1-12（ノベック1230（住友3M社））とする。

以下の標準を適用する（原則として不活性ガス消火設備を標準とする）。

【標準】
　当該官署の航空保安無線施設におけるハロゲン化物消火設備の整備に関しては次の事項により実施する。
(1)　ハロゲン化物は、FK-5-1-12（ノベック1230（住友3M社））とする。
(2)　ハロゲン化物消火設備に係わる装置は、消防庁長官が定める基準に適合すること。
(3)　全域放出方式とする。
(4)　設置場所は消防法施行令第13条関係の一般防火対象物である。つまり常時人がいない部分で防護区画の面積が1000m^{2}未満で、かつ体積が3000m^{3}未満であること。

【解説】
(1)　噴射ヘッド
　(a)　噴射ヘッドの放出圧力は、以下のとおりとする。
　　　FK-5-1-12：0.3MPa 以上
　(b)　消火剤の量を放射する時間は、10秒以内とする。
(2)　消　火　剤
　(a)　貯蔵容器に貯蔵する消火剤の量は、次の表のとおりとする。

消火剤の種別	防護区画の体積1m^{3}当たりの消火剤の量
FK-5-1-12	0.84kg 以上1.46kg 以下

　(b)　防護区画又は防護対象物が2以上ある場合は、それぞれの防護区画又は防護対象物について計算した量の最大の量以上の量とする。
(3)　設置及び維持
　(a)　防火対象物又は開口部は、消火剤放射前に閉鎖できる自動閉鎖装置を設けること。
　(b)　貯蔵容器等の充填比は、以下のとおりとする。
　　　FK-5-1-12：0.7以上1.6以下
(4)　貯　蔵　容　器
　(a)　防護区画以外の場所に設けること。
　(b)　温度40℃以下で温度変化が少ない場所に設けること。
　(c)　直射日光及び雨水のかかるおそれの少ない場所に設けること。
　(d)　貯蔵容器等には、消防庁長官が定める基準に適合する安全装置を設けること。
　(e)　加圧式の貯蔵容器等には、消防庁長官が定める基準に適合する放出弁を設けること。
　(f)　貯蔵容器等の見やすい箇所に、充填消火剤量、消火剤の種類、最高使用圧力（加圧式のものに限る）、製造年及び製造者名を表示すること。
　(g)　蓄圧式の貯蔵容器等は、温度20℃においてFK-5-1-12を貯蔵するものにあっては、2.5MPa又は4.2MPaとなるように窒素ガスで加圧したものであること。
　(h)　加圧ガス容器は、窒素ガスが充填されたものであること。
　(i)　加圧ガス容器には、消防庁長官が定める基準に適合する安全装置及び容器弁を設けること。

(5) 配　管
　(a) 専用とすること。
　(b) 鋼管（JIS G 3454　STPG 370）
　　　FK-5-1-12：呼び厚さでスケジュール40以上のもので、亜鉛めっき等による防食処理を施したもの。
　(c) 銅管（JIS H 3300　タフピッチ銅）
　(d) 管継手及びバルブ類は、鋼管もしくは銅管又はこれらと同等以上の強度及び耐食性を有するものであること。
　(e) 落差は、50m以下であること。
(6) 貯蔵容器（蓄圧式のもので内圧が1MPa以上のものに限る）には、消防庁長官が定める基準に適合する容器弁を設けること。
(7) 加圧式のものには、2MPa以下の圧力に調整できる圧力調整装置を設けること。
(8) 選　択　弁
　(a) 一の防火対象物又はその部分に防護区画又は防護対象物が二以上存する場合において貯蔵容器を共用するときは、防護区画又は防護対象物ごとに選択弁を設ける。
　(b) 防護区画以外の場所に設けること。
　(c) 選択弁である旨及びいずれの防護区画又は防護対象物の選択弁であるかを表示すること。
　(d) 消防庁長官が定める基準に適合するものであること。
　(e) 貯蔵容器から噴射ヘッドまでの間に選択弁等を設ける場合は、貯蔵容器と選択弁等の間に、消防庁長官が定める基準に適合する安全装置又は破壊板を設けること。
(9) 起動用ガス容器
　(a) 起動用ガス容器は、24.5MPa以上の圧力に耐えるものであること。
　(b) 起動用ガス容器の内容積は、1L以上とし、当該容器に貯蔵する二酸化炭素の量は、0.6kg以上で、かつ、充填比は、1.5以上であること。
　(c) 起動用ガス容器には、消防庁長官が定める基準に適合する安全装置及び容器弁を設けること。
(10) 起動装置は、原則自動式とし、以下のとおりとする。
　(a) 起動装置は、自動火災報知設備の感知器（二種類の感知器のANDとする）の作動と連動して起動するものであること。
　(b) 起動装置には、下記により自動手動切替え装置を設けること。
　　(イ) 容易に操作できる箇所に設けること。
　　(ロ) 自動及び手動を表示する表示灯を設けること。
　　(ハ) 自動手動の切替えは、かぎ等によらなければ行えない構造とすること。
　(c) 起動装置の放出用スイッチ、引き栓等の作動により直ちに貯蔵容器の容器弁又は放出弁を開放するものであること。
　(d) 自動手動切替え装置又はその直近の箇所には取扱い方法を表示すること。
(11) 音響警報装置
　(a) 手動又は自動による起動装置の操作又は作動と連動して自動的に警報を発するものであり、かつ、消火剤放射前に遮断されないものであること。
　(b) 音響警報装置は、防護区画又は防護対象物にいるすべての者に消火剤が放射される旨を有効に報知できるように設けること。
　(c) 音声による音響警報装置とすること。ただし、常時人がいない防火対象物にあってはこの限りではない。
　(d) 音響警報装置は、消防庁長官が定める基準に適合するものであること。
(12) 保安のための措置として防護区画の出入口等の見やすい箇所に消火剤が放出された旨を表示する表示灯を設けること。

⒀　消防庁長官が定める基準に適合する当該設備等の起動、停止等の制御を行う制御盤を設けること。

⒁　非常電源は、自家発電設備又は蓄電池設備又は燃料電池設備によるものとし、その容量を当該設備を有効に1時間作動できる容量以上とする。

⒂　防護区画には、当該防護区画内の圧力上昇を防止するための措置を講じること。

⒃　全域放出方式のハロンガス消火設備（FK-5-1-12を放射するものに限る）を設置した防護区画には放射された消火剤が有効に拡散することができるように、過度の温度低下を防止するための措置を講じること。

⒄　開口部には消火剤放射前に閉鎖できる自動閉鎖装置を設け、開口部の消火剤補正は行わない。

（参考）

FK-5-1-12はノベック1230（住友3M社）である。この消火剤はオゾン層を破壊せず、地球温暖化係数も低く、電気絶縁性が優れている。

ノベック1230を使用したシステムと従来消火設備とを比較する。

従来消火設備との比較表

消火剤	ノベック1230	ハロン1301	二酸化炭素
消火原理	燃焼連鎖反応の抑制	燃焼連鎖反応の抑制	酸素濃度の希釈・冷却
沸点（℃）	49.0	−57.8	−78.5
消炎濃度（vol%）[注]	4.8	3.4	22.0
設計濃度（vol%）	5.8	5.0	34.0
消火剤量（kg/m^3）	0.84	0.32	0.8
標準充填量（kg/68L）	60	60	45
充填比	0.7〜1.6	0.9〜1.6	1.5〜1.9
貯蔵状態	液体（N_2加圧）	液体（N_2加圧）	液体
使用温度範囲（℃）	0〜40	−20〜40	−20〜40
オゾン層破壊係数	0	10	0
地球温暖化係数	1	5600	1
貯蔵容器数	0.8	0.3	1
放射時間（秒）	10	30	60

注）消炎濃度：ガス系消火剤の消火性能を表す指標の一つである。消炎濃度は、この値が小さいほど消火効果が高い。測定方法は消防研究所のカップバーナ装置によるデータが基準となっている。

(参考資料－1)

消防関係

1．消防関係機関への届け出（申請書）　　　　　　　　　　　　　　　総務省消防庁（http://www.fdma.go.jp/）

東京消防庁（http://www.tfd.metro.tokyo.jp/）等では申請書はホームページよりダウンリンクできる。ダウンリンクできる申請書の一例の一部を下記に示す。

表 資料-1.1　主要な申請書

	申　請　様　式　名	所管課	備　考
消防用設備等届出・火気設備届出・電気設備届出（新設・改設など）・消防設備業届出（着工、設置、改修工事、消防設備業）	火を使用する設備等の工事又は整備業届出書	予防課	
	消防用設備等（特殊消防用設備等）の集中管理計画届出書	予防課	
	燃料電池発電設備設置（変更）届出書	予防課	
	消防用設備等（特殊消防用設備等）設置届出書（法第17条の3の2）	予防課	
	調査表	予防課	
	漏電火災警報器調査表	予防課	
	漏電火災警報器概要表	予防課	
	非常警報設備調査表	予防課	
	非常警報設備概要表	予防課	
	避難器具調査表	予防課	
	避難器具概要表	予防課	
	誘導灯調査表	予防課	
	誘導灯・誘導標識概要表	予防課	
	排煙設備調査表	予防課	
	排煙設備概要表	予防課	
	連結散水設備調査表	予防課	
	連結散水設備概要表	予防課	
	工事整備対象設備等着工届出	予防課	
	火を使用する設備等の設置（変更）届出書	予防課	
	消防設備業届出書（新規・変更・廃止）	予防課	
	試験・検査申請書	予防課	
	試験・検査結果証明書交付申請書	予防課	
	点検・試験結果記録表	予防課	
	電気設備設置（変更）届出書	予防課	
	改修（計画）報告書その1	予防課	
	無線通信補助設備の共同使用同意申請書	予防課	
	避難口明示物及び避難方向明示物設置計画書	予防課	
	消防用設備等（特殊消防用設備等）設置計画届出書	予防課	
	消防用設備等（特殊消防用設備等）設置届出書（条例第58条の3）	予防課	
消防用設備等点検報告	消防用設備等点検結果報告書	査察課	
	消防用設備等点検報告改修計画書	査察課	
	消防用設備等点検結果総括表	査察課	
	消防用設備等点検者一覧表	査察課	

	申請様式名	所管課	備考
消防用設備等点検報告	消火器具点検票	査察課	
	屋内消火栓設備点検票	査察課	
	パッケージ型消火設備点検票	査察課	
	スプリンクラー設備点検票	査察課	
	パッケージ型自動消火設備点検票	査察課	
	水噴霧消火設備点検票	査察課	
	泡消火設備点検票	査察課	
	不活性ガス消火設備点検票	査察課	
	不活性ガス消火設備等点検票の別記様式	査察課	
	ハロゲン化物消火設備点検票	査察課	
	粉末消火栓設備点検票	査察課	
	屋外消火栓設備点検票	査察課	
	動力消防ポンプ設備点検票	査察課	
	自動火災報知設備点検票	査察課	
	特定小規模施設自動火災報知設備点検票	査察課	
	複合型居住施設用自動火災報知設備点検票	査察課	
	ガス漏れ火災警報設備点検票	査察課	
	漏電火災警報設備点検票	査察課	
	消防機関へ通報する火災報知設備点検票	査察課	
	非常警報器具及び設備点検票	査察課	
	避難器具点検票	査察課	
	誘導灯及び誘導標識点検票	査察課	
	消防用水点検票	査察課	
	排煙設備点検票	査察課	
	加圧防排煙設備点検票	査察課	
	連結散水設備点検票	査察課	
	無線通信補助設備点検票	査察課	
	非常電源（非常電源専用受電設備）点検票	査察課	
	非常電源（自家発電設備）点検票	査察課	
	非常電源（蓄電池設備）点検票	査察課	
	非常電源（燃料電池設備）点検票	査察課	
	総合操作盤点検票	査察課	
防火対象物点検報告、防災管理点検報告	防火対象物点検報告特例認定申請書	査察課	
	管理権原者変更届出書（防火対象物点検の特例認定を受けている対象物のみ）	査察課	
	防火対象物点検結果報告書	査察課	
	防火対象物点検報告改修計画書	査察課	
	共同点検報告を行う届出者等一覧	査察課	
	防火対象物点検票（その１～その５）	査察課	
	防火対象物点検票（市町村長が定める基準　その１～その３）	査察課	
	防災管理点検報告特例認定申請書	査察課	

	申 請 様 式 名	所管課	備 考
防火対象物点検報告、防災管理点検報告	防災管理点検結果報告書	査察課	
	防災管理点検報告改修計画書	査察課	
	防災管理点検票（その１～その３）	査察課	
防火管理・防災管理自動通報	防火管理者選任（解任）届出書	防火管理課	
	所有者・賃借形態等の情報	防火管理課	
	防火管理に係る消防計画作成（変更）届出書	防火管理課	
	防火対象物実態把握表	防火管理課	
	消防計画作成例	防火管理課	
	工事中の消防計画作成（変更）届出書	防火管理課	

２．届け出の機関

　東京都等の消防署のある地域は設置する地域を管轄する消防署、消防署のない地域は町役場、または村役場。

３．提 出 書 類

　何を届けるかは各地方自治体の消防署によって多少異なるが、一般的なものを下記に示す。また事前の打合せにより、届け出書類が少なくすむこともある。

(1) 着 工 届

　(a) 工事整備対象設備等着工届出書（消防法施行規則第33条の18関係：別記様式第１号の７）

　(b) 着工届出書に添付する図書

　　(イ) 設備の概要表　　(ロ) 仕様書（設備の仕様）　　(ハ) 設計計算書　　(ニ) 案内図　　(ホ) 平面図

　　(ヘ) 断面図　　　　　(ト) 配管系統図　　　　　　　(チ) 電源系統図

(2) 設 置 届

　消防用設備等（特殊消防用設備等）設置届出書（消防法施行規則第31条の３関係：別記様式第１号の２の３）

4. 消防関係機関への届け出（フロー）

```
                    ┌─────────────────────┐
                    │ 消防用設備等の設置計画 │
                    └──────────┬──────────┘
                               ↓
                        ┌─────────┐
                        │ 事前相談 │
                        └────┬────┘
                             ↓
                          ╱軽微な╲     YES    ┌──────────────────────────────┐
                         ╲ な工事 ╱─────────→│着工届省略可能：（市町村により │
                          ╲    ╱              │運用が異なるので要確認）      │
                            │ NO              └──────────────────────────────┘
                            ↓
┌───────────────────────┐   ┌──────────────────┐     ┌─────────────────────────────────┐
│甲種消防設備士は工事に着手│   │工事整備対象設備等│     │条例第58条の2：消防用設備等届    │
│する日の10日前までに消防署│---│着工届            │     │設置計画届（特殊消防用設備等）   │
│長に届出をすること        │   └────────┬─────────┘     │・指定防火対象物等に設けるもので、│
└───────────────────────┘            ↓                │ 法第17条の14規定による届出を必要│
┌───────────────────────┐   ┌──────────┐              │ としない消防用設備等又は特殊消防│
│火災予防上及び消防活動上重│---│ 中間検査 │              │ 用設備等のうち定めているもの    │
│大な影響を及ぼすと認められ│   └────┬─────┘              │・設置しようとする者は工事に着手 │
│る部分で工事完了後の検査が│        ↓                    │ する日の10日前までに消防署長に  │
│困難な部分                │   ┌──────────┐              │ 届出をすること                  │
└───────────────────────┘   │ 工事完了 │              └─────────────────────────────────┘
                            └────┬─────┘
                                 ↓
                         ┌───────────────┐
                         │届出根拠等の判断│
                         └───────────────┘
```

```
   ┌──────────────┐                                        ┌────────────────┐
   │特定防火対象物│                                        │非特定防火対象物│
   └──────┬───────┘                                        └────────┬───────┘
          ↓                                                         ↓
      ╱延べ面積╲       NO                                       ╱延べ面積╲       NO     ┌──────────────┐
     ╲ 300m²以上╱──────────┐                              ╲ 300m²以上╱──────────→│指定防火対象物│
          ╲      ╱                                                    ╲      ╱              └──────┬───────┘
        │ YES                                                      │ YES                          ↓
          ↓                                                         ↓                         ┌────────┐
          ┌─────────────────────────────────────────────────────────┐                         │ 該 当 │
          │政令第35条第1項第3号                                      │                         └────────┘
          │特定一階段等防火対象物：政令別表第1(1)項から(4)項まで、    │
          │(5)項イ、(6)項又は(9)項イに掲げる防火対象物の用途に供され │
          │る部分が避難階以外の階に存する防火対象物で、当該避難階    │
          │以外の階から避難階又は地上に直通する階段が2（当該階段    │
          │が屋外に設けられ、又は省令で定める避難上有効な構造を有   │
          │する場合にあっては、1）以上設けられていない防火対象物    │
          └─────────────────────────────────────────────────────────┘
              │ 該当                                    │ 非該当
              ↓                                         ↓
   ┌──────────────────────────────┐     ┌──────────────────────────────┐
   │法第17条の3の2：消防用設備等の │     │条例第58条の3：消防用設備等の │
   │設置届（特殊消防用設備等）    │     │設置届（特殊消防用設備等）    │
   └──────────────┬───────────────┘     └──────────────┬───────────────┘
                  └────────────────┬────────────────────┘
                                   ↓
                          ┌─────────────┐
                          │  消防検査  │
                          └──────┬──────┘
                                 ↓
                   ┌────────────────────────────┐
                   │消防結果通知書の交付及び改修指導│
                   └──────────────┬─────────────┘
                                  ↓
                     ┌──────────────────────┐
                     │改修（計画）報告書の届出│
                     └──────────┬───────────┘
                                ↓
                          ┌──────────┐
                          │ 確認検査等│
                          └─────┬────┘
                                ↓
                         ┌─────────────┐
                         │検査済証の交付│
                         └─────────────┘
```

図 資料-1.1　消防用設備等の設置フローチャート

5．工事整備対象設備等着工届出書

別記様式第1号の7（第33条の18関係）

工事整備対象設備等着工届出書

		年　　月　　日
殿	届出者 住　所 氏　名　　　　　　　　　　　　　　　　㊞	

工　事　の　場　所	
工事を行う防火 対象物の名称	
工事整備対象設備等の種類	

工事整備対象設備等の工事施工者	住　　　　所	電話番号
	氏　　　　名 （法人の場合は名称 及び代表者氏名）	

消防設備士	住　　　　所					
	氏　　　　名					
	免　状　の 種類及び指定区分	種類等	交付知事	交付年月日	講習受講状況	
				交付番号	受講地	受講年月
		甲　種　類 乙	都道 府県	年　月　日 第　　　号	都道 府県	年　月

工　事　の　種　別	1　新設　　2　増設　　3　移設　　4　取替え 5　改造　　6　その他
着　工　予　定　日	完成予定日
※受付欄	※経過欄

備考　1　この用紙の大きさは、日本工業規格 A4とすること。
　　　2　工事の種別の欄は、該当する事項を○印で囲むこと。
　　　3　※印の欄には、記入しないこと。

6．消防用設備等（特殊消防用設備等）設置届出書

別記様式第1号の2の3（第31条の3関係）

消防用設備等（特殊消防用設備等）設置届出書

年　月　日

消防長(消防署長)(市町村長)　殿

届出者
住　所 ＿＿＿＿＿＿＿＿＿＿＿＿＿＿＿＿＿
氏　名 ＿＿＿＿＿＿＿＿＿＿＿＿＿㊞

　下記のとおり、消防用設備等(特殊消防用設備等)を設置したので、消防法第17条の3の2の規定に基づき届け出ます。

記

設置者	住　所	電話(　　)　　番
	氏　名	

防火対象物	所 在 地	
	名　　称	
	用　　途	
	構造、規模	造　地上　　階　地下　　階
		床面積　　　　㎡　延べ面積　　　　㎡

消防用設備等(特殊消防用設備等)の種類	

工事	種　別	新設、増設、移設、取替え、改造、その他（　　　）
	設計者住所氏名	住　所　　　　　　　　　　　　電話(　　)　　番
		氏　名
	施工者住所氏名	住　所　　　　　　　　　　　　電話(　　)　　番
		氏　名
	消防設備士	住　所
		氏　名
		免状　種類等／甲・乙　種類／交付知事　都道府県／交付年月日／交付番号／講習受講状況　受講地　都道府県／受講年月　年　月

着工年月日	
完成年月日	
検査希望年月日	
※受付欄	※決裁欄	※備考

備考　1　この用紙の大きさは、日本工業規格A4とすること。
　　　2　消防用設備等設計図書又は特殊消防用設備等設計図書は、消防用設備等又は特殊消防用設備等の種類ごとにそれぞれ添付すること。
　　　3　※欄には、記入しないこと。

東京消防庁 HP より

―― Coffee Break ――

消防用設備工事法令

1．消防用設備等の工事整備関係法令について

消防用設備等の設置義務の制度は、火災の早期発見、早期通報、初期消火、安全避難及び消防隊の活動に利便を提供するためのものであって、火災による被害の軽減を図るための制度である。

2．法令の適用

消防法第17条第1項（消防用設備等の設置及び維持）：「学校、病院、工場、事業場、興行場、百貨店、旅館、飲食店、地下街、複合用途防火対象物その他の防火対象物で政令で定めるものの関係者は、政令で定める消防の用に供する設備、消防用水及び消火活動上必要な施設（以下「消防用設備等」という）について消火、避難その他の消防の活動のために必要とされる性能を有するように、政令で定める技術上の基準に従って、設置し、及び維持しなければならない。」（これは消防用設備等の設置及び維持に関する基本原則を規定したものである）平成15年6月18日に消防法の一部が改正され、消防法令に性能規定が導入された。

3．付加条例

消防法第17条第2項：「市町村は、その地方の気候又は風土の特殊性により、前項の消防用設備等の技術上の基準に関する政令又はこれに基づく命令の規定のみによっては防火の目的を充分に達し難いと認めるときは、条例で、同項の消防用設備等の技術上の基準に関して、当該政令又はこれに基づく命令の規定と異なる規定を設けることができる。」これは「付加条例」と言われるもので、東京では条例第5章に規定されている。付加条例と法律との関係は、次のとおりである。

(1) 付加条例の基準違反は政令で定める技術上の基準違反になる。東京の場合、地震等による大火災危険を考慮して、大部分の消防用設備等について政令、規則の技術基準より大幅に基準が強化されている。

(2) 付加条例の規定の適用を受ける防火対象物の消防用設備等については、法第17条から法第17条の4までの規定がすべて適用を受ける。

(3) 付加条例に規定されない事項は、すべて政令、省令の関係規定の適用を受ける。

4．特殊消防用設備等

法第17条第3項：「第1項の防火対象物の関係者が、同項の政令若しくはこれに基づく命令又は前項の規定に基づく条例で定める技術上の基準に従って設置し、及び維持しなければならない消防用設備等に代えて、特殊の消防用設備等（「特殊消防用設備等」）であって、当該消防用設備等と同等以上の性能を有し、総務大臣の認定を受けたものを用いる場合には、当該消防用設備等については、前二項の規定は、適用しない。」

表1 消防用設備等又は特殊消防用設備等を設ける場合の選択

法令根拠	項目	概要	備考
法第17条第1項	ルートA：通常用いられる消防用設備等（政令第29条の4第1項）	従来の仕様規定等（政令第10条〜第29条の3に規定する設置及び維持の技術上の基準）	消火器、屋内消火栓設備、自動火災報知設備など
法第17条第1項	ルートB：必要とされる防火安全性能を有する消防の用に供する設備等（政令第29条の4第1項）	客観的検証法：①初期拡大抑制性能、②避難安全支援性能、③消防活動支援性能 ・通常用いられる消防用設備等と同等以上の防火安全性能を有していることを確認する方法は、総務省令で定める。	・共同住宅用スプリンクラー設備 ・共同住宅用自動火災報知設備 ・共同住宅用非常警報設備 ・パッケージ型消火設備 ・パッケージ型自動消火設備 ・共同住宅用連結送水管 ・共同住宅用非常コンセント設備
法第17条第1項		一定の知見の蓄積が構築された消防用設備等	
法第17条第3項	ルートC：特殊消防用設備等	性能評価を踏まえた大臣認定制度：性能評価の手続き（法第17条の2）：大臣認定の申請（法第17条の2の2）	・ドデカフルオロ-2-メチルペンタン-3-オンを消火剤とする消火設備 ・加圧防煙設備 ・火災による室内温度上昇速度を感知する感知器を用いた火災報知設備

9. 光ファイバケーブルの選定について

9.1 光ファイバケーブル選定

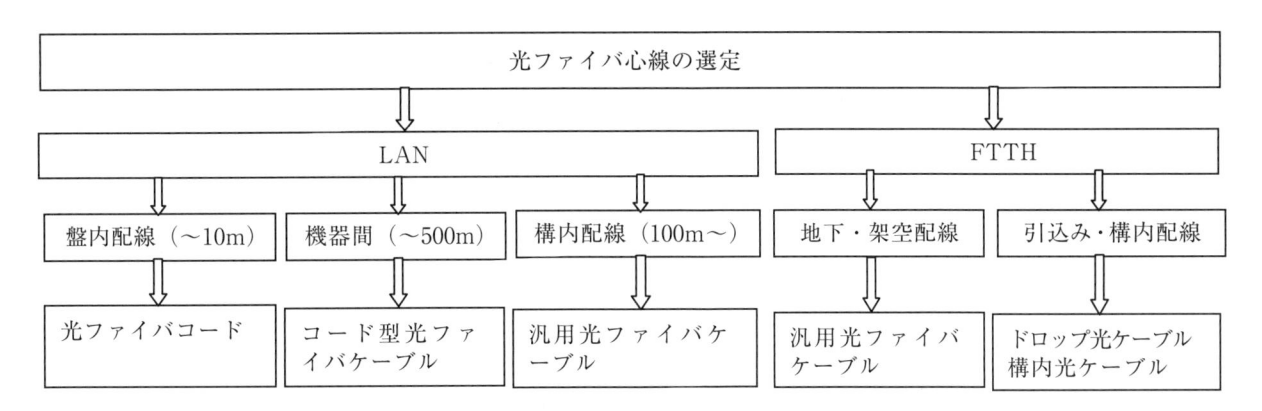

```
                    光ファイバ心線の選定
            ┌─────────────────┴─────────────────┐
           LAN                                FTTH
   ┌────────┼────────┐                    ┌────┴────┐
盤内配線    機器間    構内配線            地下・架空配線  引込み・構内配線
(～10m)  (～500m)  (100m～)
   ↓         ↓         ↓                     ↓          ↓
光ファイバ  コード型光  汎用光ファイバ        汎用光ファイバ  ドロップ光ケーブル
コード    ファイバケーブル  ケーブル          ケーブル    構内光ケーブル
```

図9.1.1　光ファイバケーブル選定方法

9.2 光ケーブル規格等

(1) 原則として、PEシースのノンメタリックとする。
(2) ケーブル選定時はエコケーブルを優先すること。
(3) カラーコード化する。

9.3 使用心数について

(1) 光ケーブルの市場性及び製作期間並びに標準納期
　(a) 市　場　性
　　　光ケーブルは、一般に使用されている電力ケーブル（CV線等）あるいは通信ケーブル（メタル）のように、既製品としての取扱いによらず、ユーザー側からの受注によって指定された諸条件を満足するよう製作されている。また、細径、軽量、可とう性、無誘導、無漏話といった特質や資源の豊富さから、広く需要がある。
　(b) 製　作　期　間
　　　光ケーブル製造過程を下記に示す。
　　(イ) ユーザー側からの指定された諸条件に基づき、ある一定の長さにおいて設計し製造に入る。
　　(ロ) 製造されたファイバ（素線）が設計どおりの製品になっているかを試験等により確認する。
　　(ハ) (ロ)項による確認後、外被及び内被等を含めオーダーを受けた長さにコード化する。
　　　光ファイバ製造にあたっての重要なポイントは、ユーザー側からのオーダーにおける伝送損失、伝送帯域波長、これら三つの伝送特性を満足する素線をいかに設計どおり、製造するかである。
　　　メーカー側では、その設計及び製造にある程度の時間が必要とされ、心数の多少、ケーブル長による数量的なもの、あるいは光コードの種類（層型、ユニット型、テープスペーサ型）によらず製造期間はある程度一定である。
　(c) 標　準　納　期
　　　時期にもよるが標準で40日間程度である。

(2) 予備心数の考え方

(1)項(a)～(c)の調査結果を踏まえると、心数の多少は製造期間に影響しないと思慮される。よって、予備心数の選定においては製造期間を考慮することなく検討することができる。

装置側で内訳された各項目において当該装置の運用上、不可欠な信号（ビデオ系及び制御監視系並びに音声系）についてのみ、信号レベルでの予備として確保することとする。

以下に各施設毎の使用心数を示す。

(a) ASR/SSR 心数構成

ASR/SSR-2000B　Aケーブル、Bケーブル		ASR/SSR-91　Aケーブル、Bケーブル	
項　目	使用心数	項　目	使用心数
NORM MIX VIDEO	1	NORM MIX VIDEO	1
MTI MIX VIDEO	1	MTI VIDEO	1
WX MIX VIDEO	1	WX VIDEO	1
MIX DECD/ANGLE	1	DEC'D VIDEO	1
ターゲットメッセージ（送信）	1	ANGLE VIDEO	1
ターゲットメッセージ（受信）	1	ターゲットデータ	1
SSR MIX RAW VIDEO	1	ASR 制御監視	1
ASR/SSR 制御監視（送信）	1	SSR 制御監視	1
ASR/SSR 制御監視（受信）	1		
計	9	計	8

(b) TSR 心数構成

TSR-07A　Aケーブル、Bケーブル		TSR-07B　Aケーブル、Bケーブル	
項　目	使用心数	項　目	使用心数
NORM MIX VIDEO	1	NORM VIDEO・MIX VIDEO WX VIDEO・MIX DECDGLE A TRIG/SSR TRIG・ANGLE	1
MTI MIX VIDEO	1		
WX MIX VIDEO	1		
SSR DECD/ANGLE	1	ターゲットメッセージ TSR 制御監視・サイト信号	1
ターゲットメッセージ（送信）	1		
ターゲットメッセージ（受信）	1		
TSR 制御監視（送信）	1		
TSR 制御監視（受信）	1		
計	8	計	2

(c) 対空通信機器（A/G、RCAG）心数構成

Aケーブル、Bケーブル	
項　目	使用心数
監視・音声（送信）	1
監視・音声（受信）	1
計	2

注）ASR/SSR、TSR、対空通信機器（A/G、RCAG）装置の通信ケーブルは、各チャンネルに対応しているため「主」、「副」の関係にはない。よって、ケーブルの名称を「Aケーブル」、「Bケーブル」とする。

(d) ILS（ILS-91F）

LOC シェルタ（併設なし）		LOC シェルタ（T-DME 併設）	
項　　目	使用心数	項　　目	使用心数
制御監視送信（LOC）	2	制御監視送信（LOC・T-DME）	4
制御監視受信（LOC）	2	制御監視受信（LOC・T-DME）	4
識別符号信号送信	1	識別符号信号送信	1
フォルトモニタ信号（TX）受信	1	識別符号信号受信	1
フォルトモニタ信号（RX）受信	1	フォルトモニタ信号（TX）受信	1
高電圧監視信号受信	1	フォルトモニタ信号（RX）受信	1
		高電圧監視信号受信	1
計	8	計	13

GS シェルタ（併設なし）		GS シェルタ（T-DME 併設）	
項　　目	使用心数	項　　目	使用心数
制御監視送信（GS）	2	制御監視送信（GS・T-DME）	4
制御監視受信（GS）	2	制御監視受信（GS・T-DME）	4
高電圧監視信号受信	1	識別符号信号受信	1
		高電圧監視信号受信	1
計	5	計	10

(e) ILS（ILS-92B）

LOC シェルタ（併設なし）		LOC シェルタ（T-DME 併設）	
項　　目	使用心数	項　　目	使用心数
監視・制御・計測指令信号（LOC）	2	監視・制御・計測指令信号（LOC・T-DME）	4
TEL 系統（保守電話・ID・FFM 伝送）	1	TEL 系統（保守電話・ID・FFM 伝送）	2
計	3	計	6

GS シェルタ（併設なし）		GS シェルタ（T-DME 併設）	
項　　目	使用心数	項　　目	使用心数
監視・制御・計測指令信号（GS）	2	監視・制御・計測指令信号（GS・T-DME）	4
TEL 系統（保守電話・ID・FFM 伝送）	1	TEL 系統（保守電話・ID・FFM 伝送）	2
計	3	計	6

MM（IM）シェルタ	
項　　目	使用心数
監視・制御・計測指令信号（MM、IM）	2
TEL 系統（保守電話・ID・FFM 伝送）	1
計	3

(f) VOR/DME 心数構成

VOR のみ	
項　　目	使用心数
制御監視信号（VOR 送信） 計測指令信号（VOR 送信） 保守計測信号（VOR 送信）	2
制御監視信号（VOR 受信） 計測指令信号（VOR 受信） 保守計測信号（VOR 受信）	2
計	4

DME のみ	
項　　目	使用心数
制御監視信号（DME 送受信） 計測指令信号（DME 送受信） 保守計測信号（DME 送受信）	2
計	2

VOR/DME	
項　　目	使用心数
制御監視信号（VOR 送信） 計測指令信号（VOR 送信） 保守計測信号（VOR 送信）	2
制御監視信号（VOR 受信） 計測指令信号（VOR 受信） 保守計測信号（VOR 受信）	2
制御監視信号（DME） 計測指令信号（DME） 保守計測信号（DME）	2
計	6

(g) そ の 他

(イ) 必要に応じて、以下の心線を確保すること。

　　ネットワークカメラ用の心線（2C）

　　保守用電話機用の心線（2C）

　　機械施設データ（MAPS）用の心線（1C）

　　可搬型 LOC 用の心線（装置型式による）

(ロ) 各装置の心線に上記の必要となる心線等を加えた必要心数に対して2割を予備心数とすること。

　なお、小数点以下は切り上げとする。

　また、必要心数が5Cに満たないものは予備心数を一律2C確保すること。

(ハ) 各装置の必要心数は機器型式、サイト条件によって変わる恐れがあるため、工事要領書等を確認のうえ心数検討を行うこと。

(参考資料－1)

ケーブルの編成、種類、構造

表 資料-1.1　ケーブルの編成

型名	構造略図	説明	備考
層型	光ファイバ心線／テンションメンバ（FRP）／緩衝材／押え巻／PEシース	中心テンションメンバのまわりに、単心ファイバ心線を層撚りしたタイプで、12心程度まで製造できる。	
コード型	外皮／抗張力体／光ファイバ心線	中心テンションメンバのまわりに、単心ファイバコードを層撚りしたタイプで、12心程度まで製造できる。	
ユニット型		単心ファイバ心線を6心ごとにユニット化し、中心テンションメンバの周囲に配列した構造のもの。	
テープスロット型		複数本のファイバ心線を一括してテープ状に被覆（テープ心線）し、スペーサ溝に収納した構造のもの。	

表 資料-1.2　ケーブルの種類

型　名	構造略図	説　明
メタリック	テンションメンバ（鋼線）	ケーブルの中心のテンションメンバが鋼製でできたもの。
ノンメタリック	テンションメンバ（FRP）	一切メタルを使用せず、テンションメンバがFRP製のもの。

(ケーブルの種類)

表 資料-1.3　ケーブルの構造

型　名	構造略図	説　明
LAP系シース	外被（PE）／アルミラミネート／押さえ巻き／緩衝層／光ファイバ心線／テンションメンバ	LAP系シース：ケーブルの外被（ポリエチレン）の内側を、アルミでラミネートしたもの。
PE系シース	外被（PE）／押さえ巻き／緩衝層／光ファイバ心線／テンションメンバ	PE系シース：ケーブルの外被が、ポリエチレンのもの。
PVC系シース	外被（PVC）／押さえ巻き／緩衝層／光ファイバ心線／テンションメンバ	PVC系シース：ケーブルの外被が、塩化ビニルのもの。

(ケーブルの構造)

―――― Coffee Break ――――

電線表示マーク▽について

電線類に表示されていた▽マークの使用制限がなくなった。

（平成19年法律第116号、平成19年政令第371号 平成19年12月21日施行）

　電気用品取締法が電気用品安全法に改正されたときに、電気用品取締法に基づいて製作された電線類は、電線については、平成20年3月31日まで、配線器具類は平成23年3月31日までの使用が認められていたが、平成19年12月に法令の改正が行われ、電気用品取締法で製作された電線類は期限を切らずに販売及び使用が出来るようになった。

10. 航空無線鉄塔設計指針

　航空無線鉄塔は、その対象とする無線施設が要求する諸条件のほか、複雑多岐にわたる要件を満足するため、調査・検討及び設計は、専門的なものとなる。また、近年の社会的な要請からも品質管理・施工管理の必要性及び危機管理に係わる対応は、より重要となる傾向にある。これらのことから航空無線鉄塔の設置においては、その形状及び基本機能の均一化をはかるため、一貫された指針をもとに、設計を行うことが求められている。
　このような背景に対応すべく、航空無線鉄塔の設計を円滑かつ的確に行うことを目的に、本指針を策定した。
　適用範囲は、マイクロ波通信用鉄塔、レーダー用鉄塔、対空通信用鉄塔とする。

10.1　総　　則

10.1.1　一般事項

(1) 目　　的

> 航空無線工事において建設する無線用鉄塔の計画・設計にあたり、設置する空中線の目的・社会性（環境・美観）を考慮し、経済的かつ安全に実施するための事項を定める。

【解説】
(1) 無線用鉄塔は、航行援助に関する無線施設を構成する重要なものであり、高い信頼性が要求される。
(2) 無線用鉄塔の計画・設計は、その条件が設置する空中線の目的により異なるため、以下の事項を考慮して進めなければならない。
　(a) 空中線の形状・特性
　(b) 空中線の設置位置及び設置基数
　(c) 電波伝搬に必要な高さ
　(d) 避雷針等（受電部）の設置
　(e) 台風、地震等の短期的な荷重に対するねじれ、曲げ、たわみ等が空中線機能に与える影響
　(f) 空中線取り付け、調整、保守等の鉄塔上における作業性及び安全性
　(g) 周辺環境に対する影響
　(h) 通信施設を総合した費用
(3) 適用法令等
　(a) 建築基準法（平成23年8月改正）
　(b) 航空法（平成21年6月改正）
　(c) 電波法（平成23年6月改正）
　(d) 労働安全衛生法（平成23年6月改正）
　(e) 鋼構造設計規準（日本建築学会、平成17年）
　(f) 建築基礎構造設計指針（日本建築学会、平成13年）
　(g) 鉄筋コンクリート構造計算規準・同解説（日本建築学会、平成22年）
　(h) 塔状鋼構造設計指針・同解説（日本建築学会、昭和55年）
　(i) 建築物荷重指針・同解説（日本建築学会、平成16年）
　(j) 鋼構造接合部設計指針（日本建築学会、平成18年）
　(k) 鋼管トラス構造設計施工指針・同解説（日本建築学会、平成14年）
　(l) 鋼管構造設計施工指針・同解説（日本建築学会、平成2年）

(m)　建築工事標準仕様書JASS6鉄骨工事（日本建築学会、平成19年）
(n)　通信鉄塔設計要領・同解説、通信鉄塔・局舎耐震診断基準（案）・同解説（平成18年度版）
　　（(社)建設電気技術協会、(財)日本建築防災協会）
(o)　その他関連基準及び規格

10.1.2　設計の手順
(1)　設計の手順

> 無線用鉄塔の設計は、その鉄塔の設置目的、設置場所の条件、設置後の保守・管理等を考慮して、合理的な手順に従って効率的に実施するものとする。

【解説】
(1)　無線用鉄塔の形状、構造、寸法等は、無線施設が要求する要件を満足するほか、以下に記した種々の条件を考慮して設計しなければならない。
(2)　無線用鉄塔の設計手順は図10.1.1設計フローチャートに示すとおりであるが、各作業は並行または前後して進められることがある。
(3)　図10.1.1において、無線施設の要件を設定し、無線用鉄塔計画を決定した後であっても、設置場所の条件調査の結果、鉄塔建設が不可能または大幅な変更を余儀なくされることがある。

第2編　各論

```
┌─────────────────────────┐
│ 無線施設要件の設定       │
│  ・設置場所[注)1]         │
│  ・空中線の種類と基数     │
│  ・空中線の高さ           │
│  ・給電線の種類と条数     │
└─────────────────────────┘
            │
            ▼
┌─────────────────────────┐
│ 設置場所の予備調査       │
└─────────────────────────┘
            │
            ▼
┌─────────────────────────┐
│ 無線用鉄塔の計画決定     │
│  ・設置位置[注)1]         │
│  ・高さ                   │
│  ・概略形状[注)2]         │
└─────────────────────────┘
            │
            ▼
        ◇ 無線施設要件を満たす ◇
     NO ─┘             └─ YES
            │
            ▼
┌─────────────────────────┐
│ 条件調査                 │
│  ・自然条件（台風、地震、積雪等）│
│  ・社会条件（日影、電波の干渉・遮蔽妨害等）│
│  ・地盤条件               │
│  ・維持管理条件           │
└─────────────────────────┘
            │
            ▼
     ◇ 調査結果及び鉄塔計画に適する ◇
  NO ─┘             └─ YES
            │
            ▼
┌─────────────────────────┐
│ 無線用鉄塔設計条件の設定 │
│  ・鉄塔の形状[注)3]       │
│  ・設計荷重（風荷重、地震力、その他）│
│  ・変形制限               │
│  ・付属構造物の有無       │
│  ・付帯設備の有無         │
│  ・防食法                 │
│  ・基礎の種類             │
└─────────────────────────┘
            │
            ▼
```

（右側：基本設計／実施設計（鉄塔））

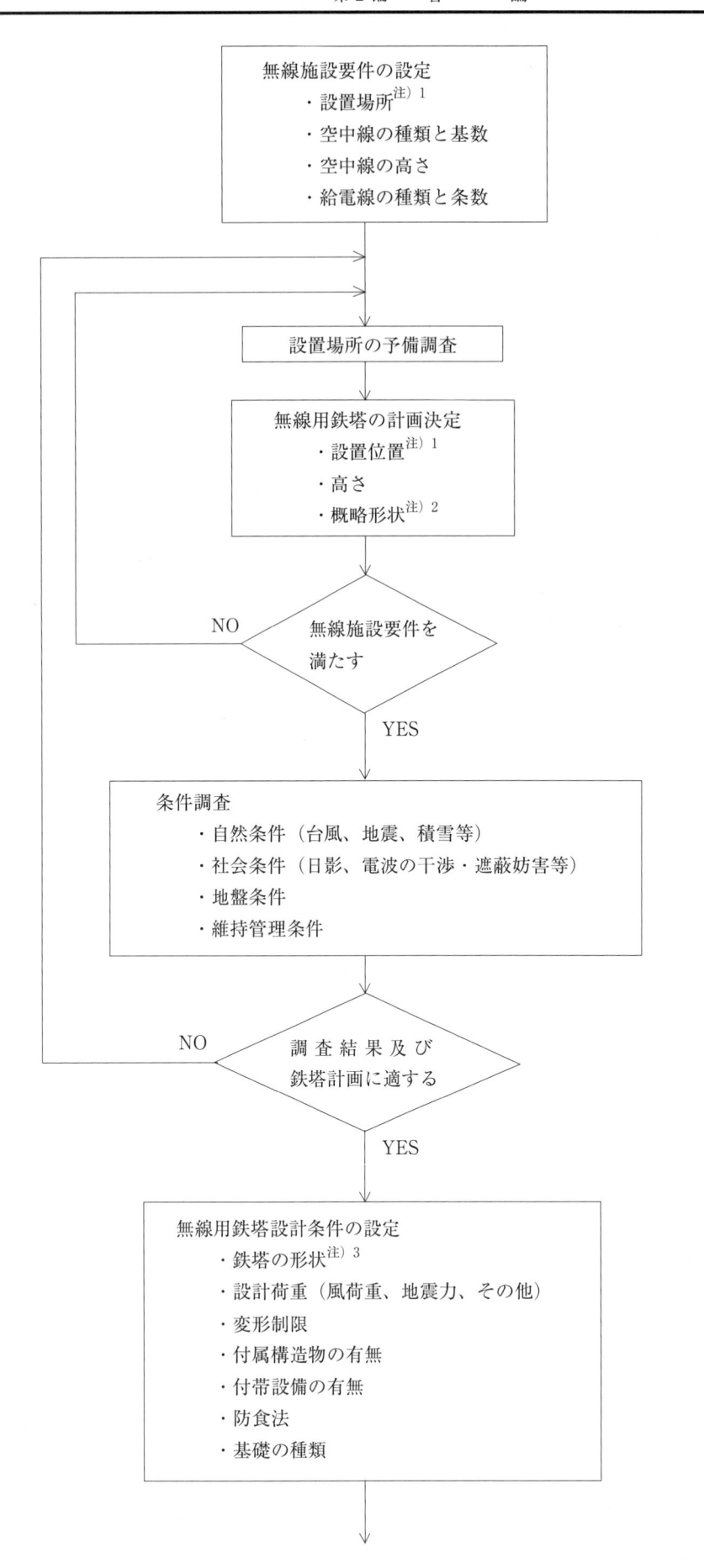

図10.1.1　設計フローチャート（1/2）

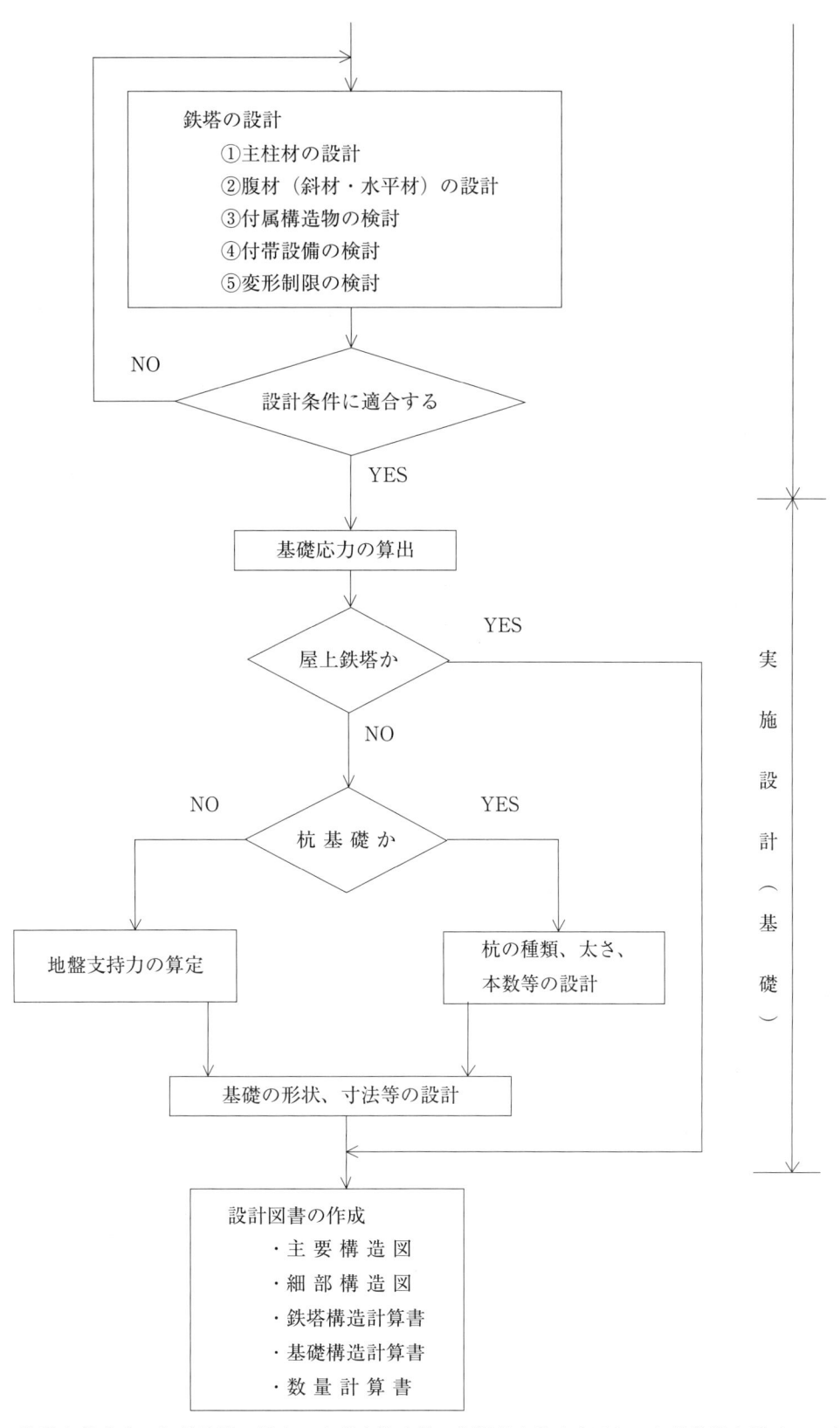

```
                    ┌─────────────────────────┐
                    │   鉄塔の設計            │
                    │    ①主柱材の設計        │
                    │    ②腹材（斜材・水平材）の設計│
                    │    ③付属構造物の検討    │
                    │    ④付帯設備の検討      │
                    │    ⑤変形制限の検討      │
                    └─────────────────────────┘
                              ↓
              NO    ／設計条件に適合する＼
         ←────────＜                     ＞
                    ＼                   ／
                              ↓ YES
                    ┌─────────────────┐
                    │  基礎応力の算出 │
                    └─────────────────┘
                              ↓        YES
                        ／屋上鉄塔か＼ ────→
                        ＼         ／
                              ↓ NO
                  NO                YES
            ←── ／杭 基 礎 か＼ ──→
                  ＼         ／
            ↓                       ↓
    ┌──────────────┐       ┌──────────────┐
    │地盤支持力の算定│     │杭の種類、太さ、│
    │              │       │本数等の設計    │
    └──────────────┘       └──────────────┘
            ↓                       ↓
         ┌────────────────────────────┐
         │  基礎の形状、寸法等の設計  │
         └────────────────────────────┘
                        ↓
         ┌────────────────────────────┐
         │   設計図書の作成           │
         │    ・主 要 構 造 図        │
         │    ・細 部 構 造 図        │
         │    ・鉄 塔 構 造 計 算 書  │
         │    ・基 礎 構 造 計 算 書  │
         │    ・数 量 計 算 書        │
         └────────────────────────────┘
```

(右側に縦書き：実施設計（基礎））

注）1．無線用鉄塔の建設を策定する無線施設の場合、まず空港内等の概括的な地点を示して無線施設を設けることとして無線施設の要件を設定する。次に鉄塔を計画する際には、建設可能な敷地または建物を想定して具体的にその位置を限定するのが普通である。この指針では前者を「設置場所」、後者を「設置位置」と呼ぶことにする。
2．鉄塔の計画は、高さのみでなく、頂部の形状、塔体の主要構造、根開き等を定める必要がある。
3．鉄塔の形状を設定する際には、主要寸法を定め、主体となる部分の使用材料を定めることが望ましい。

図10.1.2　設計フローチャート（2/2）

10.2 調査

10.2.1 調査概要
(1) 予備調査

> 無線用鉄塔を計画するにあたり、次の事項等について事前に調査しなければならない。
> (1) 電波的見通し
> (2) 付近の地勢、地形、地物
> (3) テレビジョン放送電波、対地静止通信衛星ほか既設通信施設に対する妨害の有無
> (4) 法令等指定地域の有無

【解説】
(1) 鉄塔計画決定のために設置予定地点の予備調査を行い、鉄塔建設の制約条件を把握しておくことが望ましい（参照：10.2.2(2)制約条件）。
(2) マイクロ波回線に供される無線用鉄塔の設置場所の決定にあたっては、電波伝搬試験や見通し確認（ミラーテスト等）を行い、設置場所の範囲内で鉄塔建設に適した建設位置が選定できる場所とする。
(3) 市街地においては、近傍反射の原因となる建築物・工作物の有無、各種の地下埋設物、付近の架空電線路との離隔距離・遮蔽及び反射のおそれのある高層建築物の計画、また、山岳地においては、地盤崩壊や雪崩の危険性、樹木の成長等の調査のほか、隣接する既設無線通信施設との相互干渉、建設のための資機材の搬入路と仮置き場、岩盤や地下水の有無、さらに鉄塔を設置した場合の自然景観や人工景観との調和等、関連する事項について調査するものとする。
(4) 遮蔽率の大きな鉄塔についてはテレビジョン放送電波に対する妨害を考慮する。
(5) 空中線（主にマイクロ波回線に供されるもの、周波数：6.5GHz帯/7.5GHz帯及び12GHz帯）の方向については、対地静止通信衛星軌道との角度からの離隔についても考慮する。
(6) 設置位置が次に掲げる法令によって指定された地域に含まれる場合は、現状の変更、工作物の新設または増設が規制されることがあるので、事前に指定の有無、制限される行為の範囲を把握しておく必要がある。
  (a) 自然公園法（平成23年8月改正）第5条に規定する地域
  (b) 自然環境保全法（平成23年8月改正）第14条に規定する地域
  (c) 文化財保護法（平成23年5月改正）第27条に規定する地域
  (d) 航空法（平成21年6月改正）第49条に規定する地域
  (e) 首都圏近郊緑地保全法（平成23年8月改正）第3条に規定する地域
  (f) 森林法（平成23年6月改正）第25条に規定する地域
  (g) 景観法（平成23年8月改正）
  (h) その他

(2) 条件調査

> 無線用鉄塔の設計に着手する前に設置位置周辺の自然条件、社会条件、地盤条件、保守・管理条件を調査しなければならない。

【解説】
(1) 無線用鉄塔は、暴風雨、地震、積雪等の荷重に対しても十分な強度と耐力を有しなければならない。
このため、周辺の気象官署等の観測データから既往最大の風速や積雪量を調査し、適切な風荷重及び積雪の沈降力や氷雪付着による受風面積の増加を想定するほか、氷雪の付着しにくい形状や部材を使用する等の配慮も必要で

ある。
(2) 建築基準法第56条の2に定める日影障害を考慮し、周辺の土地利用の状況と鉄塔形状との関係を把握しておくことが望ましい。
(3) 落雪防止等が地方条例により定められている場合があるため、鉄塔建設予定地に係わる地方条例等の調査が必要となる。
(4) 無線用鉄塔の建設に伴って発生するテレビジョン電波受信障害については、適正な補償を行うための調査及び改善対策等を実施しなければならない。
  (a) 事 前 対 策
    障害予測に基づき工事の施工前に行う電波受信障害対策には次のものがある。
    (イ) 机 上 検 討
      工事の施工に関連して電波受信障害の発生が予想される場合、障害の種類、範囲、工事の施工前と施工後の改善対策に望む姿勢及び調査の可否等を図面、資料等に基づき検討する。
    (ロ) 現 地 調 査
      工事の施工に伴い、懸念される電波受信障害の種類と範囲を的確に予測するため、地域の地勢及び建造物等周囲の環境条件を、施工前に調査する。
    (ハ) 現 地 測 定
      電波受信障害が予想される地域で、主要な地点の電界強度、画質、ハイトパターン等テレビジョン電波の現状を的確に把握するために必要な項目について測定・調査する。
  (b) 事 後 対 策
    障害発生後、事後調査に基づき、工事の施工中または完了後に電波受信障害対策を行う。
(5) 対地静止通信衛星との干渉妨害を防ぐため、衛星軌道との角度について無線局免許等審査基準（総務省通達）をもとに検討する。
  (a) 6.5GHz帯の周波数において送信空中線の最大幅射方向と対地静止通信衛星軌道との離角が2°以内の場合には、実効幅射電力が35dBW以下であること（与干渉）。
  (b) 7.5GHz帯の周波数帯においては静止衛星軌道方向と受信空中線の指向方向との離角が3°以上確保できるものであること（被干渉）。
    また、12GHz帯を使用する場合には、電気通信事業者が設置する地球局及びCATV業者等が設置する受信設備（いずれもKuバンド）に混信を与える可能性があるため、あらかじめ調査する必要がある。
(6) 上記(4)、(5)項のほか、既設の近隣通信施設との相互間に対する、電波伝搬上の電気的及び物理的障害についての調査を実施する。
(7) 鉄塔基準構造を設計するため必要な地耐力のデータを、周辺の地層調査資料または独自の地質調査（ボーリング調査）により収集する必要がある。
(8) 周辺の大気環境、たとえば塩分粒子、窒素酸化物（NO_x）、硫黄酸化物（SO_x）等の腐食性ガスに対する維持・保安対策及び市街地におけるペイント公害や粒じん公害も問題となるため、これらの状況も十分に考慮しておかなければならない。
(9) 避雷用・塔体用接地のため、建設予定地の接地抵抗値と接地工法の調査を行い、必要に応じて実測を行う。
(10) 電磁波による人体への影響を防止するため、無線用鉄塔（主にマイクロ波帯放射用）建設予定地の周辺状況を調査し、電波放射による危険領域に人の出入りがないことを確認する必要がある（参照：「電波法施行規則第21条の3、別表第2号の3の2（平成10年10月1日公布、平成11年10月1日施行）」及び「電波防護指針」電気通信技術審議会答申、諮問第38号「電波利用における人体の防護指針」平成2年6月、「電波利用における人体防護の在り方」電気通信技術審議会答申、諮問第89号　平成9年4月）。

10.2.2 調査項目
(1) 自然条件

> 無線用鉄塔建設予定地及び地域における自然条件のデータ等を調査し、設計に反映させなければならない。主なものを次に挙げる。
> (1) 風　(2) 地震　(3) 積雪　(4) 地盤　(5) その他

【解説】

無線用鉄塔は、台風をはじめ災害時にあっても健全でなければならず、風はもちろん他の自然条件においても十分考慮しなければならない。このため設計条件を設定するにあたり、無線用鉄塔建設予定地の地勢や気象条件等の自然条件を調査しなければならない。

自然条件の調査は「理科年表」（国立天文台編）、各気象官署の資料等を活用する。また既往データのみでは不十分なときは実測が必要となる場合もある。

(1) 風

風は空中線及び鉄塔自体に風荷重として作用し、機械的設計の重要な要素となる。わが国各地の最大風速の大部分は台風時に記録されているが、北海道や日本海沿岸では冬季の季節風によるものが多い。

風速は一般に地上から高くなるほど大きくなり、また周辺の地勢等により変化する。

実際の設計において、調査した風速は直接ファクターとしては用いず、設計用風速を地域及び鉄塔形状等から求めて取り入れる。

(2) 地震

地震による荷重は、鉄塔の自重及び積載物の重量により決まり、またその影響は鉄塔の高さが高いほど大きくなる。一般に、鉄塔に加わる外力としては、重量が大きい場合は地震による荷重が大きく、重量が小さい場合は風による荷重が支配的となる。気象庁の資料によると、わが国の地震分布は北海道、東北及び関東地方の太平洋岸に多く見受けられる。

(3) 積雪

積雪に対しては、積雪の沈降力により鉄塔部材が下方に押し曲げられないよう考慮する。特に鉄塔脚部には水平材や自由長の大きな斜材の使用を避け、雪の圧力に対し抵抗が少なくなるような構造にする。また、鉄塔建設位置として雪の吹き溜まるような場所は避けるようにする。

(4) 地盤

無線用鉄塔の支持地盤としては、原則として良質な固い地層に支持させる必要がある。

支持地盤は、鉄塔に加わる外力による、引張力や圧縮力に対し十分耐えられるものでなければならない。このため、地盤の強度を知る上で必要となる地層の深さ、成層状態、硬さ並びに層厚等について地質調査（ボーリング調査）をし、地耐力測定・調査データ収集をする必要がある。また砂質地層については地表面からの深さ、粒径、地下水位及び締まり方など液状化の可能性を調査しなければならない。

(5) その他

山岳地では鉄塔強度への影響から風・雪及び接地に対する考慮は特に重要であり、また平地・都市部では電波伝搬路の確保から高層建築物に対して将来予定も含めて考慮する必要がある。

海岸に近い所では塩害に対する配慮及び砂丘に近い所では風による砂の吹付けに対して配慮する必要がある。

(2) 制約条件

> 無線用鉄塔を建設するにあたり、制約されるものはないか調査しなければならない。

【解説】

(1) 敷　地

敷地としては、鉄塔自体が占有する敷地のほか、工事上の用地が必要である。すなわち基礎及び床掘りの外側までの寸法、矢板工法による場合の矢板作業幅等の施工スペース、資材置き場、搬入路等について検討しておく必要がある。

(2) 屋上設置

無線用鉄塔を建家屋上に設置する場合は、建築物の設計条件に鉄塔の条件を入れて設計する。この場合、風荷重、地震荷重及び鉄塔自重による垂直荷重等を、建築物の構造、基礎に含めて設計するのはもちろんのこと、鉄塔脚部の取付け方法、柱、はりの位置・間隔等についても加味して設計しなければならない。

また、既設の建築物を使用するときは、当該建築物固有の条件によって制約される。

(3) 高さ（航空法第49条）

空港周辺に建設される無線用鉄塔は、一切の構造物（避雷針を含む）が航空法第49条の進入表面、転移表面及び水平表面を超えないように設計しなければならない。

(4) 高さ（電波法第102条）

電波法では、890MHz以上の周波数による重要無線通信の電波伝搬路における伝搬障害を防止し、重要伝搬路の保護をしている。このため、無線用鉄塔を建設する場合の高さについては、他伝搬路の障害防止または自伝搬路の保護のどちらの観点からも、電波法第102条及び関係規則等により制限される。

(5) その他

無線用鉄塔の設置場所については、10.2.1(1)予備調査の法令等で制約されるもののほか、市町村条例の緑地保全、文化財保護、景観法等で制約されることがある。

以上の法令、条例で制約される所は避けるべきであるが、設置目的上避けられないときは届け出、協議等の手続きを経て設置計画を立てるものとする。

10.3　設計条件

10.3.1　無線用鉄塔の建設計画

(1) 設置位置

> 無線用鉄塔の設置位置は、電波的見通し及び運用上必要とする通達範囲が確保できる位置とする。

【解説】

(1) 無線用鉄塔の設置位置は、電波的見通しがあり物理的に占有できる空間が確保できることのほか、給電線（導波管を含む）損失を少なくするため、可能な限り無線機器室に近い位置を選定するものとする。

ただし、土地の有効利用をはかる上で屋上鉄塔とするときは、建物の建築計画の時点で鉄塔計画を立案しておくことが必要である。

(2) 無線用鉄塔の設置位置の選定にあたっては以下の事項に留意する必要がある。

　(a) マイクロ波通信用鉄塔

　　　パラボラアンテナの指向方向に、近傍障害物除去エリア（図10.3.1）を設ける必要がある。

　(b) レーダー用鉄塔：「航空無線施設整備ハンドブック（技術編）」を参考とする。

　(c) 対空通信用鉄塔：「航空無線施設整備ハンドブック（技術編）」を参考とする。

第2編　各　論

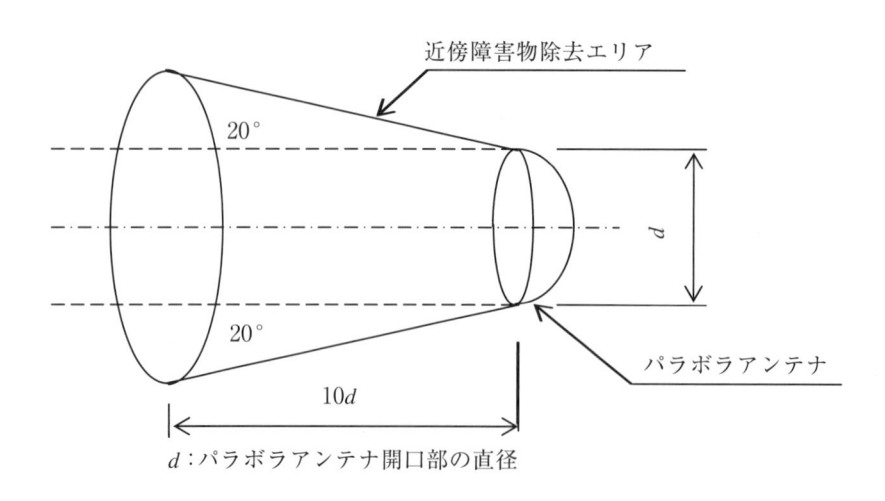

図10.3.1　近傍障害物除去エリア

（2）概略形状及び鉄塔高

> 予備調査の資料を取り入れ、無線施設要件を満足する鉄塔高さ及び概略形状を決めなければならない。

【解説】
(1) 無線用鉄塔の高さは、電波的見通し、設置位置の標高及び屋上鉄塔の場合は建築物の高さにより決定される。
　　鉄塔建設費用は高さによって大きく変動するため、設置予定位置は1カ所に限定することなく、予備調査の資料から、施工に要する費用を含めた経済性について、総合的に判断するものとする。
(2) 鉄塔高さと搭載する空中線の種類・基数から、鋼構造物としての概略の規模が把握できるが、さらに根開き寸法、基礎構造、周辺の自然景観及び人工景観と調和した鉄塔の形状、そのほか空中線取り付け部分の形状等を定めるものとする。
(3) 塔体の平面形は単純な形状とし、原則として部材を対称に配置した正方形とする。また、各節が急激に変形している場合及び根開きが極端に小さい場合は、局部的な変形を生じる原因となるため、塔体の上下方向にもバランスのとれた形状が望ましい。

10.3.2　空　中　線

(1) 空中線の確定

> 無線用鉄塔に搭載する空中線の種類、大きさ、基数は無線施設の将来計画も含めて確定しておくものとする。

【解説】
　無線用鉄塔の強度は、鉄塔及び搭載する空中線の風荷重及び地震荷重によって左右される。このため、空中線の種類、大きさ、取り付け高、取り付け方向等を確定しておかなければならない。この場合、将来計画分についても考慮しておかなければ、空中線を増設する場合、鉄塔の強度不足が生じるおそれがある。

(2) 空中線の取り付け位置

> 空中線の取り付け位置は電波伝搬上の最適な位置とする。

【解説】
(1) マイクロ波通信用空中線
　　マイクロ波通信用空中線は、完全見通しができる高さに取り付けるものとする。空中線がほぼ同一方向に2面以

上取り付けられる場合で、その相互間にある程度以上の離隔がないときには、高低差をつけて取り付ける必要がある。

離隔及び高低差には法的基準はないが、一般的に空中線外縁から外縁または他の構造物までの離隔は1mとされている。この位置関係の例を図10.3.2に示す。

また、SD（スペースダイバシティ）空中線の離隔は、電波伝搬から回線設計により決定される。一般には、離隔が大きいほどSD空中線としては有利となり、通常は5m以上とされている。

取り付け高については、見通しの上で高い方が有利ではあるが、給電線長が長くなるため鉄塔建設及び導波管ふ設等の施設費がかさみ、給電損失も増加するため、必要以上に高くすることは得策ではない。

(2) VHF及びUHF対空通信用空中線

対空通信用のダイポールアンテナは、その性格上、複数基設置されるのが普通である。このため、空中線の配置にあたっては以下の条件を満足する必要がある。

(a) 空中線の相互間の離隔は使用周波数の1波長以上とし、以下の離隔を標準とする。

　　VHF相互間　　　　　　　　　　　3.0m以上

　　UHF相互間またはVHFとUHFの間　2.0m以上

(b) 上記の水平離隔を確保できないときは、上下方向に1/2波長以上離す。

また、(a)及び(b)を遵守しつつ、さらに下記の条件を考慮する必要がある。

(c) 通達距離の一様性を重視する空中線は、他の空中線より高く設置する。

(d) すべての空中線が一様性を重視する場合は、高さを同じにする。

参考：上記(a)～(d)は「対空通信空中線配列基準の研究」（電子航法研究所、昭和53年）による。

(e) 避雷針の設置に当たっては、空中線から1.5m以上の離隔距離をとること（参考資料-1による）。

TX空中線鉄塔受電部配置参考図例（加世田）を図10.3.3～10.3.4に示す。

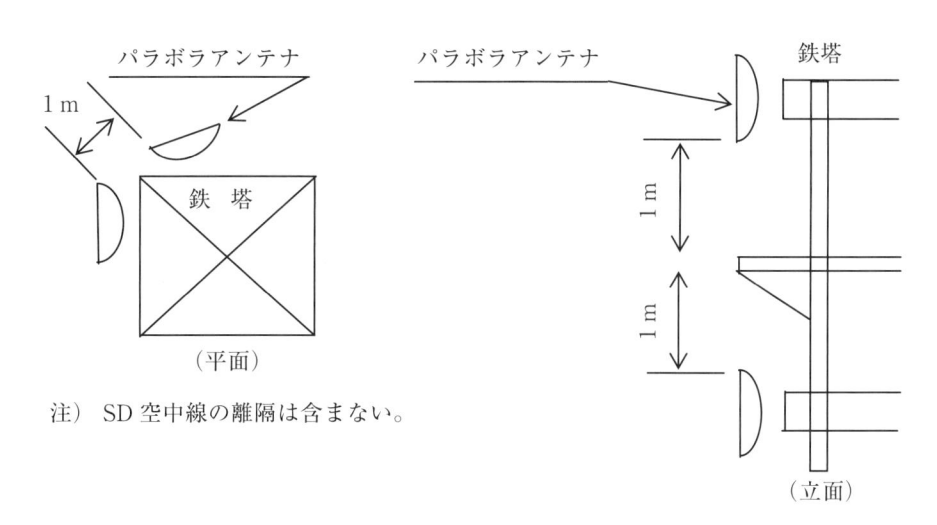

図10.3.2　マイクロ波通信用空中線の隔離

（参考資料－1）

アンテナ近傍に金属棒を置いた影響について

1. 目　的
アンテナに金属を近づけた場合の影響をシミュレーションして実際の動作と比較する。

2. 計算条件
図1のような自由空間にアンテナ D と金属棒 K を置いたときのアンテナの VSWR を計算した。

計算結果は図2のようになる。

※ここで、アンテナは127MHz で最良となるように素子、間隔を調整する。

※アンテナは中央で強制給電するダイポールとする。

〈計算条件〉
D：アンテナ：径 ϕ140　全長1100mm
K：金属棒　：径 ϕ17　全長1400mm
L：距離　　：250～2000mm（250mm ピッチ）

3. 計算結果について
このように約250mm 程度で反射が大きくなり、その後500～600mm 程度で小さくなり、1500mm 以上で VSWR の変化が小さくなっている。

4. 実験との比較について
実験とはアンテナ周囲状況、アンテナ取り付け状態等が異なるため同じ結果にならなかったと推定される。しかし、傾向としては近距離の場合に劣化、途中で良好となり、1500mm 以上で安定になるという動きは同様になっていると思われる。

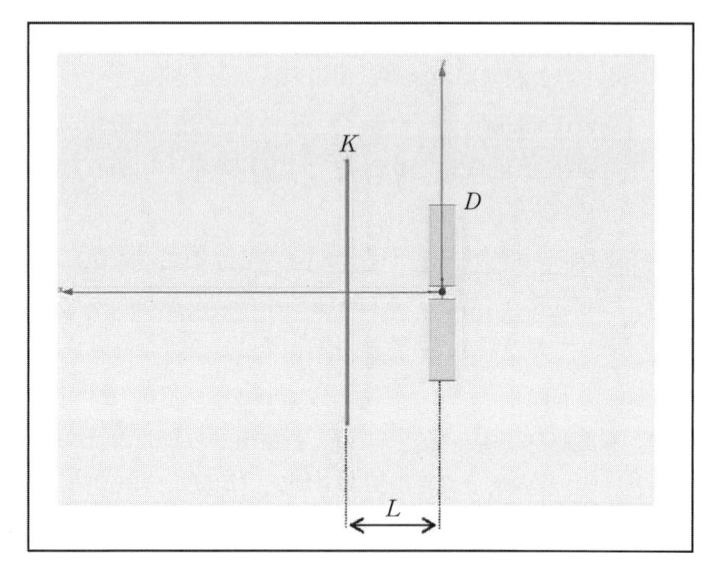

図 資料-1.1　アンテナと金属棒

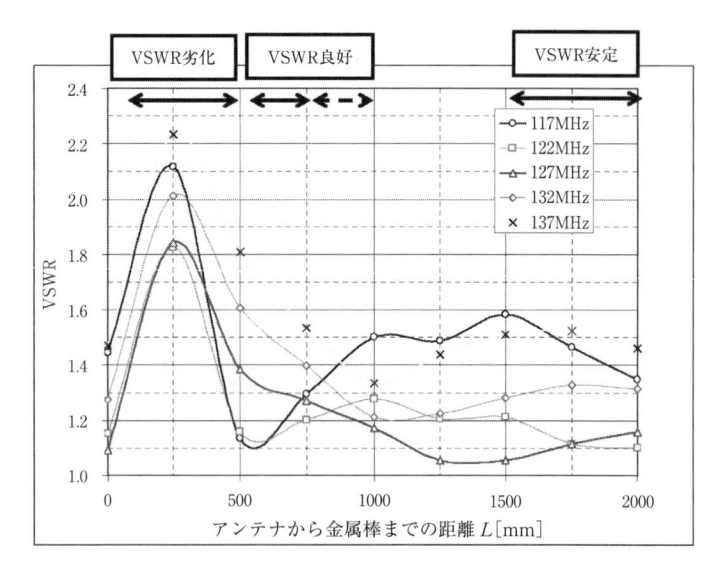

図 資料-1.2　アンテナから金属棒までの距離：L 変化に対する VSWR 特性

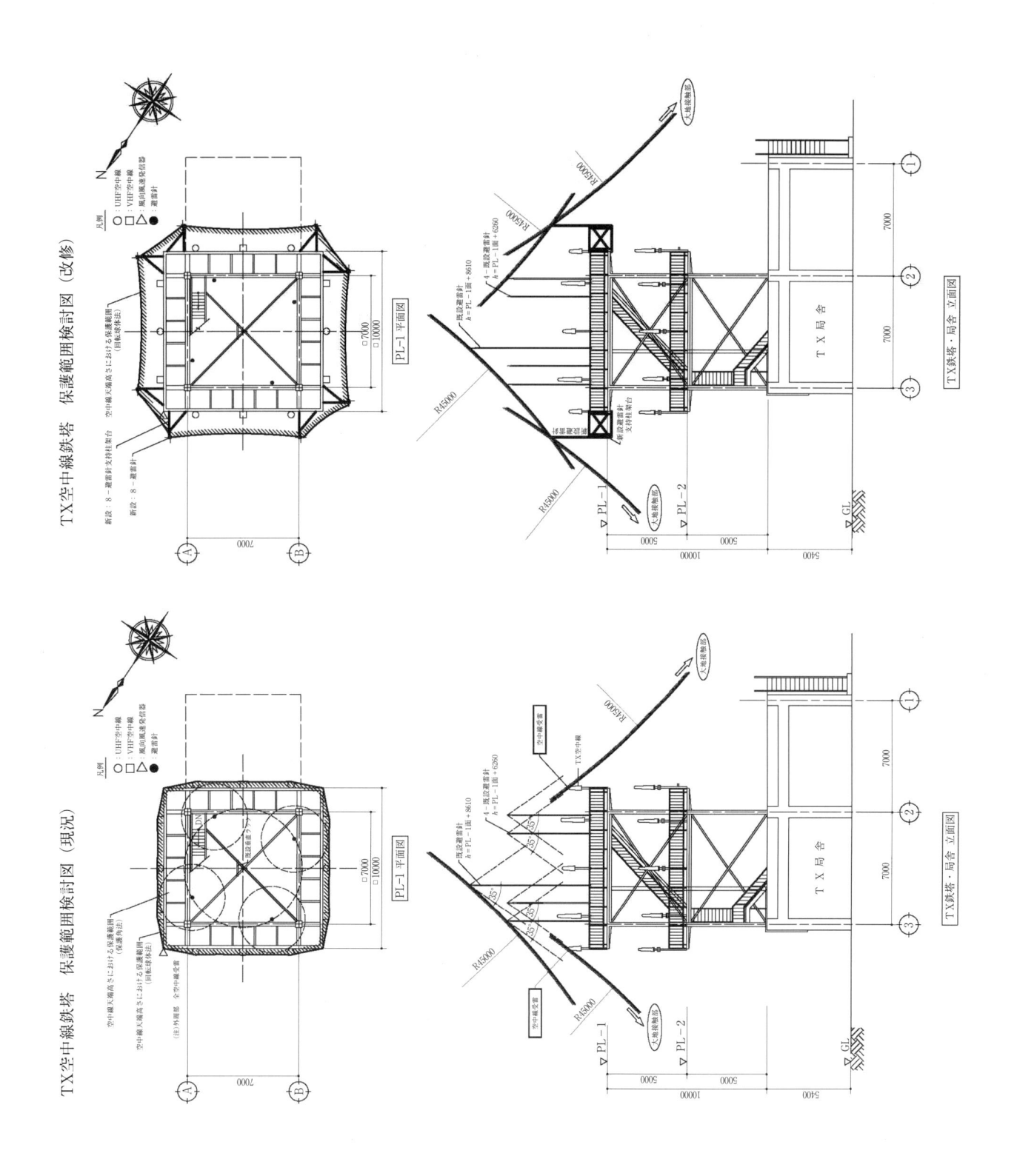

図10.3.3　TX空中線鉄塔受電部配置図例（加世田）①

2-10-12

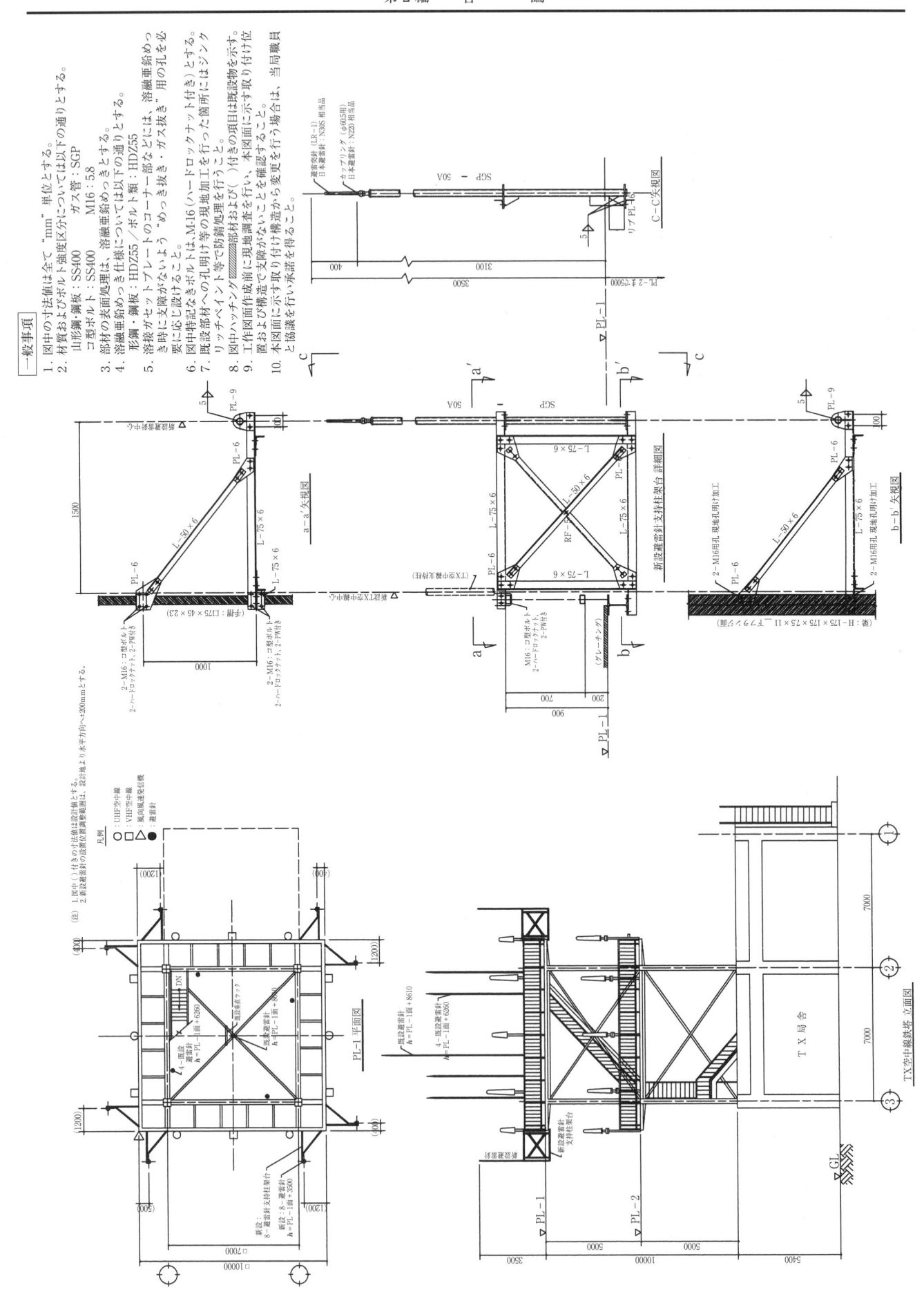

図10.3.4　TX空中線鉄塔受電部配置図例（加世田）②

10.3.3 付属構造物

(1) 付属構造物の種類

鉄塔に取り付ける付属構造物には次のものがある。

(1) プラットホーム
(2) 空中線支柱（架台）
(3) ケーブルラック
(4) 階段及び踊り場
(5) その他

【解説】

(1) プラットホーム、階段及び踊り場等の高所作業に対する安全施設は、小型鉄塔、その他特殊なものを除き原則として設置するものとする。

　(a) プラットホーム

　　高所作業の安全確保、または空中線の設置スペースとしてプラットホームを取り付ける。高所作業の安全確保については、床板に縞鋼板、グレーチング、エキスパンドメタルまたは平鋼板を並べて使用する等の方法がある。本指針では、工具等の落下防止及び足下の目隠しを考え、縞鋼板の使用を標準とする。ただし、多雪地帯における積雪荷重やプラットホーム面が広いため風の吹上げによる風荷重等が、鉄塔強度に与える影響が大きいときはグレーチングを使用する。また、転落防止のため、プラットホームの周囲及び開口部周囲には高さ1.2mの手摺を取り付ける。

　　空中線の設置スペース（空中線をプラットホームに設置する場合）としては、空中線架台や空中線支柱のベース部分を支持できる構造及び強度を満足しなければならない。

　(b) 空中線支柱（架台）

　　空中線を取り付けるため、プラットホーム面または鉄塔側面に取り付け部材を設ける。

　　(イ) 空中線支柱

　　　空中線支柱は、対空通信用のダイポールアンテナ等を設置するため、プラットホーム面に取り付けられる。最近は、鋼管に空中線取り付けフランジ及びベースプレートを取り付け、プラットホーム面に自立させたものが多く設置されている。設計にあたっては、支柱にかかる風荷重及び振動による倒壊を防ぐため、部材強度や補強材の要否を十分検討する必要がある。

　　(ロ) リング

　　　リングは、パラボラアンテナ等の設置のため、塔体を取り巻くように鋼材を円形に取り付けたもので、空中線方向の調整及び将来増設が容易になる。また、空中線荷重を各主柱材に分担することができる。

　　(ハ) 支持枠

　　　パラボラアンテナの取り付けには支持枠を使用する。支持枠を用いることにより、空中線の取り付け、方向調整を容易に打つことができる。

　(c) ケーブルラック

　　送・受信機と空中線を結ぶ導波管、同軸ケーブル等の固定にケーブルラックを用いる。ケーブルラックは給電線の条数によって最大幅が決められるが一般には300〜500mmがよく用いられる。また、給電線の条数が多く、広いケーブルラック幅が必要な場合は、鉄塔部材から離して取り付け、両面を使うことにより必要なケーブルラック幅を確保することができる。

　(d) 階段及び踊り場

　　本指針による無線用鉄塔は、保守作業のために測定機器や工具を持参し昇塔することを考慮し、階段及び踊り場を設置する。特にマイクロ波通信用鉄塔は、階段の傾斜角度が急であるため転落防止用レールを取り付ける。

また、階段踏み板にすべり止めを施す。
(2) 無線用鉄塔の付属構造物は、表10.3.1を標準とする。

表10.3.1　無線用鉄塔の付属構造物の標準

付属構造物 鉄塔種類	プラットホーム 手摺高	階段				
		傾斜角度	有効幅	手摺高	蹴上げ	踏み幅
マイクロ波通信用鉄塔	1.2m	60°	500mm	0.9m 以上	220mm 以下	175mm 以上
レーダー用鉄塔	1.2m	45°	800mm	0.9m 以上	220mm 以下	210mm 以上
対空通信用鉄塔	1.2m	45°	800mm	0.9m 以上	220mm 以下	210mm 以上
根拠					建築基準法施行令第23条～25条	

注）1．階段の手摺高はささら桁に垂直とする。手摺高は中さんを入れる。
　　2．階段踊り場の手摺高はプラットホームの手摺高と同様とする。
　　3．階段、手摺等関連では、建築基準法施行令第23条～25条、126条、労働安全衛生法規則552条（手摺高は0.9m）、消防法施行規則第27条、建築工事標準詳細図（公共建築協会）、航空無線空中線鉄塔設計マニュアル等多数の基準・規定があるので、その設計方針毎に詳細を検討すべきである。

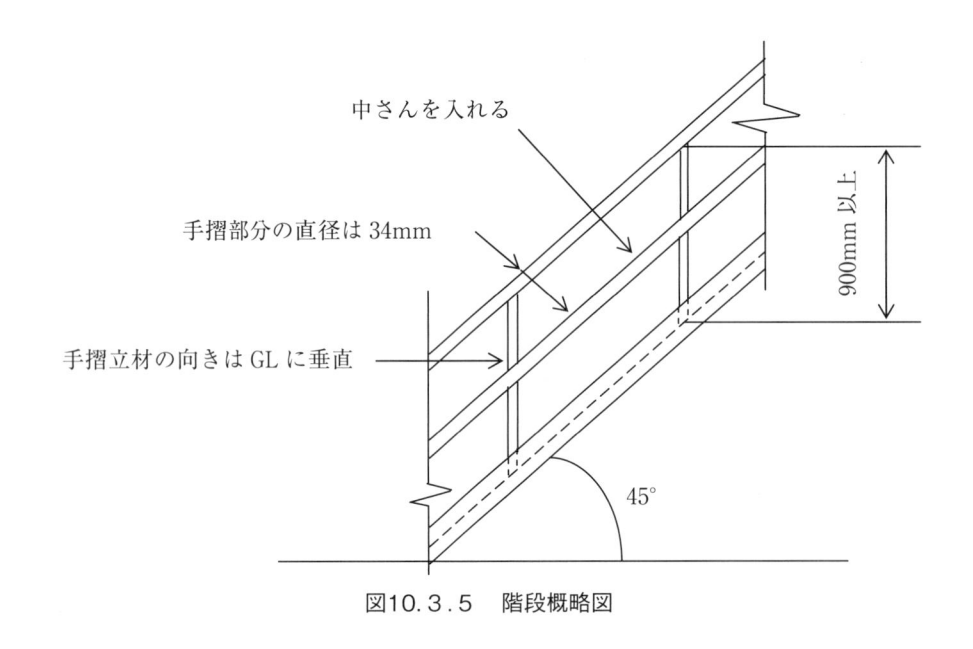

図10.3.5　階段概略図

10.3.4　付帯設備の種類
(1) 付帯設備の種類

> 鉄塔に付帯する設備には次のものがある。
> (1) 避雷設備
> (2) 航空障害灯及び昼間障害標識の塗装
> (3) 作業用電源
> (4) インターホン端子
> (5) 照明設備
> (6) 防護設備
> (7) 銘板

【解説】
(1) 避雷設備

　無線用鉄塔では、通信用機器の保護または人畜への危害防止のため各施設毎に指定された雷害対策保護レベルに合わせた避雷針、接地極等の避雷設備が必要である。

(2) 航空障害灯及び昼間障害標識の塗装

　地表から60m以上（避雷突針先端まで含む）の高さまたは空港制限表面の投影面内の無線用鉄塔には、航空法第51条及び第51条の2により、航空障害灯及び昼間障害標識の塗装を施さなければならない（参照：10.6.1(2)昼間障害標識の塗装）。

(3) 作業用電源

　必要な箇所には、防水処置を施した作業用電源を設けることが望ましい。

(4) インターホン端子

　必要な箇所には、鉄塔から機器室等間の連絡用に、インターホン端子を設置することが望ましい。

(5) 照明設備

　必要な箇所には階段照明、プラットホーム作業用照明を設置することが望ましい。

(6) 防護設備

　無線用鉄塔の防護及び給電線保護のため、必要な箇所には防護フェンス及びケーブルダクトを設置する。また、鉄塔の階段昇塔口には施錠付きの扉を設ける。特にレーダー鉄塔のプラットホームへの昇塔口には、レーダー空中線の回転及び電波放射の停止を行う、セーフティースイッチと連動した扉を設置する。

10.4　設　　計

10.4.1　鉄塔の形状

(1) 形　　状

無線用鉄塔は、次の種類のものがある。
(1) 設置位置により：地上鉄塔・屋上鉄塔
(2) 使用材料により：山形鋼鉄塔・鋼管鉄塔・H形鋼鉄塔
(3) 構造により：トラス構造鉄塔・ラーメン構造鉄塔、シリンダー鉄塔
(4) 断面形状により：三角鉄塔・四角鉄塔、シリンダー鉄塔

【解説】
(1) 設置位置

　無線用鉄塔を設置する場合、その設置位置から地上鉄塔と屋上鉄塔に分けられる。通常は地上鉄塔を標準とする。ただし、山岳部や市街地等の敷地確保が困難な場所に無線用鉄塔を建設しなければならない場合は、屋上鉄塔の検討も必要となる。この際、鉄塔荷重及び振動等が局舎に与える影響、鉄塔の根開きやアンカーボルトの取合い等を、局舎建築工事と十分に調整する必要がある。

(2) 使用材料

　無線用鉄塔に使用される鋼材（主要材料）には、山形鋼やH形鋼等の形鋼と鋼管がある。この指針においては次の理由により、鋼管を使用した鉄塔を標準とする。

　(a) 部材強度

　　鋼管は、閉鎖型の対称断面であるため座屈の危険が少なく、また終局耐力に対する潜在的安全率が大きい等、他の形鋼に比べ優位である。

　(b) 風圧荷重に対する利点

円筒断面であるため、ほかの形鋼に比べ暴風時の風圧荷重が小さく有利である。
 (c) 経済性

現在では、各種建築物で鋼管が利用されているため、鋼管の流通及び鋼管の加工技術の一般化が進み、鋼管鉄塔の建設費と形鋼鉄塔の建設費の差はほとんどなくなっている。

また、昼間障害標識等の塗装を施す場合、塗装面積が少なくて済む鋼管鉄塔の方が形鋼鉄塔に比べ経済的に有利である。
 (d) 周辺景観との調和

最近は、従来の形鋼鉄塔のような複雑な形状の鉄塔に比べ、鋼管鉄塔の採用が多くなってきている。これは、形状が単純化できることによる、周辺景観との調和や電波障害に対する優位性による。

(3) 構造

トラス構造は、それぞれの部材を三角形状に構成し、その交点（節点）をピン接合で連結したもので、三角形を形成する各部材が、軸方向力、すなわち引張力または圧縮力に対して抵抗する構造である。トラス構造の架構形式（骨組み形状）は、一般に、圧縮部材の座屈長さをいかに合理的な長さにするかという点から選定する場合が多く、したがって、主要鋼材に形鋼を使用したものは、圧縮材の座屈長さを短くするために短い補剛材を入れた複雑な形となるが、鋼管を使用することにより、構造の単純化をはかることができる。

また、ラーメン構造は、部材と部材の交点（節点）を剛接合（節点の強度が部材強度と同程度となる接合）で連結したものであり、荷重を受けて部材が変形しても、各部材の交角が変わらない構造である。このため、曲げモーメント等を支柱や梁で受けることになるため、サイズの大きな部材の選定が必要となる。

(4) 断面形状

断面形状としては、四角形が一般的に使用されている。通常は、部材を対称に配置した正方形状になっている。

(2) 主要寸法

> 無線用鉄塔の主要寸法は、次の事項を考慮して決めるものとする。
> (1) 高さ
> 　鉄塔の高さは、必要となる電波伝搬路を確保するための技術的条件を、将来計画も含め検討し、決定するものとする。
> (2) プラットホームの大きさ
> 　プラットホームの大きさは、搭載する空中線の種類及び基数を考慮し、決定するものとする。
> (3) 開き
> 　鉄塔の開きは、鉄塔の種類及び基礎等の周囲条件を考慮し、決定するものとする。

【解説】
(1) 鉄塔の高さ
 (a) マイクロ波通信用空中線の高さについては次の点について留意すること。
　(イ) 890MHz以上の周波数の電波を使用する場合は、地球の等価半径係数 K が0.8まで変化しても、第1フレネルゾーンのクリアランスが確保されていること（図10.4.1）。

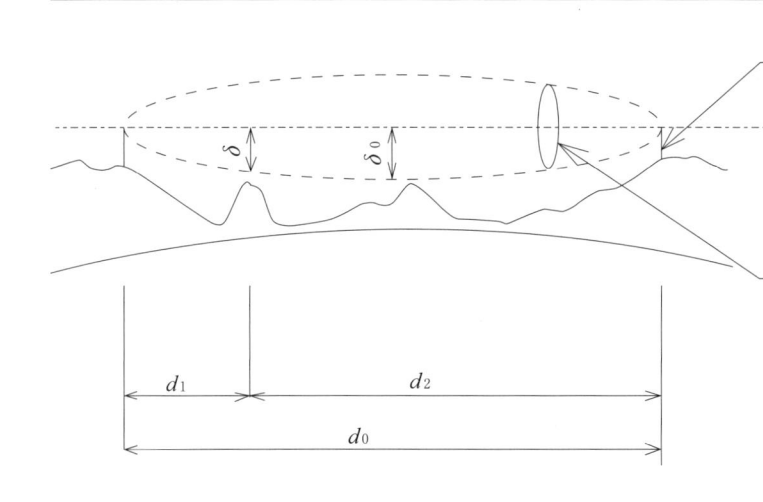

図10.4.1　伝送路図

① 任意の点における第1フレネルゾーンの深さは次式より求める。

$$\delta = \sqrt{\lambda \frac{d_1 \times d_2}{d_0}}$$

δ：任意の点における第1フレネルゾーンの深さ（m）

λ：フレネルゾーンを形成する電波の波長（m）

d_0：スパンの長さ（m）

d_1：フレネルゾーンを求める地点の距離（m）

d_2：同上、$d_0 - d_1$（m）

② 任意の点におけるクリアランスは次式より求める。

$$h_c = \left(\frac{h_1 \times d_2 + h_2 \times d_1}{d_0} - \frac{d_1 \times d_2}{2K_a} \right) - h_s$$

h_c：電波通路高に対する障害物とのクリアランス（m）

h_s：d_1、d_2における障害物の海抜高（m）

K：地球等価半径係数

a：地球半径 6.7×10^5（m）

h_1：空中線の海抜高（m）

h_2：空中線の海抜高（m）

d_0、d_1、d_2は①と同様

以上において、$K = 0.8$ のとき、伝搬路上の任意の地点において、$\frac{h_c}{\delta} \geq 1$ を満足する空中線高 h_1、h_2 が要求される。

(ロ) 890MHz以上の周波数の電波を使用する重要無線回線において、構成する空中線の高さは次のとおりであること。

① 伝搬路が用途地域等で、高層建築物等の建築を許容する市街地を通過する場合は、伝搬路の地上投影面における高層建築物等（計画中を含む）によって障害を受けない高さであること。ただし暫定的または仮設に使用するものは除かれている。

② 上記以外の市街地を通過する場合は、当該伝搬路の高さが地上から45m以上であること。ただし、次の一つに該当する場合で伝搬路の状況を考慮して伝搬障害を生じないと見込まれるものは除かれている。

1) 第1種住居専用地域で10mを超える建築物等の建築の見込みがない場合。

2) 商業地域、準工業地域等で伝搬路の高さを超える建築物等の建築の見込みがない場合。

3) 空中線を暫定的に使用するため仮設する等の場合。
- (ハ) 空中線の上・下段の間隔

  空中線の取り付け段数が2以上になる場合の上・下段の間隔は、空中線の取り付け及び方向調整等に必要なスペースも考慮して決めるものとする（参照：10.3.2(2)空中線の取り付け位置）。

- (b) レーダー用空中線

  運用上必要とする覆域を満足できる高さとする。

- (c) 対空通信用空中線

  運用上必要とする通達範囲をカバーできる高さとする。

(2) プラットホームの大きさ

プラットホームの大きさは、搭載される空中線の種類・基数及び保守作業等のスペースから決定される。

(3) 鉄塔の開き

- (a) 鉄塔頂部の寸法

  鉄塔頂部の寸法は、ラーメン構造や鉄塔高が低いものには根開きと等しいものもあるが、鉄塔高が高いものはたわみ及びねじれの許容値、搭載する空中線の種類・基数・取り付けリング及びプラットホームの大きさ等により左右される。

  航空無線工事で建設する無線用鉄塔では、保守・管理上の理由からプラットホーム及び昇降用階段を設置するため、ある程度の寸法が必要となる。

- (b) 鉄塔の根開き

  鉄塔の根開きは、建設する場所が地上か屋上かの別、用地の広さ及び地耐力等の条件のほか、外観等を考慮して決定するが、極端に塔体幅が広いもの、または狭いものを計画すると鉄塔の鋼材重量が増し不経済となる。屋上に鉄塔を建設する場合においては、鉄塔の根開きと基礎となる建物の柱の間隔とを合わせるように建築の設計者と協議し、合理的で経済的な設計をする必要がある。

(3) 接　　合

> 接合部は、鉄塔構造の形状を保ち部材に力の伝達を行う構造上重要な部分である。工場製作における接合は溶接接合とし、工事現場ではボルト接合とすることを原則とする。
>
> ボルト接合は、普通ボルトまたは高力ボルトによるものとし、普通ボルトは、弛緩防止として二重ナット、緩み止付きナット、バネ座金等を用いる。最近では高力ボルトによるものが多い。

【解説】

(1) ボルト接合は応力の伝達機構から次の3種類に分けられる。
- (a) 摩擦接合（主に高力ボルト）

  ボルトにより継手材片を強力に締め付け、材片接触面間の摩擦力によって応力を伝達する接合。

- (b) 支圧接合（主に普通ボルト）

  ボルトのせん断及びボルト軸部とボルト孔との間の支圧力で応力を伝達する接合。

- (c) 引張接合

  ボルト軸方向の引張力で応力を伝達する接合。表10.4.1に高力ボルト接合と普通ボルト接合の特徴を示す。

  実際、継手に作用する応力は複雑で、いずれかの応力伝達が主として働き、他の作用がそれに加わっている場合が多い。

  摩擦接合は、摩擦力以上の荷重が加わり継手材片間にずれを生じても支圧接合状態となり、なお荷重に耐えることができる。支圧接合は、摩擦接合のような大きな締め付け力を与えていないため、継手部の振動荷重（繰返し応力）を受けるとナットが緩むおそれがあり、またボルト径とボルト孔の寸法差があるため応力によりずれを生じ、

表10.4.1 高力ボルト接合と普通ボルト接合比較表

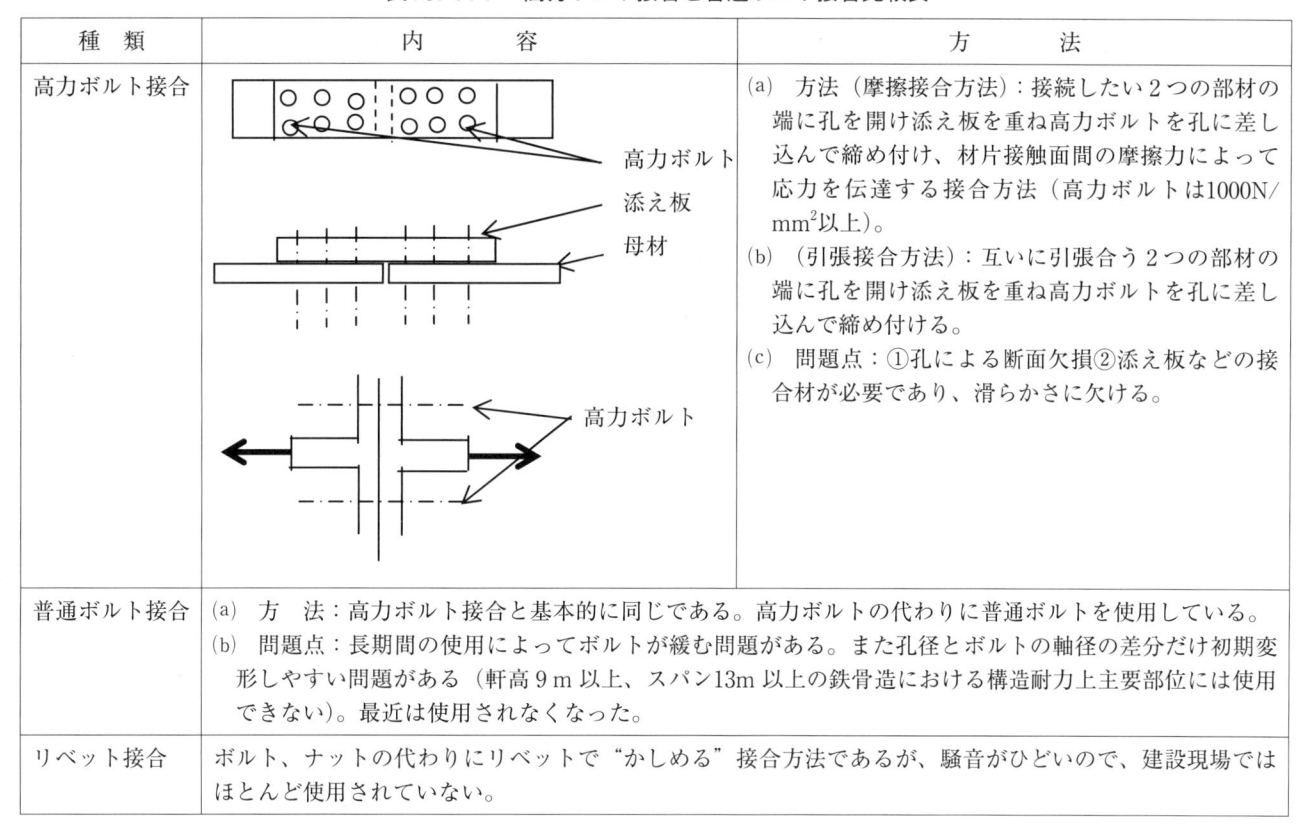

種　類	内　　容	方　　法
高力ボルト接合	（図：高力ボルト、添え板、母材、高力ボルト）	(a) 方法（摩擦接合方法）：接続したい２つの部材の端に孔を開け添え板を重ね高力ボルトを孔に差し込んで締め付け、材片接触面間の摩擦力によって応力を伝達する接合方法（高力ボルトは1000N/mm²以上）。 (b) （引張接合方法）：互いに引張合う２つの部材の端に孔を開け添え板を重ね高力ボルトを孔に差し込んで締め付ける。 (c) 問題点：①孔による断面欠損②添え板などの接合材が必要であり、滑らかさに欠ける。
普通ボルト接合	(a) 方　法：高力ボルト接合と基本的に同じである。高力ボルトの代わりに普通ボルトを使用している。 (b) 問題点：長期間の使用によってボルトが緩む問題がある。また孔径とボルトの軸径の差分だけ初期変形しやすい問題がある（軒高９m以上、スパン13m以上の鉄骨造における構造耐力上主要部位には使用できない）。最近は使用されなくなった。	
リベット接合	ボルト、ナットの代わりにリベットで"かしめる"接合方法であるが、騒音がひどいので、建設現場ではほとんど使用されていない。	

　構造物全体の剛性が低下し、変形が大きくなる。このため、支圧接合では二重ナット、緩み止付きナット、バネ座金等を用いて十分な締め付け力を保持するほか、ボルト径とボルト孔の寸法差をできる限り小さくすることが必要である。

　建築基準法施行令第68条では、「ボルト孔の径は、ボルトの径より１mmを超えて大きくしてはならない。」としている。

　引張接合では、ボルト許容引張応力まで荷重を加えることができるが、継手部の剛性が小さいとその変形のためボルトにせん断力や曲げ応力が加わるため剛性を高めなければならない。

(2) 溶接法には、多種多様な方法があるが、鉄骨構造で応力を伝える接合部の溶接には、ほとんどアーク溶接が用いられている。これは電極間に発生するアークの高熱を利用して溶加材と母材（接合する材）を溶融させて接合する方法である。

　(a) 溶接継手の基本形式

　　溶接による接合部を溶接継手といい、溶接された部分を溶接継目という。

　(b) 溶接継目の形式

　　溶接継目の形式としては突き合わせ溶接、隅肉溶接、部分溶込み溶接、プラグ溶接、スロット溶接等がある。応力を伝達する溶接継目には、特別な場合を除いて主に突き合わせ溶接と隅肉溶接が用いられる。表10.4.2に突き合わせ溶接と隅肉溶接の比較表を示す。

(3) 建築基準法施行令第67条とボルト接合

　建築基準法施行令第67条では、構造上主要な部分の普通ボルト接合は、軒の高さ及び張り間がそれぞれ９m以下及び13m以下で、延べ面積が3000m²以下の建築物に限って許されている。

　主要構造部の普通ボルト接合が制限されている理由は、接合部が作用力によって滑りを起こし、これが繰り返されることにより接合部が次第に緩み、構造物が変形したり、異常な振動等を発生したりするおそれがあるからである。

表10.4.2 突き合わせ溶接と隅肉溶接比較表

	突き合わせ溶接	隅肉溶接
略　図	（図：開先角度、開先深さ、余盛、裏あて金）	（図：隅肉溶接の略図）
工　法	・ほぼ等しい厚さの板、あるいはほぼ等しい断面を持った形鋼等の部材を同一面内において接合する溶接継手。 ・全長にわたって連続して溶接する。	・重ね継手、T継手等の母材同士がほぼ直交する2つの面の隅を溶接する（開先がない） ・隅肉溶接の長さは有効長さにサイズの2倍を加えたものとする。
使用箇所の制限等	・フランジの溶接時に使用する。 ・突き合わせ溶接継手の「のど断面」の許容応力度は母材と同一の値とする。 （図：フランジ、ウェブ）	・ウェブの溶接時に使用する。 ・隅肉溶接継手の「のど断面」の許容応力度は接合される母材の許容せん断力度に等しい値とする。
特　色	・突き合わせ溶接は隅肉溶接に比較して強度が優る。 ・万能溶接と言われている。	・一般に隅肉溶接は開先（グルーブ）溶接に比較して準備工作が容易で溶接による変形残留応力が小さい。組立ても容易で経済性が大きく設計上支障が無いときは開先溶接に先行して用いられる。 ・ルートに溶接欠陥が生じやすい。 ・一般に裏はつりができないため生じた欠陥を除去できない。

　無線用鉄塔では、上記及びその接合材としての強度から高力ボルトを使用することとする。ただし、規模の小さい鉄塔でかつ構造上支障がない場合、あるいは建築基準法施行令第67条により認められた工法による場合は、普通ボルトを使用できることとする。

　なお、「塔状鋼構造物設計指針」（日本建築学会）は、鉄塔では次のような理由から繰返し応力によるボルトの緩みの心配が少ないため、建築基準法施行令第67条にかかわらず、普通ボルト接合が使用できるとしている。ただし、使用にあたっては特定行政庁への確認が必要とされている。

(a) 緩み止めあるいは二重ナット等のボルト接合部の弛緩防止措置をとっているため、接合部の緩みはそれほど顕著でなく、このため異常な振動が発生するおそれがない。

(b) 鉄塔では、定期的な補修点検が行われ、接合部に異常があれば、直ちに補修が可能であり、通常の建築物に比べ、部材がほとんど露出しているため点検補修が容易である。

(4) 接合部（鋼管鉄塔）の構造

　鋼管鉄塔は、主柱材の接合にフランジ継手が用いられ、また節点の接合部にはガセットプレート継手・ボールジョイント継手・フランジ継手・分岐継手が用いられる。

(a) 主柱材の接合方法

　主柱材の接合方法としては、鋼管端部に溶接したプレートまたは鍛造フランジを、ボルトにて接合するフラン

ジ継手が用いられる。図10.4.2に一例を示す。
(b) 斜材及び2次応力材の接合方法
　鋼管鉄塔の斜材及び2次応力材の継手方法には、以下が用いられる。
(イ) ガセットプレート継手
　鋼管端部に溶接されたガセットプレート（直角二等辺三角形の構造用合板）と他の部材をボルトで接合する継手。

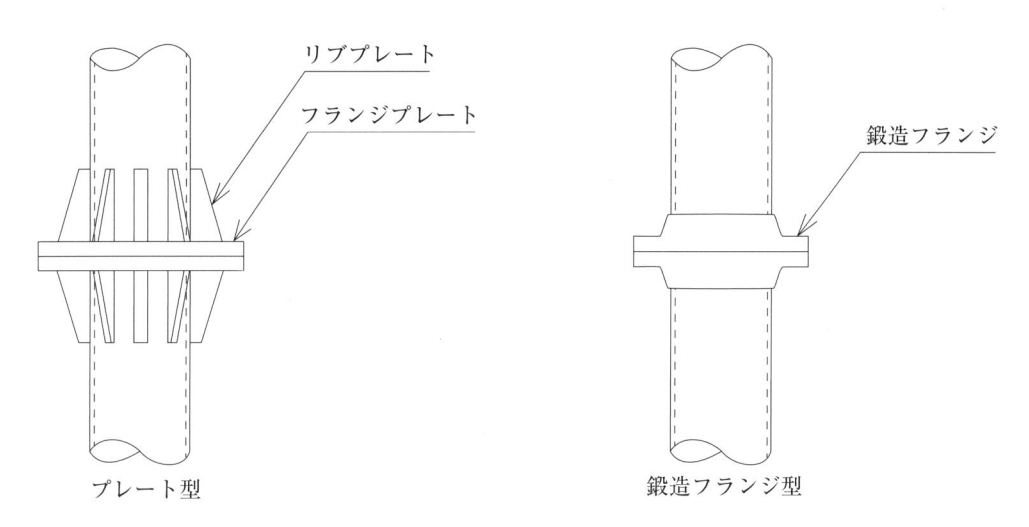

（図：プレート型（リブプレート、フランジプレート）／鍛造フランジ型（鍛造フランジ））

図10.4.2　主柱のフランジ継手

(ロ) フランジ継手
　鋼管端部に溶接されたフランジをボルトで接合した引張接合形式の継手。
(ハ) ボールジョイント継手
　球状の鋼材に鋼管を溶接した継手。
(ニ) 分岐継手
　鋼管に直接他の鋼管を溶接した継手。
　表10.4.3に無線用鉄塔に用いられる主な継手とその特徴を示す。また、ガセットプレート継手には鋼管端部の加工方法に多くの種類があり、その一例を図10.4.3に示す。

表10.4.3　無線用鉄塔の主な継手

	ガセットプレート継手による接合	ボールジョイント継手による接合
概略図	ガセットプレート継手／サドルプレート	分岐継手／ボールジョイント継手／フランジ継手
特　徴	・鋼管端部、集結部ともガセットプレートを使用。 ・製作が容易である。 ・ボールジョイント継手による接合に比べ受風面積が大きい。	・鋼管端部にフランジ継手、集結部にボールジョイント、分岐継手を使用。 ・継手部が球状のため風荷重に有利。 ・製作に時間がかかる。 ・高い加工精度が要求される。

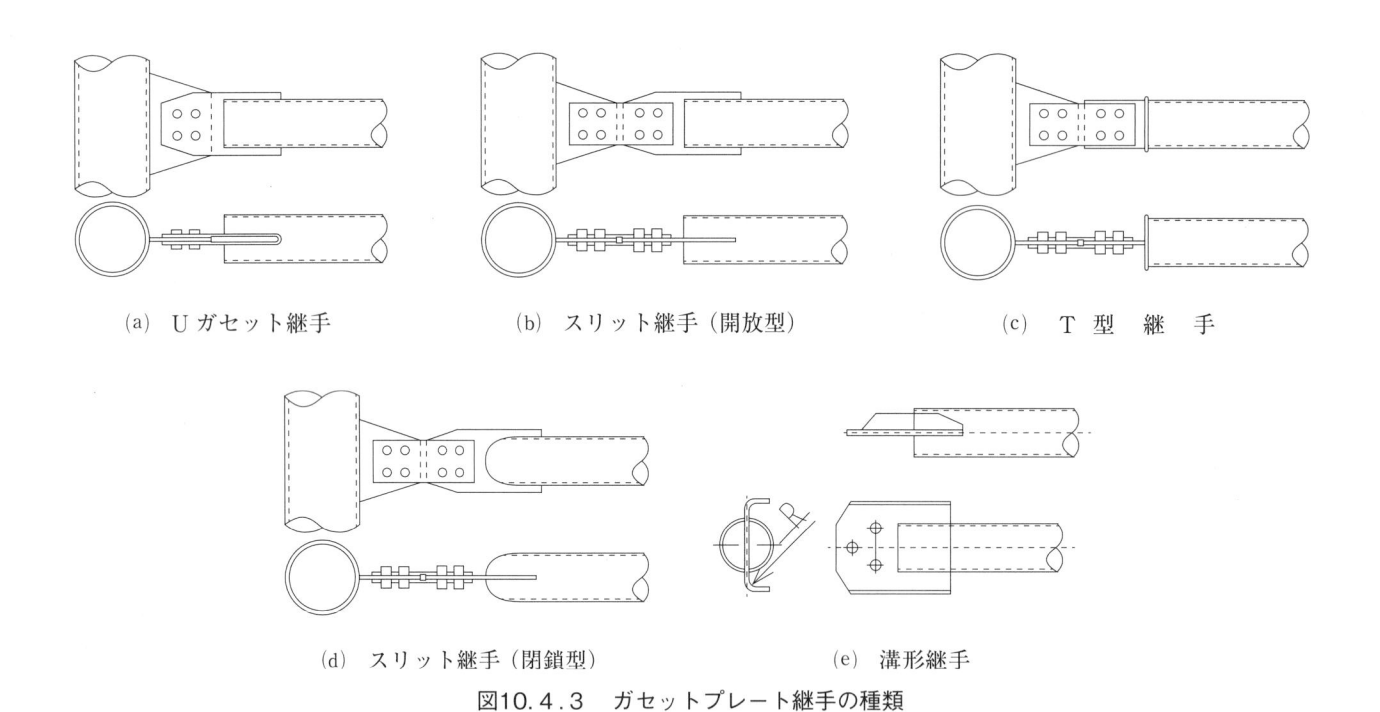

(a) Uガセット継手　　(b) スリット継手（開放型）　　(c) T型継手

(d) スリット継手（閉鎖型）　　(e) 溝形継手

図10.4.3　ガセットプレート継手の種類

10.4.2　主要材料

(1) 構造材料

　無線用鉄塔に用いる構造材料はJIS規格及び相当品を使用する。

【解説】
(1) SS材、SM材、SN材、SA材、STK材

表10.4.4　SS材、SM材、SN材、SA材、STK材一覧表

名　　称	JIS	内　　容
一般構造用圧延鋼材「SS材」	G 3101	無線用鉄塔に用いられているのは、「SS材」のSS 400が多かった。強度が要求されるにもかかわらず、断面寸法、または鋼材重量が制限される場合、SS 490、SS 540が使用された（適用範囲の「建築」の項は平成7年に削除された）。
溶接構造用圧延鋼材「SM材」	G 3106	シリンダー鉄塔のように肉厚の鋼板を全溶接で組み立てる場合には、溶接性能のよいSM材が用いられる（適用範囲の「建築」の項は平成7年に削除された）。
建築構造用圧延鋼材「SN材」	G 3136	塑性変形能力に期待した建築構造物向けの鋼材で強度の違いでSN400シリーズとSN490シリーズがある。従来のSS材よりも化学成分の規定が厳しくなり、降伏点のばらつきを抑える規定もある。最近ではSN材使用が増えてきた。鋼種は「A」「B」「C」種がある。
建築構造用高強度鋼材「SA材」	（大臣認定品）	降伏比上限80%、板厚にかかわらず強度が一定、高い溶接施工性、高靭性（SA：Steel Alloy）。
一般構造用圧延鋼材「STK材」	G 3444	鋼管鉄塔に使用される「STK材」は、継目なく製造するか、もしくは鋼板または鋼帯を熱間加工の上、電気抵抗溶接またはアーク溶接で製造したものである。通常は、STK 400が使用される。また、大型の鉄塔では、STK 490も用いられることがある。

種　類	使　用　区　分
SN400A	塑性変形を生じない部材に使用。但し溶接を行う主要構造材の使用は想定しない。
SN400B SN490B	一般の構造部材又は部位に使用する。
SN400C SN490C	溶接組立て加工時を含め板厚方向に大きな引張応力を受ける部材又は部位に使用する。

(2) 形　　鋼

　形鋼は種々の断面形状の形鋼が規格化されており、これらの形鋼をボルト接合することにより所要の強度を有しつつ、美観の優れた構造物を得ることができる。無線用鉄塔のアングルトラス構造には主として等辺山形鋼が用いられ、付属構造物等の2次部材には山形鋼のほか、H形鋼、みぞ形鋼等が用いられる。

(3) 鋼材の標準寸法

　鋼材は、JISや送電鉄塔規格で標準寸法が定められており、標準寸法以外のものも製造可能であるが、入手期間、輸送コスト、エキストラの価格等の点から得策でなく、鉄塔設計の際には特別の場合以外は標準寸法のものを使用することが望ましい。

(2) 接 合 材 料

　無線用鉄塔に用いる接合材料はJIS規格及び相当品を使用する（建築基準法第37条参照）。

【解説】

(1) 普通ボルト

(a) ボルト及びナットの規格

表10.4.5　六角ボルト・ナット

項　　目	六角ボルト	六角ナット
規格番号	JIS B 1180	JIS B 1181
材料区分	鋼製	鋼製
仕上げの程度	中	中

(b) ボルト長さは首下長さとする。締め付け終了後ナットの外に3山以上ねじが出るように選定する。

(c) ナットはボルトに相応したものとする。

(2) 高力ボルト

(a) 高力ボルトは次により、適用は特記による。特記が無いときは、トルシア形とする。

トルシア形高力ボルトは建築基準法に基づき指定又は認定を受けたものとし、セットの種類は2種（S10T）とする。

(b) JIS形高力ボルト：ボルト、ナット及び平座金のセットはJIS B 1186（摩擦接合用高力六角ボルト、六角ナット、平座金のセット）により、セットの種類は2種（F10T）、トルク係数値による種類は施工に適したものとする。高力ボルト類に使用される材料は、JIS B 1186には特に規定はないが、低炭素系材料を化学成分の調整をし、焼入性能を向上させた低炭素ボロン系材料が多用されている。また、これらの表面処理は、防さびを目的とするものと、トルク係数値の安定を目的とするものがあるが、その種類も多く、それらの適否を決めることは難しい。

JIS B 1186では「ボルト・ナット・座金には、それらの品質に有害な影響を与えない表面処理を施すことができる。」とあるが、溶融亜鉛めっきを施せば、その温度によって焼鈍しが行われて強度の低下をきたすため、従来の鉄塔には表面処理を施さないボルト・ナット・座金を用いて組立作業を行い、組立後全体を塗装する方法がとられてきた。しかし、最近はめっきの施工管理を十分に行い、強度に余裕をもたせて高力ボルトを使用している。

(c) 溶融亜鉛めっき高力ボルト：溶融亜鉛めっき高力ボルトは建築基準法に基づき指定又は認定を受けたものとし、セットの種類は1種（F8T相当）とする。

溶融亜鉛めっきを施した高力ボルトは、JISの規格外となっているが、ボルトメーカーがめっき鋼材にめっき高力ボルトを組み合わせた、溶融亜鉛めっき高力ボルト（F8T）として、日本建築センターの構造評定を受け、国土交通大臣の特別な認定を得ている。このため、溶融亜鉛めっき高力ボルト（F8T）は、認定メーカーの製品を使用し、さらに摩擦面の表面処理の管理等、適切な施工管理下において使用しなければならない（溶融亜鉛めっき高力ボルトはJIS B 1186規格のF8Tに準拠している。一般にボルトの材料は10Tと同じものを使用して、10Tの焼戻し温度（約420℃）より高い温度（約480℃）で焼戻し、めっき（温度約480℃）しても強度が変わらないようにしている）。

(3) 溶接とボルトの併用継手について

(a) 許容耐力の考え方

「鋼構造設計基準」では、高力ボルト摩擦接合と溶接とを1つの群に併用する場合、「全応力を溶接で負担しなければならない。但し、高力ボルト接合で溶接より先に施工されるものは、溶接継目と応力を分担させることができる。(14.7リベット、ボルトおよび高力ボルトと溶接との併用)」とされている。これは、「先に溶接を行なうと、溶接熱によって板が曲がり高力ボルトを締付けても板に所定の材間圧縮力を与えることができないことがあるために、両者の耐力を加算することはできないが、先に高力ボルトを締付けた場合には、溶接による板の変形は拘束されるので、両者の許容耐力を加算してもよい。」(同解説)ということになる。なお、フランジを溶接、ウェブを高力ボルト摩擦接合とするような継手は混用継手であり、併用継手とは異なるものである。

(b) 施工順序

JASS 6鉄骨工事では「高力ボルトと溶接の併用継手の場合は、特記のないかぎり、高力ボルトを先に締め、ついで溶接を行う」とされている。これは、溶接を先行すると溶接熱得部材が変形して、あとから高力ボルトを締付けても接合面が密着しなかったり、十分な接触圧が得られない場合があるので、溶接に先立って締付ける必要があることによる。

しかし、この場合溶接熱により高力ボルトが緩むことと、溶接熱ひずみにより溶接部と高力ボルトに思わぬ応力が作用するのを防止するため、高力ボルトの温度が250℃以下となるように適当に離さなければならない（高力ボルト協会のHPより）。

(4) 高力ボルトの孔径が、建築と土木で異なることについての注意

　高力ボルトの孔径は、建築基準法施行令第68条により、呼び径27mm 未満の場合は呼び径＋2.0mm とし27mm 以上であり、かつ構造耐力上支障がない場合は＋3.0mm 以内と定められている。

　一方、道路橋示方書では、リベットの孔径より１mm 大きくした値を与えておりさらに、施工時の許容誤差＋0.5mm を認めている。

　摩擦接合の場合、力の伝達機構がリベットの場合と異なるため、リベットの孔径を準用する必然性はないと考えられる。若干孔径が規定値より大きくても接合部のすべり耐力はあまり変わらないという報告もみられる一方、締付け力の影響も含めて数％程度低下するという報告もみられる。ボルト孔とボルト軸部とのクリアランスが大きければ、すべりを生じた後の変形量は当然大きくなるし、すべり時に生じる衝撃エネルギーについても未解決の点が残されているので、クリアランスはなるべく小さいほうがよいことはいうまでもない。

　こうしたことから、加工、組立てにおいて誤差を吸収できる範囲の孔径として、建築では表10.4.6に示す値が規定されるに至ったものである。

表10.4.6　高力ボルトの孔径

ねじの呼び径	ボルトの孔径（mm）	
	建築用	土木用
M12	14	―
M16	18	―
M20	22	22.5
M22	24	24.5
M24	26	26.5
M27	30	―
M30	33	―

　一方、道路橋示方書では、摩擦接合に対する孔径は設計の断面控除が（呼び径＋３mm）であるため、許容差0.5mm を考慮して（呼び径＋2.5mm）としている。

　これは、加工、組立てにおける精度に対する現実的な認識とともに、若干の過大孔は接合部の耐力に悪影響を及ぼさないという認識に基づいている（高力ボルト協会のHPより）。

10.4.3　設計荷重
(1) 荷重一般

> 無線用鉄塔は、想定される荷重に対し十分安全でなければならない。このため、適切な荷重の大きさの評価が必要である。

【解説】
(1) 設計荷重は、無線用鉄塔の強度を決定するための重要な要素である。このため、荷重の算出は適切な評価のもとに行わなければならない。
(2) 想定される荷重に対する安全性の程度は、社会性・経済性を考慮し決定する。
(3) 荷重には固定荷重や積載荷重及び積雪荷重等、鉄塔に対して鉛直方向に作用するものと、風荷重や地震荷重等の水平方向に作用するものがある。前者を鉛直荷重と呼び、後者を水平荷重という。
(4) 設計荷重において、特定行政庁の条例により算出した値が、10.4.3(4)～10.4.3(6)の値を上回る場合は、これを採用する。

(2) 荷重の組合せ

> 構造計算における設計応力は、各荷重による応力の組合せによる。ただし、風荷重と地震荷重の合成は行わない。

【解説】
(1) 設計応力の計算にあたっては、表10.4.7のとおり各荷重を組み合わせた合成荷重による（建築基準法施行令第82条：許容応力度等計算によること）。

第2編　各　論

表10.4.7　荷重の組合せ

応用の種類	荷重及び外力について想定する状態	一般の場合	建築基準法施行令第86条第2項但し書の規定によって特定行政庁が指定する多雪区域における場合	備　考
長期の応力	常時	G + P	G + P	建築物の転倒、柱の引抜等を検討する場合においては、Pについては、建築物の実況に応じて積載荷重を減らした数値によるものとする。
			G + P + 0.7S	
短期の応力	積雪時	G + P + P	G + P + S	
	暴風時	G + P + W	G + P + W	
			G + P + 0.35S + W	
	地震時	G + P + K	G + P + 0.35S + K	

(a) 表10.4.7において、G、P、S、W及びKはそれぞれ次の応力を表すものとする。

G：固定荷重による応力

P：積載荷重による応力

S：積雪荷重による応力

W：風荷重による応力

K：地震荷重による応力

(b) 上記の荷重による応力以外については、必要に応じて計上する。

(c) 積雪荷重については、10.4.3(6)により必要に応じて計上する。

(2) 風荷重と地震荷重は、確率的に同時発生が非常に少なく、また建築基準法施行令第82条においても合成荷重としていないことから、別々の時点に生ずるものとし、荷重の合成を行わない。

(3) 構造計算にあたっては、常時荷重は長期許容応力度で部材算定を行い、暴風時または地震時の荷重は、短期許容応力度で部材算定を行うものとする。

(3) 固定荷重及び積載荷重

> 固定荷重は鉄塔自身の重量であり、積載荷重を搭載する空中線及び支柱等の載荷物の重量である。

【解説】

(1) 固定荷重の算定は、仮定された各部の構造・寸法及び材種に基づいて行われるが、詳細設計の段階及び構造計算を終了した段階で仮定値の再検討が必要となる。

(2) ボルト及びガセットプレートの重量は、数量としての計上が煩雑である場合、部材重量を割り増して計上することもある。

(3) 積載荷重は、将来計画されている載荷物についても考慮し計上する。また、その重量は主柱材に均等に分担するものとする。

(4) 風荷重（建築基準法施行令第87条によること）

> 風荷重は、無線用鉄塔に加わる中でも大きな荷重であり、設計用速度圧、風力係数、受風面積（見付面積）、風の再現期間を考慮し求める。

【解説】

(1) 風荷　重

無線鉄塔に対する風の作用は、その空気密度、速度分布といった風自身の性質と、鉄塔の形状、大きさ、周囲の

状況など、鉄塔自体の性質及び風と鉄塔の幾何学的関係によって規定される。受風時の応力算定は、外力として風圧力を算出し、この力を水平の静的外力として鉄塔の各節点に作用させることによって行う。

風圧力は、式①により求める。ただし、暴風時においても通信機能を確保しなければならないことを考慮して、$\beta \times q_z \geq 2350 \text{ N/m}^2$（下限値）を満足することとする。

$$P = \beta \times q_z \times C_f \times A \qquad ①$$

ここに、P：風荷重（N）

C_f：風力係数

q_z：当該部分の速度圧（N/m²）

A：受風面積（m²）

β：設計用補正値（=1.42以上）

(2) 速　度　圧

速度圧は式②により求める。

$$q_z = q \times k_z \qquad ②$$

$$q = 0.6 \times E \times V_0^2 \qquad ③$$

ここに、q：鉄塔頂部の速度圧

k_z：当該部分の係数

$k_z = 1.0$　　　：HがZ_b以下の場合

$\quad = (Z_b/H)^{2\alpha}$：$H$が$Z_b$を超え、$Z$が$Z_b$以下の場合

$\quad = (Z/H)^{2\alpha}$：HがZ_bを超え、ZがZ_bを超える場合

H：鉄塔の高さ（鉄塔頂部の地上からの高さ（m））

Z_b：地表面近くで風速を一定とする高さ（m）（表10.4.8参照）

α：平均風速の高さ方向の分布を示す係数（表10.4.8参照）

Z：当該部分の地盤面からの高さ（m）

$$E = E_r^2 \times G_f \qquad ④$$

E_r：平均風速の鉛直分布係数

風は、地表面に近づくと地表面との摩擦により風速が低減する。この低減の割合は周辺の建築物等により地表の状況が複雑になると共に大きくなる。地表の状況に応じて各高さにおける風速は異なるが、この各高さにおける風速のその地方における基準風速V_0に対する割合を示す係数で以下の式で求める。

$$E_r = 1.7 \times \left(\frac{Z_b}{Z_G}\right)^\alpha ：Hが Z_bを以下の場合$$

$$\quad = 1.7 \times \left(\frac{H}{Z_G}\right)^\alpha ：Hが Z_bを超える場合$$

Z_G：地表面の影響を受けない高さ（m）（表10.4.8参照）

G_f：ガスト影響係数（表10.4.8参照）

風は常に一様に吹いているわけではなく、強弱の変動を繰り返しているが、この風速の変動による建築物（鉄塔）への影響の度合いを示す係数である。本係数は、建築物周辺の地表の状況と建築物の高さによって決定される。

V_0：その地方における基準風速（m/s）（旧建設省告示第1454号「Eの数値を算出する方法並びにV_0及び風力係数の数値を定める件」に掲載の地方区分毎の風速値参照）

上記式④において、G_fとE_rはそれぞれ別の概念を表す数値であるが、定める際に考慮すべき事項が、双方とも建築物（鉄塔）の高さ及び周辺の市街地の状況に関連することから、$E = E_r^2 \times G_f$と置くことにより、条文に示した式③を求めることができる。

無線鉄塔は、暴風時においても通信機能を確保しなければならないことを考慮し、$\beta \times q_z$（最低値）を設定した。

なお、$\beta \times q_z$ の最低値に関しては、室戸台風で記録された瞬間最大風速62m/s時の風荷重を速度圧に変換（$1/2 \rho V^2 = 9.8 \times 0.5 \times 0.125 \mathrm{kg/m^3} \times 62^2 \fallingdotseq 2350 \mathrm{N/m^2}$）して設定した。

設計用補正値 β は、施設の重要性を考慮した荷重割増係数である。再現期間500年相当の風荷重として、$\beta = 1.42$ 以上を採用した。

鉄塔は建築基準法第88条および同法施行令138条の2の規定により建築基準法の適用（工作物として）を受けるため、これに準じた速度圧式を用いるが、便宜上当該部分の係数 k_z を q に乗じて当該部分の速度圧 q_z を算出する。

表10.4.8　地表面粗度区分に応じた値（平成12年建設省告示1454号より）

地表面粗度区分		Z_b (m)	Z_G (m)	α	G_f		
					H (m)		
					$H \leq 10$	$10 < H < 40$	$H \geq 40$
I	都市計画区域外にあって、極めて平坦で障害物がないものとして特定行政庁が規則で定める区域	5	250	0.10	2.0	$H \leq 10$ と $H \geq 40$ との数値を直線的に補間した数値（直線補間）	1.8
II	都市計画区域外にあって地表面粗度区分 I の区域外の区域（建築物の高さが13m以下の場合を除く）又は、都市計画区域内にあって地表面粗度区分IVの区域以外の区域のうち、海岸線又は湖岸線（対岸までの距離が、1500m以上のものに限る。以下同じ）までの距離が500m以内の地域（ただし、建築物の高さが13m以下である場合又は当該海岸線若しくは湖岸線からの距離が200mを超え、かつ、建築物の高さが31m以下である場合を除く）	5	350	0.15	2.2		2.0
III	地表面粗度区分 I、II又はIV以外の区域	5	450	0.20	2.5		2.1
IV	都市計画区域内にあって、都市化が極めて著しいものとして特定行政庁が規則で定める区域	10	550	0.27	3.1		2.3

(3) 風力係数

受風面の種類とそれを受ける風圧力との関係を示すものが風力係数であって、各種受風面に対する風力係数（C_f）の値は、建設省告示1454号に準じ、表10.4.9から表10.4.11に示す値を用いる。

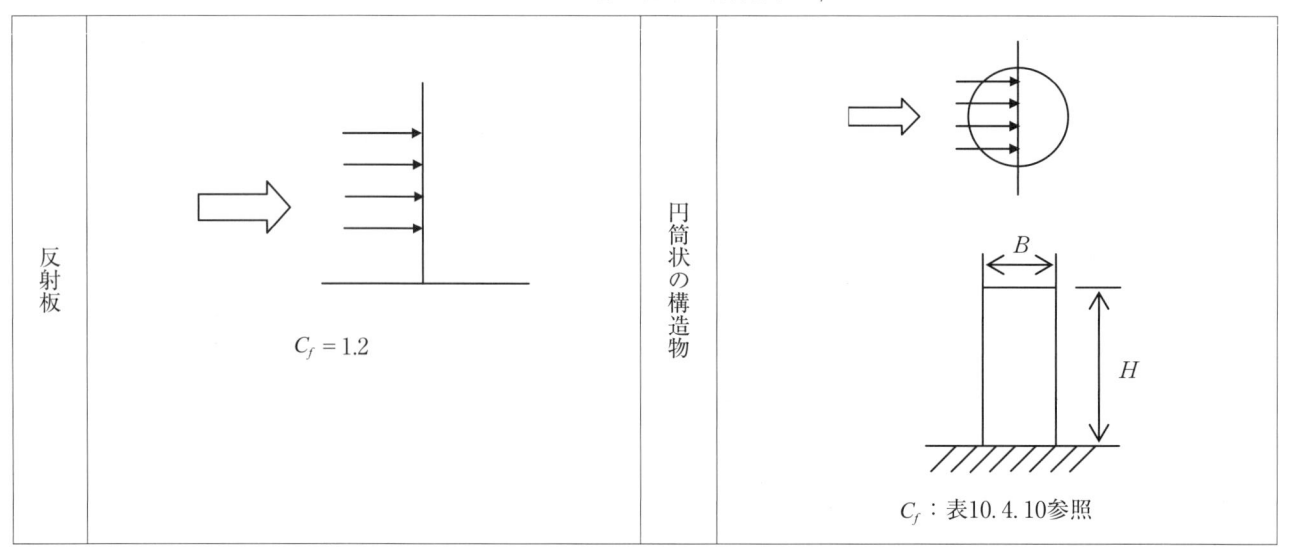

表10.4.9　構造物の風力係数表 C_f

反射板	円筒状の構造物
$C_f = 1.2$	C_f：表10.4.10参照

表10.4.10 円筒状の構造物の風力係数 C_f

種別		風向	H/B		
			1以下	1を超え8未満	8以上
単柱	鋼管	全風向	0.7	直線補間	0.9

表10.4.11 ラチス構造物の風力係数 C_f

		充実率 種類	(1) $\phi \leq 0.1$	(2) $0.1 < \phi < 0.6$	(3) $0.6 \leq \phi$
ラチス構造の風力係数	鋼管	(a)	1.4	(1)と(3)に掲げる数値を直線的に補間した数値	1.4
		(b)	2.2		1.5
		(c-1、2)	1.8		1.4
		(d)	1.7		1.3
	形鋼	(a)	2.0		1.6
		(b)	3.6		2.0
		(c-1、2)	3.2		1.8
		(d)	2.8		1.7

充足率の算出については正風時、斜風時について算出する。図10.4.4にて

$$\phi = \frac{A_{\gamma 0}}{A_0} \qquad ④$$

ここに、 ϕ：充足率
　　　　$A_{\gamma 0}$：斜線部面積
　　　　A_0：外郭面積 $= b \times h$

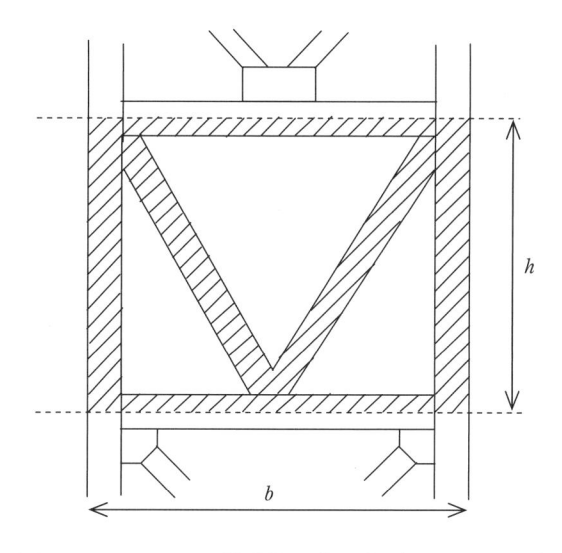

図10.4.4 ラチス構造物の充足率（正風時の場合）

(4) 受風面積（見付面積）：風圧力を計算する際の受風面積は、次による。
(a) 骨組鉄塔：骨組鉄塔の受風面積は線図より求められる投影面積を割増したものとする。この割増率は、継手部のプレート等を考慮したものであり、部材がアングルの場合は10%、鋼管の場合は10%とする。
(b) 充実単体：受風面積は、傾斜を無視した垂直投影面積とする。
(c) アンテナ及び反射板：受風面積は、正面の面積とする。

(5) 地震荷重（建築基準法施行令第88条）

> 地震荷重による設計せん断力は、標準せん断力係数に振動特性係数、層せん断力分布係数、地域係数から求めた地震層せん断力係数に鉛直荷重を乗じて算出する。

【解説】

(1) 無線用鉄塔に加わる水平荷重は、風荷重が支配的であり地震荷重は通常無視できることが多いが、塔頂部に比較的重量の大きいプラットホームを有する鉄塔や建築物の地震応答の影響を受ける屋上鉄塔では鉄塔自身の地震荷重が風荷重を上回ることがあり、これに起因する局部的な塑性変形を生ずるおそれがある。したがって、このような鉄塔では鉄塔の固有振動周波数（以下「固有周期」という）及び建築物の固有周期に基づく応答を考慮して地震荷重を求める。

(2) 無線用鉄塔の設計せん断力は、次式より求める。

$$Q_i = C_i \cdot W_i$$

Q_i：i節に生じる層せん断力（t）
C_i：i節の地震層せん断力係数
W_i：i節より上の部分の鉄塔及び空中線等の重量の和（t）

(a) i節の地震層せん断力係数（C_i）

i節の地震層せん断力係数は、無線用鉄塔の形状及び地域や地盤の状況から決められ、次式より求める。

$$C_i = Z \cdot R_t \cdot A_i \cdot C_0$$

Z：地震地域係数（1.0～0.7）
R_t：振動特性係数
A_i：i節の層せん断力分布係数
C_0：標準せん断力係数

(イ) 地震地域係数（Z）

地域係数は、比較的広範囲の地域を対象とした地震動強度の工学的な地域特性で、過去の地震の記録からその地域の地震活動を表し、建築基準法施行令第88条第1項に基づく旧建設省告示（昭和55年第1793号、平成19年5月改正）に示されている。

(ロ) 振動特性係数（R_t）

構造物の固有周期（鉄塔の一次固有周期 T_T、建物の一次固有周期 T）と地盤（基礎）の種別に応じた振動に対する特性によって定まる数値 T_c により、次式より求める。

① 地上鉄塔の場合

$T_T < T_c$ の場合　　$R_t = 0.8$

$T_c \leq T_T < 2T_c$ の場合　　$R_t = 0.8[1 - 0.2(T_T/T_c - 1)^2]$

$2T_c \leq T_T$ の場合　　$R_t = 1.28\, T_c/T_T$

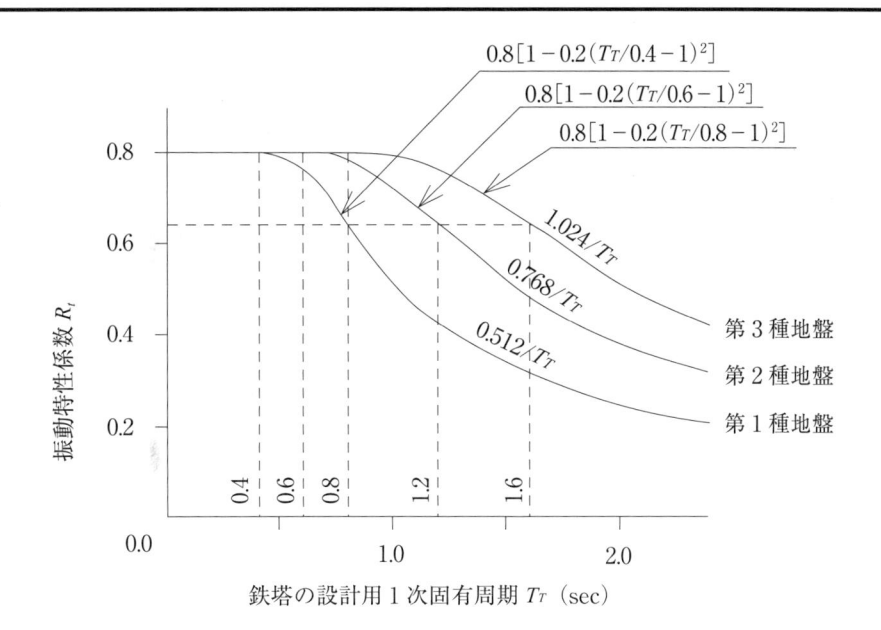

グラフ:
- 0.8[1−0.2(T_T/0.4−1)²]
- 0.8[1−0.2(T_T/0.6−1)²]
- 0.8[1−0.2(T_T/0.8−1)²]
- $1.024/T_T$ 第3種地盤
- $0.768/T_T$ 第2種地盤
- $0.512/T_T$ 第1種地盤

縦軸：振動特性係数 R_t
横軸：鉄塔の設計用1次固有周期 T_T (sec)

② 屋上鉄塔の場合

$T_T/T < 0.6$ の場合　　　$R_t = 1.8$
$0.6 \leq T_T/T < 0.8$ の場合　　　$R_t = 3T_T/T$
$0.8 \leq T_T/T < 1.2$ の場合　　　$R_t = 2.4$
$1.2 \leq T_T/T < 2.4$ の場合　　　$R_t = 0.8 + 1.6[2 - (T_T/T)/1.2]^2$
$2.4 \leq T_T/T$ の場合　　　$R_t = 0.8$

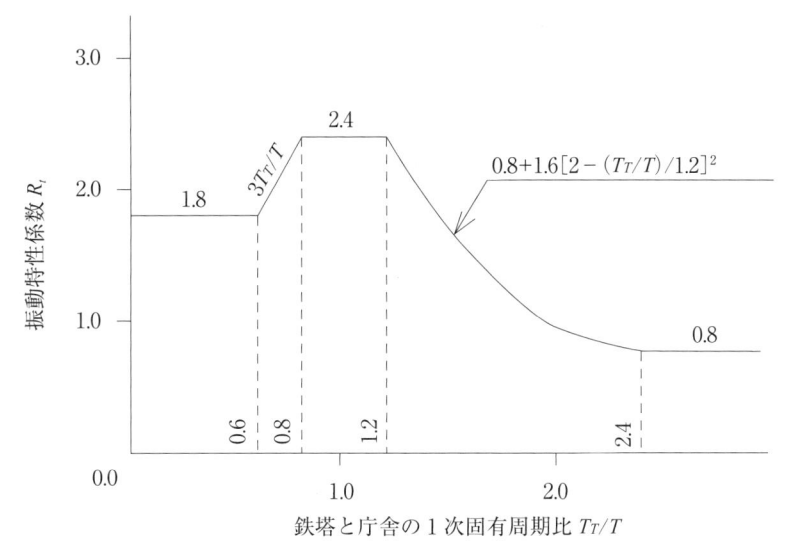

グラフ:
- 1.8
- $3T_T/T$
- 2.4
- $0.8 + 1.6[2 - (T_T/T)/1.2]^2$
- 0.8

縦軸：振動特性係数 R_t
横軸：鉄塔と庁舎の1次固有周期比 T_T/T

T_T：鉄塔の1次固有周期（sec）

鉄塔の1次固有周期は既往の実測値を参考とし決定する。ただし、やむをえない場合は以下による。

アングルトラス鉄塔の場合　　　$T_T = 0.015h_t$　（シリンダー鉄塔の場合　$T_T = 0.015h_t$）

鋼管トラス鉄塔の場合　　　$T_T = 0.015h_t$

鋼管ラーメン鉄塔の場合　　　$T_T = 0.020h_t$

h_t：鉄塔の高さ（m）

T：建築物の設計用1次固有周期（sec）

次式により求める。

$$T = (0.02 + 0.01\alpha)h_0$$

a：建築物の高さのうち鉄骨部分の高さの比

h_0：建築物の高さ（m）（地盤面から構造躯体の最高部までの高さでパラペット（PH階、屋の手摺壁）は除く。

T_0：地盤種別に応じた数値

＊建物屋上型鉄塔におけるPH階の取り扱い

イ．局舎の固有周期を求める場合には、屋上までの高さで算定する（PH階の高さを含まない）。

ロ．PH階を有する鉄塔の固有周期を求める場合には、鉄塔の高さ h_t を以下の2種類で算定し、振動特性係数 R_t が大きくなる方を採用する。

　PH階の高さを含んだ屋上からの高さ（h_{t1}）

　PH階を含まない鉄塔のみの高さ（h_{t2}）

ハ．鉄塔の層せん断力分布係数 A_i はPH階を含まない鉄塔のみの範囲で算定する。

（PH：ペントハウス：建築物の屋上に設けられた塔屋の階を指す）

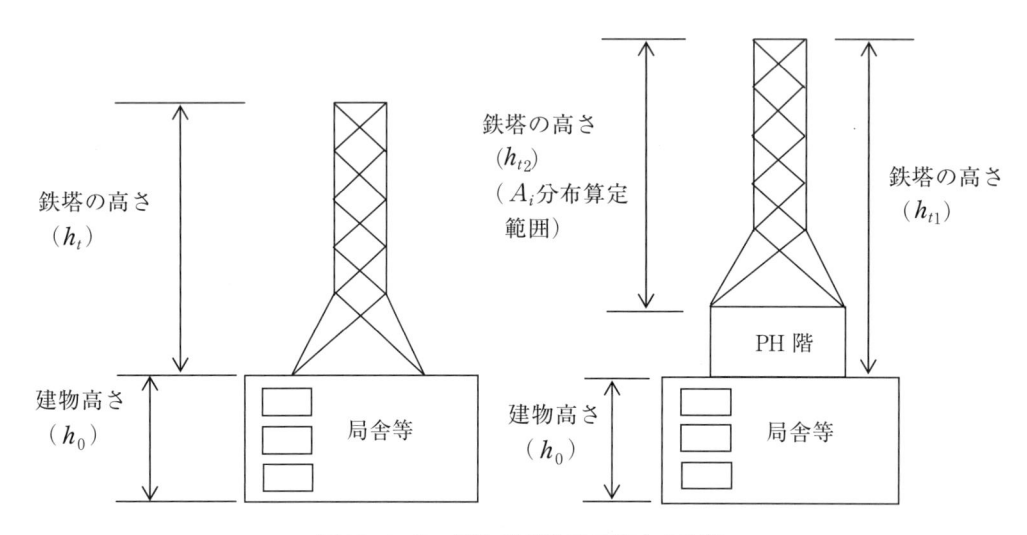

図10.4.5　建物及び鉄塔の高さの定義

構造物の基礎の底部（剛強な支持杭を使用する場合にあたっては、当該支持杭の先端）の直下の地盤の種別に応じて表10.4.12による。

表10.4.12　地盤種別による T_c の数値

地盤種別	該当する地盤	T_g (sec)	T_c (sec)
第1種地盤	岩盤、硬質砂礫層、その他第3紀以前の地層	$T_g \leq 0.2$	0.4
第2種地盤	第1種及び第3種以外	$0.2 < T_g \leq 0.75$	0.6
第3種地盤	腐植土、泥土、その他これらに類する沖積層で層厚30m以上のものまたは、厚さ3m以上の埋立地で埋立てから30年を経過していないもの	$0.75 < T_g$	0.8

注）地盤の卓越周期を測定により求めた場合、地盤種別はその測定値を T_g としてこの表により判定する。

（ハ）i 節の層せん断力分布係数（A_i）

i 節の層せん断力分布係数は、次式より求める。ただし、鉄塔のみの A_i 分布とする。

$$A_i = 1 + \left(\frac{1}{\sqrt{a_i}} - a_i \right) \frac{2T_T}{1+3T_T}$$

a_i：i 節より上の部分の構造物重量と地上部分の構造物重量の比

�ニ) 標準せん断力係数（C_0）

標準せん断力係数は1.0とする。

注) 以上の地震荷重の算出は、「建築構造設計基準（平成5年版）」（公共建築協会）による。

(3) 動的解析

耐震設計においては、地震動発生確率が高い地震動（以下「レベル1地震動」という）と、発生確率は低いが大きな強度を持つ地震動（以下「レベル2地震動」という）があるが、レーダー空中線耐震設計においては、「レベル2地震動」を用いて検討を行う。

(a) 動的解析は、鉄塔の基部への入力地震動レベルの妥当性について検討し、部材応力及び空中線が許容応力度以下であることを確認する。

(b) 水平方向入力地震動の設定

TSR空中線装置の地震時応答加速度を求めるための鉄塔脚部に作用させる入力地震波を設定する。設定候補を以下に示す。

㈥イ) 無線施設耐震性調査での模擬地震波

独自に各空港毎の無線施設耐震性設計調査で検討されている場合には、当該サイト地震波の模擬地震波（平成12年建設省告示第1461号第四号イ但し書に準じ、建設地周辺における活断層分布、断層破壊モデル、過去の地震活動、地盤構造等に基づいて、建設地における模擬地震波（サイト波）を適切に作成したもの）を使用する。

㈥ロ) 国土交通省国土技術政策総合研究所（港湾研究部 港湾施設研究室）公表の模擬地震波

当該空港近傍の全国の重要港湾（若しくは地方港湾）におけるレベル1相当の模擬波を400gal（レベル2：最大速度振幅 =50cm/sec）相当に規準化して使用する。

㈥ハ) 過去における代表的な下記の観測地震波のうち、建設地及び建築物の特性を考慮して適切に選択した3波以上とし、最大振幅を400gal（レベル2：最大速度振幅 =50cm/sec）相当に規準化する。

① 硬質地盤上で記録されたものでランダム性が比較的強く、30秒間にわたってスペクトル特性などが一様に近いもの。標準的な地震動波形。

・EL CENTRO 1940 NS ○：破壊的な地震の震央近くの記録、アメリカでの記録
・EL CENTRO 1940 EW：同上（NS成分のほうが観測値の絶対値が大きい）
・TAFT 1952 NS：破壊的な地震の震央近くの記録、アメリカでの記録
・TAFT 1952 EW ○：同上（NS成分のほうが観測値の絶対値が大きい）

② 国内における強震記録で、前述のものと比較すると、最大振幅はやや小さく非定常性が強くなるが、国内のそれぞれの地域における強い地震動の記録であり、観測点と類似の地盤も多いことから、地域特性を表す地震動波形として用いられる。

・TOKYO101 1956 NS ○：小さい地震の記録、東京の地盤の性質をよく現している
・KOBE-JMA 1995 NS ○：最近記録された強い地震動波形

③ さらに超高層建築物などの長周期構造物に対して、特に考慮することが必要とされる長周期成分を含む地震波形。

・HACHINOHE 1968 NS ○：長周期成分等を含む地震動波形
・HACHINOHE 1968 EW：同上（NS成分のほうが観測値の絶対値が大きい）

（○印は参考までに、よく使われる地震波を示す）

上記より、1)標準的な地震波形、2)地域特性を表す地震波形、3)長周期成分を含む地震波形 からそれぞれ適切な1波（計3波）以上を選定する。

(6) 積雪荷重

> 鉄塔の構造が特に多量の着雪あるいは積雪を生じる場合、また、多雪地で塔脚部が長期間積雪中に埋もれる場合は、これらの影響を考慮する。

【解説】

(1) 無線用鉄塔の積雪荷重は、特に必要と認められる場合を除き、一般に考慮しない。ただし降雪の著しい地域では、階段、踊り場、プラットホーム及び水平材などに局部的な積雪荷重が加わることがあるため、注意する必要がある。

(2) 上記において、積雪荷重を考慮する場合は建築基準法施行令第86条関連の告示(平成12年5月建設省告示第1455号：多雪区域を指定する基準及び垂直積雪量を定める基準)により、その地方における垂直最深積雪量を次式で計算する。ただし、条例等により、特定行政庁が実情に応じてこれらの値を定めている場合はそれによる。

垂直積雪量の計算内容

$$d = \alpha \cdot l_s + \beta \cdot r_s + \gamma$$

d：垂直積雪量（× 100cm）

$\alpha、\beta、\gamma$：下表の区域番号で指定した区域に応じた数値

l_s：区域の標準的な標高（m）

r_s：区域の標準的な海率（区域に応じて下表の R の欄に掲げる半径（km）の円の面積に対する当該円内の海その他これに類するものの面積の割合をいう）

「区域番号による $\alpha、\beta、\gamma、R$」(平成12年5月建設省告示第1455号 別表より) ①

区域番号	区　　　　域	α	β	γ	R
1	北海道のうち 稚内市　天塩郡のうち天塩町、幌延町及び豊富町　宗谷郡　枝幸郡のうち浜頓別町及び中頓別町　礼文郡利尻郡	0.0957	2.84	-0.80	40
2	北海道のうち 中川郡のうち美深町、音威子府村及び中川町　苫前郡のうち羽幌町及び初山別村　天塩郡のうち遠別町　枝幸郡のうち枝幸町及び歌登町	0.0194	-0.56	2.18	20
3	北海道のうち 旭川市　夕張市　芦別市　士別市　名寄市　千歳市　富良野市　虻田郡のうち真狩村及び留寿都村　夕張郡のうち由仁町及び栗山町　上川郡のうち鷹栖町、東神楽町、当麻町、比布町、愛別町、上川町、東川町、美瑛町、和寒町、剣淵町、朝日町、風連町、下川町及び新得町　空知郡のうち上富良野町、中富良野町及び南富良野町　勇払郡のうち占冠村、追分町及び穂別町　沙流郡のうち日高町及び平取町　有珠郡のうち大滝村	0.0027	8.51	1.20	20
4	北海道のうち 札幌市　小樽市　岩見沢市　留萌市　美唄市　江別市　赤平市　三笠市　滝川市　砂川市　歌志内市　深川市　恵庭市　北広島市　石狩市　石狩郡　厚田郡　浜益郡　虻田郡のうち喜茂別町、京極町及び倶知安町　岩内郡のうち共和町　古宇郡　積丹郡　古平郡　余市郡　空知郡のうち北村、栗沢町、南幌町、奈井江町及び上砂川町　夕張郡のうち長沼町　樺戸郡　雨竜郡　増毛郡　留萌郡　苫前郡のうち苫前町	0.0095	0.37	1.40	40
5	北海道のうち 松前郡　上磯郡のうち知内町及び木古内町　桧山郡　爾志郡　久遠郡　奥尻郡　瀬棚郡　島牧郡　寿都郡　磯谷郡　虻田郡のうちニセコ町　岩内郡のうち岩内町	-0.0041	-1.92	2.34	20
6	北海道のうち 紋別市　常呂郡のうち佐呂間町　紋別郡のうち遠軽町、上湧別町、湧別町、滝上町、興部町、西興部村及び雄武町	-0.0071	-3.42	2.98	40

「区域番号によるα、β、γ、R」（平成12年5月建設省告示第1455号　別表より）②

区域番号	区　　域	α	β	γ	R
7	北海道のうち 釧路市　根室市　釧路郡　厚岸郡　上川郡のうち標茶町　阿寒郡　白糠郡のうち白糠町　野付郡　標津郡	0.0100	-1.05	1.37	20
8	北海道のうち 帯広市　河東郡のうち音更町、士幌町及び鹿追町　上川郡のうち清水町　河西郡　広尾郡　中川郡のうち幕別町、池田町及び豊頃町　十勝郡　白糠郡のうち音別町	0.0108	0.95	1.08	20
9	北海道のうち 函館市　室蘭市　苫小牧市　登別市　伊達市　上磯郡のうち上磯町　亀田郡　茅部郡　山越郡　虻田郡のうち豊浦町、虻田町及び洞爺村　有珠郡のうち壮瞥町　白老郡　勇払郡のうち早来町、厚真町及び鵡川町沙流郡のうち門別町　新冠郡　静内郡　三石郡　浦河郡　様似郡　幌泉郡	0.0009	-0.94	1.23	20
10	北海道（1から9までに掲げる区域を除く）	0.0019	0.15	0.80	20
11	青森県のうち 青森市　むつ市　東津軽郡のうち平内町、蟹田町、今別町、蓬田村及び平館村　上北郡のうち横浜町　下北郡	0.0005	-1.05	1.97	20
12	青森県のうち 弘前市　黒石市　五所川原市　東津軽郡のうち三厩村　西津軽郡のうち鰺ヶ沢町、木造町、深浦町、森田村、柏村、稲垣村及び車力村　中津軽郡のうち岩木町　南津軽郡のうち藤崎町、尾上町、浪岡町、常盤村及び田舎館村　北津軽郡	-0.0285	1.17	2.19	20
13	青森県のうち 八戸市　十和田市　三沢市　上北郡のうち野辺地町、七戸町、百石町、十和田湖町、六戸町、上北町、東北町、天間林村、下田町及び六ケ所村　三戸郡	0.0140	0.55	0.33	40
14	青森県（11から13までに掲げる区域を除く） 秋田県のうち 能代市　大館市　鹿角市　鹿角郡　北秋田郡　山本郡のうち二ツ井町、八森町、藤里町及び蜂浜村	0.0047	0.58	1.01	40
15	秋田県のうち 秋田市　本荘市　男鹿市　山本郡のうち琴丘町、山本町及び八竜町　南秋田郡　河辺郡のうち雄和町　由利郡のうち仁賀保町、金浦町、象潟町、岩城町、由利町、西目町及び大内町 山形県のうち 鶴岡市　酒田市　東田川郡　西田川郡　飽海郡	0.0308	-1.88	1.58	20
16	岩手県のうち 和賀郡のうち湯田町及び沢内村 秋田県（14及び15に掲げる区域を除く） 山形県のうち 新庄市　村山市　尾花沢市　西村山郡のうち西川町、朝日町及び大江町　北村山郡　最上郡	0.0050	1.01	1.67	40
17	岩手県のうち 宮古市　久慈市　釜石市　気仙郡のうち三陸町上閉伊郡のうち大槌町　下閉伊郡のうち田老町、山田町、田野畑村及び普代村　九戸郡のうち種市町及び野田村	-0.0130	5.24	-0.77	20
18	岩手県のうち 大船渡市　遠野市　陸前高田市　岩手郡のうち葛巻町　気仙郡のうち住田町　下閉伊郡のうち岩泉町、新里村及び川井町　九戸郡のうち軽米町、山形村、大野村及び九戸村 宮城県のうち 石巻市　気仙沼市　桃生郡のうち河北町、雄勝町及び北上町　牡鹿郡　本吉郡	0.0037	1.04	-0.10	40

「区域番号によるα、β、γ、R」(平成12年5月建設省告示第1455号　別表より)　③

区域番号	区域	α	β	γ	R
19	岩手県（16から18までに掲げる区域を除く） 宮城県のうち 古川市　加美郡　玉造郡　遠田郡　栗原郡　登米郡　桃生郡のうち桃生町	0.0020	0.00	0.59	0
20	宮城県（18及び19に掲げる区域を除く） 福島県のうち 福島市　郡山市　いわき市　白河市　原町市　須賀川市　相馬市　二本松市　伊達郡　安達郡　岩瀬郡　西白河郡　東白川郡　石川郡　田村郡　双葉郡　相馬郡 茨城県のうち 日立市　常陸太田市　高萩市　北茨城市　東茨城郡のうち御前山村　那珂郡のうち大宮町、山方町、美和村及び緒川村　久慈郡　多賀郡	0.0019	0.15	0.17	40
21	山形県のうち 山形市　米沢市　寒河江市　上山市　長井市　天童市　東根市　南陽市　東村山郡西村山郡のうち河北町　東置賜郡　西置賜郡のうち白鷹町	0.0099	0.00	-0.37	0
22	山形県（15、16及び21に掲げる区域を除く） 福島県のうち 南会津郡のうち只見町　耶麻郡のうち熱塩加納村、山都町、西会津町及び高郷村　大沼郡のうち三島町及び金山町 新潟県のうち 東蒲原郡のうち津川町、鹿瀬及び上川村	0.0028	-4.77	2.52	20
23	福島県（20及び22に掲げる区域を除く）	0.0026	23.0	0.34	40
24	茨城県（20に掲げる区域を除く） 栃木県 群馬県（25及び26に掲げる区域を除く） 埼玉県 千葉県 東京都 神奈川県 静岡県 愛知県 岐阜県のうち 多治見市　関市　中津川市　瑞浪市　羽島市　恵那市　美濃加茂市　土岐市　各務原市　可児市　羽島郡　海津郡　安八郡のうち輪之内町、安八町及び墨俣町　加茂郡のうち坂祝町、富加町、川辺町、七宗町及び八百津町　可児郡　土岐郡　恵那郡のうち岩村町、山岡町、明智町、串原村及び上矢作町	0.0005	-0.06	0.28	40
25	群馬県のうち 利根郡のうち水上町 長野県のうち 大町市　飯山市　北安曇郡のうち美麻村、白馬村及び小谷村　下高井郡のうち木島平村及び野沢温泉村　上水内郡のうち豊野町、信濃町、牟礼村、三水村、戸隠村、鬼無里村、小川村及び中条村　下水内郡 岐阜県のうち 岐阜市　大垣市　美濃市　養老郡　不破郡安八郡のうち神戸町　揖斐郡　本巣郡　山県郡　武儀郡のうち洞戸村、板取村及び武芸川町　郡上郡　大野郡のうち清見村、荘川村及び宮村　吉城郡 滋賀県のうち 大津市　彦根市　長浜市　近江八幡市　八日市市　草津市　守山市　滋賀郡　栗太郡　野洲郡　蒲生郡のうち安土町及び竜王町　神崎郡のうち五個荘町及び能登町　愛知郡　犬上郡　坂田郡　東浅井郡　伊香郡　高島郡	0.0052	2.97	0.29	40

「区域番号によるα、β、γ、R」（平成12年5月建設省告示第1455号 別表より）④

区域番号	区域	α	β	γ	R
25	京都府のうち 福知山市　綾部市　北桑田郡のうち美山町　船井郡のうち和知町　天田郡のうち夜久野町　加佐郡 兵庫県のうち 朝来郡のうち和田山町及び山東町	0.0052	2.97	0.29	40
26	群馬県のうち 沼田市　吾妻郡のうち中之条町、草津町、六合村及び高山村　利根郡のうち白沢村、利根村、片品村、川場村、月夜野町、新治村及び昭和村 長野県のうち 長野市　中野市　更埴市　木曽郡　東筑摩郡　南安曇郡　北安曇郡のうち池田町、松川村及び八坂村　更級郡　埴科郡　上高井郡　下高井郡のうち山ノ内町　上水内郡のうち信州新町 岐阜県のうち 高山市　武儀郡のうち武儀町及び上之保村　加茂郡のうち白川町及び東白川村　恵那郡のうち坂下町、川上村、加子母村、付知町、福岡町及び蛭川村　益田郡大野郡のうち丹生川村、久々野町、朝日村及び高根村	0.0019	0.00	-0.16	0
27	山梨県 長野県（25及び26に掲げる区域を除く）	0.0005	6.26	0.12	40
28	岐阜県（24から26までに掲げる区域を除く） 新潟県のうち 糸魚川市　西頸城郡のうち能生町及び青海町 富山県 福井県 石川県	0.0035	-2.33	2.72	40
29	新潟県のうち 三条市　新発田市　小千谷市　加茂市　十日町市　見附市　栃尾市　五泉市　北蒲原郡のうち安田町、笹神村、豊浦町及び黒川村　中蒲原郡のうち村松町　南蒲原郡のうち田上町、下田村及び栄町　東蒲原郡のうち三川村　古志郡　北魚沼郡　南魚沼郡　中魚沼郡　岩船郡のうち関川村	0.0100	-1.20	2.28	40
30	新潟県（22、28及び29に掲げる区域を除く）	0.0052	-3.22	2.65	20
31	京都府のうち 舞鶴市　宮津市　与謝郡　中郡　竹野郡　熊野郡 兵庫県のうち 豊岡市　城崎郡　出石郡　美方郡　養父郡	0.0076	1.51	0.62	40
32	三重県 大阪府 奈良県 和歌山県 滋賀県（25に掲げる区域を除く） 京都府（25及び31に掲げる区域を除く） 兵庫県（25及び31に掲げる区域を除く）	0.0009	0.00	0.21	0
33	鳥取県 島根県 岡山県のうち 阿哲郡のうち大佐町、神郷町及び哲西町　真庭郡　苫田郡 広島県のうち 三次市　庄原市　佐伯郡のうち吉和村　山県郡　高田郡　双三郡のうち君田村、布野村、作木村及び三良坂町　比婆郡	0.0036	0.69	0.26	40

「区域番号によるα、β、γ、R」（平成12年5月建設省告示第1455号　別表より）⑤

区域番号	区　　　域	α	β	γ	R
33	山口県のうち 萩市　長門市　豊浦郡のうち豊北町　美祢郡　大津郡　阿武郡	0.0036	0.69	0.26	40
34	岡山県（33に掲げる区域を除く） 広島県（33に掲げる区域を除く） 山口県（33に掲げる区域を除く）	0.0004	-0.21	0.33	40
35	徳島県 香川県 愛媛県のうち 今治市　新居浜市　西条市　川之江市　伊予三島市　東予市　宇摩郡　周桑郡　越知郡　上浮穴郡のうち面河村	0.0011	-0.42	0.41	20
36	高知県（37に掲げる区域を除く）	0.0004	-0.65	0.28	40
37	愛媛県（35に掲げる区域を除く） 高知県のうち 中村市　宿毛市　土佐清水市　吾川郡のうち吾川村　高岡郡のうち中土佐町、窪川町、梼原町、大野見村、東津野村、葉山村及び仁淀村　幡多郡	0.0014	-0.69	0.49	20
38	福岡県 佐賀県 長崎県 熊本県 大分県のうち 中津市　日田市　豊後高田市　宇佐市　西国東郡のうち真玉町及び香々地町　日田郡　下毛郡	0.0006	-0.09	0.21	20
39	大分県（38に掲げる区域を除く） 宮崎県	0.0003	-0.05	0.10	20
40	鹿児島県	-0.0001	-0.32	0.46	20

10.4.4　許容応力度と変形制限

(1) 許容応力度

> 無線用鉄塔部材の設計応力（引張・圧縮）は、部材の許容応力（引張・圧縮）を超えないように設計しなければならない。
> また、基礎は接地圧が許容支持力を超えないようにしなければならない。

【解説】

(1) 部材の安全性を検討するため、部材の引張強度・圧縮強度を算出し、設計により算出した設計引張力・設計圧縮力とを対比させる方法を用いる。

　部材の強度（引張・圧縮）は許容応力度に有効断面積を乗じて算出する。許容応力度と安全率の関係は、SS 400（板厚40mm以下）の場合、降伏点荷重は、235N/mm^{2}であり、建築基準法施行令第90条では長期応力に対する安全率を1.5としてその許容応力度を156N/mm^{2}としている。

　基礎は、鉄塔から伝達される圧縮力、引抜力及び転倒モーメント等に耐えなければならない。また、基礎の安全率は地盤の極限支持力（地盤の支持しうる最大荷重）と地盤の許容支持力の比で表される。「建築基礎構造設計規準」（日本建築学会）によると、長期荷重に対する安全率は3としている。また短期荷重については、許容支持力を割り増し（2倍）しており安全率は1.5となる。基礎の場合も、許容支持力で表している場合は、すでに安全率を考慮したものといえる。

(2) 上記(1)から強度検討の際、許容応力度や許容支持力度を用いることにより、すでに安全率が見込まれていることから、無線用鉄塔としては特に安全率を設定しない。ただし、基礎の引抜力に関しては、基礎が不確定で不安定であることを考慮して、基礎引抜力に対する安全率を1.25（安息角を含めない）と定める。

(2) 変 形 制 限

> 無線用鉄塔の設計におけるたわみ及びねじれは、搭載する空中線の電波的特性及び性能に応じた許容値以内になければならない。

【解説】
(1) マイクロ波通信用鉄塔

　マイクロ波通信用鉄塔の建設費は、許容されるたわみ及びねじれの許容角度に大きく左右される。長年にわたって使用する鉄塔を経済的、合理的に計画するためには、マイクロ波回線の将来計画を含めて、使用する周波数帯、空中線の種類及び回線のシステムマージン（フェージング及び降雨マージン）を考慮の上、たわみ角及びねじれ角の許容値を決定する必要がある。

　回線のフェージングマージンとたわみ角及びねじれ角の許容値との関係について考察すると、自局と相手局が60m/sec前後の強風や大地震に同時に見舞われることは少なく、また、これらの異常気象とフェージングの谷が重なって発生することもほとんどないと考えられる。このため、設計荷重に対してたわみ角及びねじれ角の許容値は、鉄塔頂部において1.0°を標準とする。

(2) レーダー用鉄塔

(a) レーダーアンテナは、運用中は水平かつ円滑に回転していなければならない。このため、運用時の風荷重（風速35m/sec以下）に対する水平度は、水平レベルに対し0.1°以下とする。

(b) レーダーアンテナは、運用中はMTI性能上の要求を満たすために定常状態において、振動は図10.4.6に示す範囲を超えないこと。

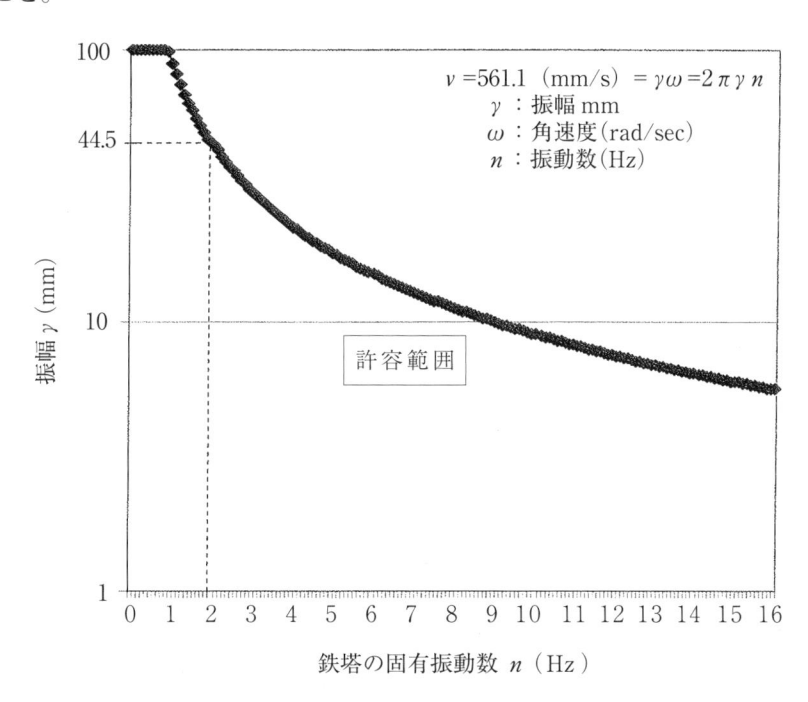

$v = 561.1$ (mm/s) $= \gamma \omega = 2\pi \gamma n$
γ：振幅 mm
ω：角速度(rad/sec)
n：振動数(Hz)

図10.4.6　レーダーのMTI性能要求を満たすための許容振幅（たわみ量）制限参考図

(3) 対空通信用鉄塔

　ダイポールアンテナを搭載する対空通信用鉄塔は、その空中線の特性上たわみ及びねじれについては厳しい条件

はない。このため、鉄塔強度内のたわみ及びねじれについては、問題はないと考えられる。

10.5 構造計算

10.5.1 一般事項

> 計画した構造が、荷重に対して安全であり、その変位が許容できる量であることを裏付けるため構造計算を行う。

【解説】
(1) 構造計算により、無線用鉄塔を構成する各部材に加わる応力が、許容応力以内で安全となるように部材の選定を行う。
(2) 構造計算により、風や地震等の荷重による構造物の変位が、許容できる範囲内となるように部材の選定を行う。
(3) レーダー用鉄塔については、入力地震波を設定し動的解析を行い鉄塔構造の検討を行う。
(4) 構造計算は、上記各項を目的に比較検討を繰り返し行うことにより、経済的かつ合理的な構造を設計するための手段であり、最終的に決定した構造の設計根拠としてまとめたものが構造計算書である。

10.5.2 構造計算の手順

> 構造計算は、部材断面の仮定、荷重・応力及び断面の算定、比較検討、修正を繰り返すことにより、適切な部材の算定を行う。

【解説】
(1) 構造計算のフローチャートを図10.5.1に示す。

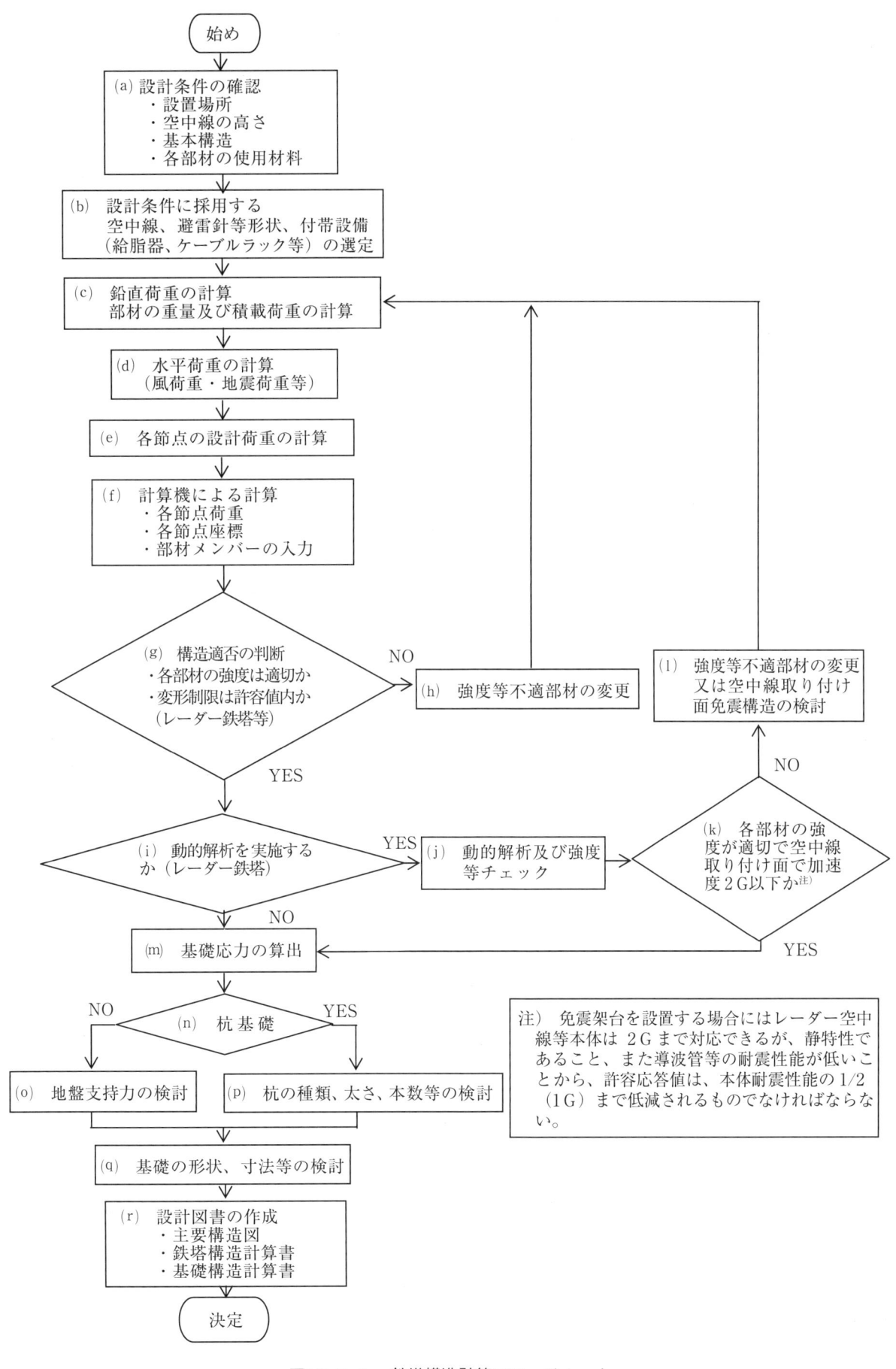

```
          ┌──────┐
          │ 始め │
          └──┬───┘
             ▼
    ┌─────────────────────┐
    │ (a) 設計条件の確認    │
    │   ・設置場所         │
    │   ・空中線の高さ      │
    │   ・基本構造         │
    │   ・各部材の使用材料   │
    └─────────┬───────────┘
              ▼
    ┌─────────────────────────────┐
    │ (b) 設計条件に採用する        │
    │   空中線、避雷針等形状、付帯設備 │
    │   (給脂器、ケーブルラック等) の選定│
    └─────────┬───────────────────┘
              ▼
    ┌─────────────────────────────┐
    │ (c) 鉛直荷重の計算            │◄──────────────┐
    │   部材の重量及び積載荷重の計算   │               │
    └─────────┬───────────────────┘               │
              ▼                                   │
    ┌──────────────────────┐                      │
    │ (d) 水平荷重の計算     │                      │
    │   (風荷重・地震荷重等)  │                      │
    └─────────┬────────────┘                      │
              ▼                                   │
    ┌──────────────────────┐                      │
    │ (e) 各節点の設計荷重の計算 │                   │
    └─────────┬────────────┘                      │
              ▼                                   │
    ┌──────────────────────┐                      │
    │ (f) 計算機による計算    │                      │
    │   ・各節点荷重        │                       │
    │   ・各節点座標        │                       │
    │   ・部材メンバーの入力   │                      │
    └─────────┬────────────┘                      │
              ▼                                   │
         ╱‾‾‾‾‾‾‾‾‾‾╲          ┌──────────────┐   │     ┌────────────────────┐
        ╱ (g) 構造適否の ╲  NO   │ (h) 強度等    │   │     │ (l) 強度等不適部材の変更│
       ╱   判断          ╲─────►│    不適部材   │───┤     │    又は空中線取り付け  │
       ╲ ・各部材の強度は   ╱     │    の変更    │   │     │    面免震構造の検討    │
        ╲  適切か         ╱      └──────────────┘   │     └──────────▲─────────┘
         ╲・変形制限は    ╱                         │                │ NO
          ╲許容値内か  ╱                            │         ╱‾‾‾‾‾‾‾‾‾‾╲
           ╲(レーダー鉄塔等)                         │        ╱ (k) 各部材の強 ╲
            ╲‾‾‾┬‾‾‾╱                              │       ╱   度が適切で空中線╲
              YES│                                 │       ╲  取り付け面で加速  ╱
                 ▼                                 │        ╲ 度2G以下か(注)   ╱
         ╱‾‾‾‾‾‾‾‾‾‾╲          ┌──────────────┐     │         ╲‾‾‾▲‾‾‾╱
        ╱ (i) 動的解析を ╲  YES   │ (j) 動的解析  │     │             │ YES
       ╱   実施する      ╲──────►│    及び強度   │─────┼─────────────┘
       ╲  か(レーダー鉄塔) ╱      │    等チェック │     
        ╲‾‾‾┬‾‾‾╱               └──────────────┘    
          NO │                                       
             ▼                                       
    ┌──────────────────────┐                         
    │ (m) 基礎応力の算出     │◄────────────────────── 
    └─────────┬────────────┘                         
        NO    ▼    YES                               
         ╱‾‾‾‾‾‾‾‾‾‾╲                                
   ┌────╱ (n) 杭基礎   ╲────┐                         
   │    ╲‾‾‾‾‾‾‾‾‾‾╱    │                          
   ▼                      ▼                          
┌──────────────┐  ┌──────────────────┐               
│(o) 地盤支持力 │  │(p) 杭の種類、太さ、│               
│    の検討    │  │    本数等の検討   │                
└──────┬───────┘  └──────┬───────────┘               
       └────────┬────────┘                           
                ▼                                    
     ┌──────────────────────┐                        
     │(q) 基礎の形状、寸法等の検討│                    
     └─────────┬────────────┘                        
               ▼                                     
     ┌──────────────────────┐                        
     │ (r) 設計図書の作成     │                        
     │   ・主要構造図        │                         
     │   ・鉄塔構造計算書     │                        
     │   ・基礎構造計算書     │                        
     └─────────┬────────────┘                        
               ▼                                     
          ┌──────┐                                    
          │ 決定 │                                    
          └──────┘                                    
```

注) 免震架台を設置する場合にはレーダー空中線等本体は2Gまで対応できるが、静特性であること、また導波管等の耐震性能が低いことから、許容応答値は、本体耐震性能の1/2 (1G) まで低減されるものでなければならない。

図10.5.1　鉄塔構造計算フローチャート

10.6 防 食

10.6.1 防食法

(1) 防食に対する配慮

> 無線用鉄塔は防食のため、加工後は溶融亜鉛めっきを完全に施すことを標準とする。

【解説】

(1) 無線用鉄塔は常に外気にさらされており、空気中の酸素を含んだ水分、その他種々のガスの複合作用により、錆等の腐食が発生する。

(a) 腐食の原因

大気腐食に影響を及ぼす環境因子としては以下のようなものがあり、鋼材の組成物質との化学反応により腐食する。

・環境因子……………雨、温度、湿度、海塩粒子等
・汚染因子……………亜硫酸ガス、降下煤塵等

雨・雪・結露等による鋼材表面の濡れや海塩粒子は、錆を促進するため、一般に雨の多い地域や海岸近くでの腐食量が大きい。

(b) 防食対策

防食対策の基本としては、上記のような腐食物質が鋼表面にふれないように、鋼表面を外気から遮断することである。以下にその方法を示す。

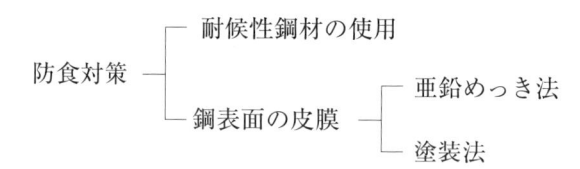

```
                ┌─ 耐候性鋼材の使用
防食対策 ─┤
                │                        ┌─ 亜鉛めっき法
                └─ 鋼表面の皮膜 ─┤
                                         └─ 塗装法
```

(2) 溶融亜鉛めっきによる防食

無線用鉄塔の防食法としては、溶融亜鉛めっきが上記(1)(b)項の中でも耐久性、経済性、施工性及び既設鉄塔における経験から、無線用鉄塔に一番適した防食法と考えられる。

溶融亜鉛めっきについて、以下に示す。

(a) めっきの品質

溶融亜鉛めっきの品質は、JIS H 8641で規定されている外観、付着量、均一性及び密着性等である。試験方法はJIS H 0401で規定される。

(イ) 付 着 性

亜鉛めっきの付着量は、与えられた条件の中で、その寿命を決定する第一の原因である。めっきの付着量が多いほど寿命が長くなり、かつ、ほとんどの大気条件下でその関係は直線的である。付着量は一般に単位面積 (m^2) 当たり、亜鉛めっきがいくら付着しているかの量(g)で表される。JIS H 8641では350〜550g/m^2で50g/m^2きざみで5ランク規定している。無線用鉄塔に施す溶融亜鉛めっきの付着量は表10.6.1によるものとする。

また、特に付着量の重要な性質として、めっき厚みは素材の厚みに比例して変化することである。

(ロ) 均一性

　　めっきの付着量が同じでも、均一に付着している方がめっきの皮膜の品質がよい。しかし、溶融亜鉛めっきでは厚さのばらつきのできることは避けられない。

表10.6.1　溶融亜鉛めっき付着量

種別	付着量　(g/m^2)
形鋼・鋼板類、高力ボルト	550以上
ボルト・ナット類	350以上

(ハ) 密着性

　　めっき品質の取扱いや運送、加工等で、はがれないような溶融亜鉛めっきの皮膜が望ましい。密着性の試験方法はJIS H 0401に規定されている。

(ニ) 外観

　　めっき表面は実用的に滑らかで、不めっき等の使用上有害な欠陥があってはならない。

(b) ウィスカについて

　ウィスカはめっき皮膜から発生する単結晶で自然発生するヒゲである。これは電子部品に付着して短絡事故を誘発する可能性がある。亜鉛めっきでもウィスカは発生するので、発生しづらい部材を使用することが望ましい。

(2) 昼間障害標識の塗装

> 航空法で定める制限高を超える等の場合は、溶融亜鉛めっき後、昼間障害標識の塗装を施す。

【解説】

(1) 昼間障害標識の目的

　昼間障害標識は、昼間において高速で移動する航空機から見て、その形状（ビル等の大きく目立ちやすいものは除く）または色彩から物件の存在が背景に溶け込み、パイロットの視認が困難となる障害物の存在を認識させるための標識である。

　上記により、航空無線用鉄塔に昼間障害標識の塗装を施す場合、防食のための溶融亜鉛めっきを施した後に行う。

(2) 航空法第51条の2の規定

　昼間において航空機からの視認が困難であると認められる煙突、鉄塔その他の国土交通省令で定める物件で地表又は水面から60m以上の高さのものの設置者は、国土交通省令で定めるところにより、当該物件に昼間障害標識を設置しなければならない。

　国土交通大臣は、国土交通省令で定めるところにより、前項の規定により昼間障害標識を設置すべき物件以外の物件で、航空機の航行の安全を著しく害するおそれのあるものに昼間障害標識を設置しなければならない。

(3) 塗装の範囲

　塗装の範囲は航空法施行規則第132条3によるものとし、無線用鉄塔（高さ210m以下のもの）は最上部から黄赤と白の順に高さの1/7毎に交互に塗装する。ただし、周囲の物件により、遮蔽されている部分は、塗装しなくてもよいことになっている。

(4) 塗装色

　昼間障害標識の塗装色は、JIS W 8301「航空標識の色」による航空黄赤色及び航空白色とする。

10.7 基礎

10.7.1 柱脚

(1) 一般事項

> 柱脚は柱の軸方向力、曲げモーメント及びせん断力を安全に基礎に伝えることができるように設計しなければならない。

【解説】

(1) 無線用鉄塔は、全体として静定支持に近い形になることが多く、柱脚部や定着部の破壊が全体の崩壊に直接つながる可能性があるため注意が必要である。

(2) 柱脚部は、工場製作された鉄骨と現場におけるコンクリート工事の接点であることから、施工上及び材質的に異なるものの接合であるため、設計にあたっては工場における製作と現場施工が確実容易に行えるよう配慮しなければならない。

(2) 柱脚の設計

> 柱脚部は、柱脚に加わる応力、柱の大きさ及び基礎の形状等を総合的に検討し、適切な応力伝達が行われるように設計しなければならない。

【解説】

(1) 柱脚は、暴風時・地震時の応力の組合せの場合、積載荷重を無視したことによる引張力に対しても安全となるようにしなければならない。

(2) 柱脚部の形態としては、露出柱脚・根巻き（埋込み）柱脚である。無線用鉄塔の柱脚としては現場施工の作業性を考慮し、構造的に特に支障がない場合は、基礎工事と建て方工事を別工程で行える露出柱脚が望ましい。ただし、アンカーボルトの施工については、正確なボルト位置を確保しなければならないため、設計段階でゲージプレートについても考慮し、鉄塔製作に合わせて製作されたゲージプレートを使用して施工する必要がある。

(3) ウィングプレート、リブプレートを用い、ベースプレートの変形を阻止するとともに、主柱材との接合を完全にする必要がある。

(4) ベースプレート下面と基礎上面を十分密着させる。この場合、ベースプレートの面積・アンカーボルトの断面積は、ベースプレートの形状を断面積とし、引張側アンカーボルトを鉄筋とする鉄筋コンクリート柱とみなして算定することができる。

(5) 柱脚のせん断力がベースプレート下面のコンクリートとの摩擦力で伝達するとみなすときは、摩擦係数を0.4とすることができる。ただし、柱脚のせん断力が摩擦力を超過する場合には、全応力をアンカーボルトで負担するものとし、摩擦力を加算することはできない。

(6) 柱脚に引張力が作用する場合には、柱脚のせん断力をアンカーボルトに負担させ、引張力とせん断力との応力の組合せを考慮する。

(7) アンカーボルトの太さ及び本数は、アンカーボルトの必要断面積より決定されるが、そのほかに主柱材の太さ、ベースプレートの大きさ、基礎の大きさ及び施工性を考慮しバランスのとれたものを選定しなければならない。

(8) アンカーボルトの定着方法としては、先端に定着金物を設ける方法とフック形式による方法がある。定着金物による場合は、コーン状破壊を防ぐために、アンカーボルトの定着長さとして$40d$（dはアンカーボルトの径）以上を目安とすればよい。ただし、定着部のコンクリートの形状によっては、コーン状破壊を左右する投影面積が不足するため計算により確認する必要がある（鉄筋の継手及び定着については、建築基準法施行令第73条に規定がある）。

一方、フック形式による場合は、許容応力度レベルまでは、$20d$程度の定着長さで多数回繰り返しても安定して

いる。しかし、降伏耐力時には定着金物形式に比べ抜け出しが大きくなるので、短いアンカーボルトを用いる場合は特に注意が必要である。したがって、フック形式による場合は「公共建築工事標準仕様書（建築工事編）」（国土交通省）の定着の規定により定着長さを十分確保する必要がある。参考として、常用の定着長さを表10.7.1に示す。

(9) 錆の発生による必要強度の低下を防ぐため、アンカーボルトの露出部には溶融亜鉛めっきを施さなければならない。

表10.7.1　定着の長さ

鉄筋の種類	コンクリートの設計基準強度 (N/mm^2)	フックなし		L_3		フックあり		L_3	
		L_1	L_2	小梁	スラブ	L_1	L_2	小梁	スラブ
SD295A SD295B SD345	21 24 27	$40d$	$35d$	$25d$	$10d$ かつ 150mm 以上	$30d$	$25d$	$15d$	—
	30 33 36	$35d$	$30d$			$25d$	$20d$		
SD390	21 24 27	$45d$	$40d$			$35d$	$30d$		
	30 33 36	$40d$	$35d$			$30d$	$25d$		

注）　1．L_1：継手ならびに2．および3．以外の定着長さ
　　　2．L_2：割裂破壊のおそれのない箇所への定着長さ
　　　3．L_3：小梁およびスラブの下端筋の定着長さ。但し基礎耐圧スラブおよびこれを受ける小梁は除く。
　　　4．フックのある場合のL_1、L_2およびL_3は下図に示すようにフック部分lを含まない。

フックのない場合　　　　　　　　　　　フックのある場合

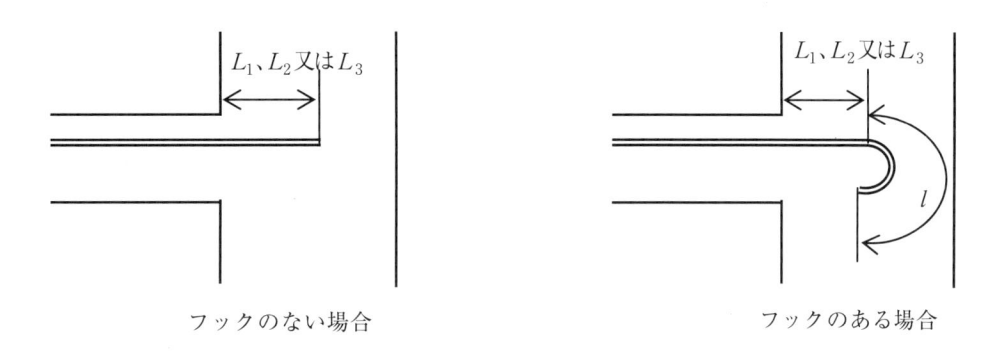

図10.7.1　直線定着

10.7.2　基礎一般

(1)　基礎形状

> 無線用鉄塔の基礎は、次の種類に分類される。
> (1)　直接基礎
> (2)　杭　基　礎

【解説】
(1)　鉄塔基礎の種類
　　基礎には、次のような種類がある。

```
                                    ┌─ 独立フーチング基礎
                                    ├─ 複合フーチング基礎
              ┌─ 直接基礎 ──────────┼─ 連続フーチング基礎
    基礎 ─────┤                    └─ べた基礎
              ├─ 杭基礎 ──┬─ 支持杭
              └─ 併用基礎 └─ 摩擦杭
```

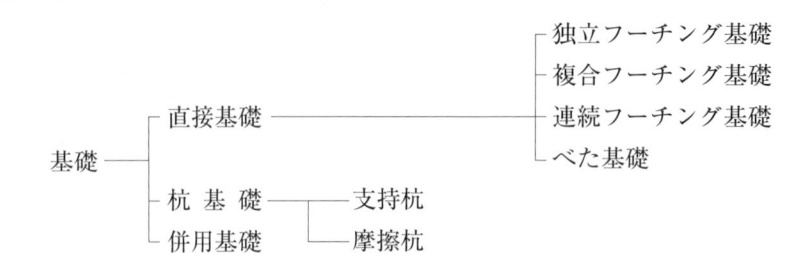

無線用鉄塔では、基礎に不等沈下が生じると、空中線が傾くことによる電波伝搬上の障害のおそれがあり、また、鉄塔の構成材に二次応力が発生するおそれがある。このような不等沈下を避けるため、通常は杭基礎、べた基礎あるいは基礎はりでつないだ独立基礎を使うことが多い。

(a) 直接基礎

上部構造の荷重を基礎底面から地盤に直接伝える形式の基礎であり、上部構造物が小規模の場合、あるいは大規模であっても支持地盤が堅固である場合に採用される。以下に分類を示す。

表10.7.2　基礎分類

名　称	内　容
独立フーチング基礎	単一の柱を支える最も単純な基礎形状で、上部構造からの荷重に対して、地盤が良好で接地圧や沈下量に余裕がある場合に用いられる。
複合フーチング基礎	2本又は複数の柱を同一のフーチングで支持する形式のものである。これは、柱が互いに接近しているため、おのおのの心を合わせようとしたとき、フーチングが重なる場合に2本以上の柱を同一のフーチングで支持する方法である。
連続フーチング基礎	柱を帯状のフーチングでつなげた形式で、各柱の鉛直荷重に著しい差があれば、それぞれの荷重を負担するフーチングの幅を変えて調整する。
べた基礎	地盤の支持力に比較して上部構造の荷重が大きいとき、基礎の底面積が広く必要となる場合がある。このような場合は、上部構造物を一体化したフーチングで支持する。このような方法をべた基礎という。

(b) 杭基礎

基礎底面の地盤が上部構造の荷重を支えるだけの地耐力をもっていない場合には、その荷重を支持できる深層の地盤まで伝達させるか、あるいは表層から所要の深度までの範囲の地盤内に分散させるかのどちらかの手法を採用しなければならない。

このように、上部構造物の荷重を所定の深度まで伝達させたり、分散させて地中に伝達させる仲介の役割を果たすのが杭である。前者の場合を支持杭、後者の場合を摩擦杭として区別することもあるが、実際の杭は両者の支持機構を併せもつものと考えられる。また、杭基礎は杭の施工方法により以下のように分類できる。既製杭は鋼杭とコンクリート杭がある。

表10.7.3 杭基礎方式

名　　称	内　　　　　容
打込み杭	既製の杭体を、ほぼその全長にわたって地盤中に打ち込むことによって設けられる杭。 騒音・振動等の問題があり、都市地域では施工できないこともある。 種類として：打撃工法、プレボーリング併用打撃工法がある。
圧入杭	既製の杭体を、ほぼその全長にわたって地盤中に打ち込むことによって設けられる杭。 打込み杭に比べ、騒音・振動公害が少ない。 種類として：押込み工法、回転貫入工法がある。
埋込み杭	既製の杭体を、ほぼその全長にわたって地盤中に埋め込むことによって設けられる杭。 打込み杭に比べ、騒音・振動公害がほとんどない。 種類として：プレボーリング工法、中掘り工法がある。
現場打ちコンクリート杭	あらかじめ地盤中に掘削された孔内に、鉄筋かごを挿入したのち、コンクリートを打設することによって、現場において造成される杭。比較的規模の大きい杭が必要なとき使用される。種類として：アースドリル工法、リバースサーキュレーションドリル工法、オールケーシング工法がある。

　無線用鉄塔では、基礎の引抜力が大きいため杭基礎を採用する場合は、杭頭を基礎フーチングの配筋と接合する等、適切な杭頭処理を施す必要がある。

(2) 基礎設計の基本的な考え方

$$\boxed{仕様設計} \rightarrow \boxed{性能設計} \rightarrow \boxed{限界状態設計法}$$

　最近は基本的な考え方は仕様設計から性能設計に変化してきた。性能設計は限界状態設計法であり、構造物の安全性の限界状態を明確にする方法である。

(3) 杭の原理

表10.7.4 杭の原理

項　目	支　持　杭	摩　擦　杭
概略図	（上部構造の荷重が軟弱地盤を貫通して支持地盤に達する杭の図）	（上部構造の荷重を、杭周辺の摩擦力で支える杭の図）
原　理	荷重を全部下部の支持地盤に入っている杭の先端の抵抗だけで持たせる。	杭と周辺地盤との間の摩擦力だけで対応している。

11. 航空保安無線施設等の施工による地震対策

　本指針は、阪神・淡路大震災（平成7年1月17日5時46分発生）の教訓に鑑み、航空保安無線施設等の耐震性確保を目的としている。
　航空保安無線施設等の耐震性に関しては、現状においてはおおむね確保されていると考えられるが、管制情報処理システム等のコンピュータ機器ディスク装置、レーダー空中線の回転部分等一部には、耐震性において不十分なものがあるため、地震対策を実施する必要がある。

11.1　適　　用

　本施工による地震対策における対象施設は以下のとおりとする。

表11.1.1　無線関係施設の区分

区　　分	略　　称	備　　考
1．航空保安無線施設 　(1)　NDB 　(2)　VOR 　(3)　VOR/DME 　(4)　VORTAC 　(5)　ILS	 NDB VOR VOR/DME VORTAC ILS	LOC/DME、LOC/MM、LOC/DME/MM、マーカは航空保安無線施設（ILS）とみなして航空保安業務処理規程第6管制技術業務処理規程を適用する（航空法第46条の規定により航空保安施設の告示を必要とする施設には該当しない）。
2．航空通信施設 　(1)　国内航空通信施設 　　①　空港対空通信施設 　　②　リモート空港対空通信施設 　　③　遠隔対空通信施設 　　④　飛行場情報放送業務施設 　　⑤　広域対空援助業務施設 　(2)　国際航空通信施設 　　①　短波通信施設 　　②　遠距離対空通信施設 　　③　超短波通信施設 　(3)　航空交通管理通信施設 　(4)　極超短波連絡回線施設 　(5)　VHFデータリンクシステム	A/G（DOM） A/G RAG RCAG ATIS AEIS A/G（INTL） HF-A/G ER-VHF VHF-A/G ATM-COM ML DLP	航空交通管制部のLOCAL対空通信施設を含む。
3．レーダー施設 　(1)　空港監視レーダー 　(2)　二次監視レーダー 　(3)　精測進入レーダー 　(4)　空港面探知レーダー 　(5)　航空路監視レーダー 　(6)　洋上航空路監視レーダー 　(7)　レーダーマイクロウェーブリンク 　(8)　デジタルレーダービデオ伝送装置 　(9)　デジタルレーダー情報分配装置 　⑽　マルチラテレーション	 ASR SSR PAR ASDE ARSR ORSR RML DRVT DRDE MLAT	
4．管制情報処理システム施設 　(1)　飛行情報管理システム 　　　　（管制情報処理部）	 FDMS （FDPS）	

区　　　分	略　称	備　　考
（2）航空交通流管理システム （3）洋上管制データ表示システム （4）空域管理システム （5）航空路レーダー情報処理システム （6）ターミナルレーダー情報処理システム （7）ターミナルレーダーアルファニューメリック表示システム	ATFM ODP ASM RDP ARTS TRAD	
５．航空交通情報システム施設 　　飛行情報管理システム 　　（運航情報処理部）	FDMS （FIMS）	
６．その他附帯施設 （1）運用・信頼性管理システム （2）システム統制装置 （3）システム表示装置 （4）保守情報処理システム （5）MSAS性能監視システム （6）MSAS監視局システム （7）気象ブリーフィング支援装置 （8）移動物件監視装置 （9）航空機アドレス監視装置 （10）航空保安情報ネットワーク （11）管制シミュレータ （12）船舶高情報表示装置 （13）高度監視装置	ORM SSE SME MDP MSV GMS WAT MOMS AAM CAS.net SIM SIDE HMU	
７．上記１から６に示す施設に附帯する受配電設備、電線路等の電気工作物（自家発電設備を除く）		

11.2 レーダー空中線の地震対策

【標準】
　レーダー空中線架台は、必要な場合は免震構造（二次元）とする。

【解説】
(1) レーダー施設の新設・更新時等に併せて、レーダー空中線の耐震性能を検討する。
(2) 上記検討は、レーダー局舎基部に入力地震波を設定（入力地震波の設定は、10.4.3 (5) 地震荷重の【解説】(3) 動的解析による）し、空中線取付面（空中線架台下部）での最大応答加速度を算出し、2G以上となる場合には免震架台の検討を行う。
(3) レーダー空中線本体は2Gまで対応できるが、静特性であること、また導波管等の耐震性能が低いことから、許容応答値は、本体耐震性能の1/2（1G）まで低減されるものでなければならない。

【留意事項】
(1) 既存のレーダー空中線架台の免震化にあたっては、以下の点に留意して担当課への施工を依頼すること。
　(a) 既存のレーダー基礎（ペデスタル基礎等）の再利用が可能な計画とすること。
　(b) レーダー空中線とFRP製レドームとの必要離隔を確保するために、ペデスタル架台の高さは既存と同様とし、その下部に免震機構を計画すること。
　(c) 荷重が均等になるよう計画すること。
　(d) ストッパーの変形制限を検討すること。

【参考】
　山田ARSR施設における免震装置の効果
　山田ARSR施設における免震機構をもとにした、解析モデルからEL SENTRO 1940 NS波及び八戸1968 NS波の最大加速度400Gal入力に対する応答解析結果の概要を下記に示す。

表11.2.1　免震装置の効果

入力波（400Gal入力）	免震装置なし	免震装置あり	
	レーダー空中線最大応答加速度（Gal）	レーダー空中線最大応答加速度（Gal）	免震装置最大変形（cm）
EL SENTRO 1940NS波	2,974(1)	726（1/4.1）	26.9
八戸1968NS波	2,639(1)	552（1/4.8）	25.9

注）　建物を線形とした場合の解析結果。
　　（　）内の数値は免震効果比率。

──────── Coffee Break ────────
　EL SENTRO 1940 NS波とは、1940年に起きたEL SENTRO（エル・セントロ）の地震波形のことで、周期が0.5秒〜0.6秒で8階〜10階の建物に共振しやすい地震であった。標準例として、地震関係ではよく出される名称である。八戸1968NS波も同様である。

11.3　フリーアクセス床上設置機器に対する地震対策

　コンピュータによる情報処理は、航空の安全に欠くことのできないものとなってきている。したがって、コンピュータ機器の地震対策には万全を期す必要があり、特にコンピュータシステムの中にあって、耐震強度が劣っているディスク装置等（ハードディスク装置、光磁気ディスク装置等）に関しては、応答加速度を下げ保護する必要がある。

また、その他の機器についても、機器の倒壊・人命の安全確保の観点から耐震性のあるフリーアクセス床が検討されるべきである。

> 【標準】
> 1．コンピュータハードディスク等及びそれらを内蔵するものを設置する場合の床構造は、免震床構造とする（教育用機器、評価用機器及び直接運用に影響のない機器は除く）。
> 2．その他の機器を設置する場合の床構造は、耐震型フリーアクセス床とする。

【解説】
(1) OA床等で脚部のないものは対象としない。
(2) 本対策は、対象施設の大規模な更新、新設時等に併せて実施するものとする。
(3) 免震床の採用にあたっての水平加速度は、フリーアクセス床面において次の値以下となるようにしなければならない。

表11.3.1　航空保安無線施設耐震性向上基礎設計報告書（平成8年3月）より

条　　件	水平加速度（G）
コンピュータハードディスク等及びそれらを内蔵するもの	0.25
上記以外の汎用カタログ品	0.4

(4) 耐震型フリーアクセス床の採用にあたっての水平加速度は、フリーアクセス床面において次の値以上の耐震性を有しなければならない。

表11.3.2　設計用水平震度（建築設備耐震設計・施工指針2005年版、日本建築センター）

条　　件	水平加速度（G）
1階に設置される装置等	1.0
2階以上（中層階）に設置される装置等	1.5
最上階、屋上、鉄塔上に設置される装置等	2.0
施設の運用に直接影響のないカタログ品等	1.0

(5) 免震は、原則として3次元免震とし、免震床施工範囲等は、現場条件、将来計画、経済性を十分検討すること。
(6) また、コンピュータ関連機器が、全設置機器に占める割合が大きい場合は、新設時のみ免震建物（新設時のみ考慮）も考慮する。
(7) 耐震、制振、免震
  (a) 免震・制震の5原則
　　　免震・制震構造は、1950年代に京都大学教授だった小堀鐸二博士の提唱が基本となっている。この原則は5項目からなっていた。

表11.3.3　耐震、制振、免震

項　目	概　略　図	内　　容
① 地震動の建物への伝達経路を遮断する。	風船等で建物を浮かす。	地震時に建物を宙に浮かせるなどして、地震動を完全に遮断する。
② 地震動の卓越周期から建築物の固有周期をはずす。	積層ゴム等を建物と地面の間に入れる。	積層ゴム等を建物と地面の間に入れ遮断層を設けることで、建物の固有周期を長周期化することで、地震動との共振を避ける。
③ 地震波の周期に応じて建物の固有周期を変化させる（非共振系を図る）。	可変剛性・減衰システム。	時々刻々の地震動の振動周期に応じて、構造物の固有周期を変化させ、共振しないようにする。
④ 揺れに対する制御力を発生させる（制御力を加える）。	制御力を加える。	建物に制震装置を設置し、建物の振動を打ち消すような制御力を発生させる。
⑤ エネルギー吸収機構を利用する（エネルギー吸収）。	オイルダンパー等を設ける。	減衰器（ダンパー）を設置し、地震時の振動エネルギーを吸収して、建物の変形に費やされるエネルギーを減少させ、建物の損傷を低減させる。

(b) 耐震、制振、免震の特徴

表11.3.4　耐震、制振、免震の一覧表

	耐　震	制　振	免　震
概略図	耐震壁	（重り型概略図）	ゴム／金属板
内容	・建築の耐震化は通常においても行われている。耐震壁や筋交い等がこれに当たる。	・代表例は重り型である。 ・建物の固有周期に同調させた重りをビルの屋上に設置する。重りには、鉄塊や水槽に入った水を用いることが多い。建物が揺れ始めるとこの重りが共振し逆方向へ振れ始めるので、建物の揺れが収まるという原理。 ・TMD (Tuned Mass Damper) 重りで振動エネルギーを吸収する動吸振器で、重りが周期を同調させている。 ・AMD (Active MD) TMDの上に小さな重りを載せて、これをコンピュータ制御してブランコを漕ぐような力を加えて、TMDの制御効果を高める。 ・重りは、通常、建物重量の0.2～1％程度で、日常の不快な風揺れ抑制用に使われる。	1．積層ゴム：土台と建物の間にゴムと金属板を交互に挟んだ積層ゴムを入れ、これにダンパーを組み合わせてある。 ・積層ゴムは、水平方向には柔らかく鉛直方向には硬い。鉛直方向の硬さで建物を支え、水平方向の柔らかさで地震動を吸収する。 ・超高層ビルのように細長い建物では、大地震時に積層ゴムに上向き方向に引張力がかかる。積層ゴムは引っ張りに弱く、損傷する恐れがあるため、超高層ビルには不向きとされていたが、鋼板を介して積層ゴムを基礎に固定する「ウインカー工法」で、超高層ビルや不整形の建物でも、信頼性の高い免震性能を出せるようになった。 2．ベアリング：鉄骨等の比較的重量の軽い建物では、従来の積層ゴムでは免震周期を延ばすのには限度があるので、ボールベアリングをバネやダンパーと併用することで、免震装置として用いる。

(c) 免震装置

表11.3.5　免震装置の原理

機　能	積層ゴム支承			すべり支承		ころがり支承	
	天然ゴム系	鉛プラグ入り	高減衰	すべり	曲面	ベアリング	リニアレール
絶縁：地盤と建物間を切る	○	○	○	○	○	○	○
復元：建物を元の位置に戻すためのばね機能	○	○	○	×	○	×	×
減衰：建物の揺れ幅を小さく収束させる機能	×	○	○	○	○	×	×
支持：建物の自重を支える	○	○	○	○	○	○	○
備　考	鋼材ダンパーや鉛ダンパーと組み合わせる。	各々減衰機能があるので、単独で用いることができる。		復元として積層ゴムと組み合わせる。		復元として積層ゴムや、減衰機構として各種のダンパーと組み合わせる。	

○：機能を有するもの　×：機能を有しないもの

(8) 免震床施工時の注意事項

(a) 床構造（高さ）は、約200 〜 750mm であるため、特に更新時に既存のフリーアクセス床を免震化する場合には、階高等に注意すること。

(b) また、重量（35 〜 100kg/m^2）が増大するので、床荷重の再計算を必要とする。

(c) 免震床周辺部には緩衝部を必要とする（250mm 程度）。

したがって、壁際に設置される分電盤、空調器、空調器制御盤等は、緩衝部の関連から床面から浮かせる（離隔をとる）等の処理が必要である。

(d) 免震床には、表11.3.6及び表11.3.7のような種類があるので採用の検討資料とされたい。

表11.3.6　免震床の種類（2次元免震）

システム名	免震方向	支承方式	特徴等
A社	水平	すべり 水平バネ	・機構が簡明、設置時の調整不要 ・メンテナンスフリー ・低床型免震支承、階高を低く抑える ・移設、既設床への設置容易 ・各種バリエーションを用意
B社	水平	ボールベアリング バネ ダンパー	・施工容易、レイアウト自由 ・構造が簡明、信頼性・耐久性良 ・自動復元
C社	水平	積層ゴムユニット	・構造シンプル、大荷重に対応 ・大きな変化に容易に追従
D社	水平	ボールベアリング	・コンパクト ・床高が低い
E社	水平	スライドベアリング バネ	・信頼性高 ・メンテナンス容易
F社	水平	すべり 水平バネ	・施工容易、メンテナンスフリー ・室内レイアウトがフレキシブル ・既存構造物に対応可

表11.3.7 免震床の種類（3次元免震）

システム名	免震方向	支承方式	特徴等
A社	水平 上下	ボールベアリング すべり コイルスプリング オイルダンパー	・地震動に即応（常時待機方式） ・部分免震可 ・既設床への設置容易 ・階高を低く抑える ・移設、既設床への設置容易
B社	水平 上下	すべり 水平バネ オイルダンパー 鉛直バネ	・施工容易、メンテナンスフリー ・室内レイアウトがフレキシブル ・既存構造物に対応可
C社	水平 上下	ボールベアリング コイルスプリング ダンパー	・汎用性に富む
D社	水平 上下	ボールベアリング 空気バネ ダンパー	・精密機器に適
E社	水平 上下	スライドベアリング 空気バネ	・床レベルを自動制御 ・コンピュータ等のレイアウトフリー ・信頼性大、メンテナンスフリー
F社	水平 上下	積層ゴム 空気バネ	・床レベルを自動制御 ・コンピュータ等のレイアウトフリー ・信頼性大、メンテナンスフリー

(9) 耐震床施工時の注意事項

(a) フリーアクセス床は、ケーブル類及び空調のため、穴をあける必要があり、その大きさは必要最小限とすると共に、穴部には補強枠またはストッパーの取り付けが必要である。

　　　　　　　　　　　　　　　　免震床の原理

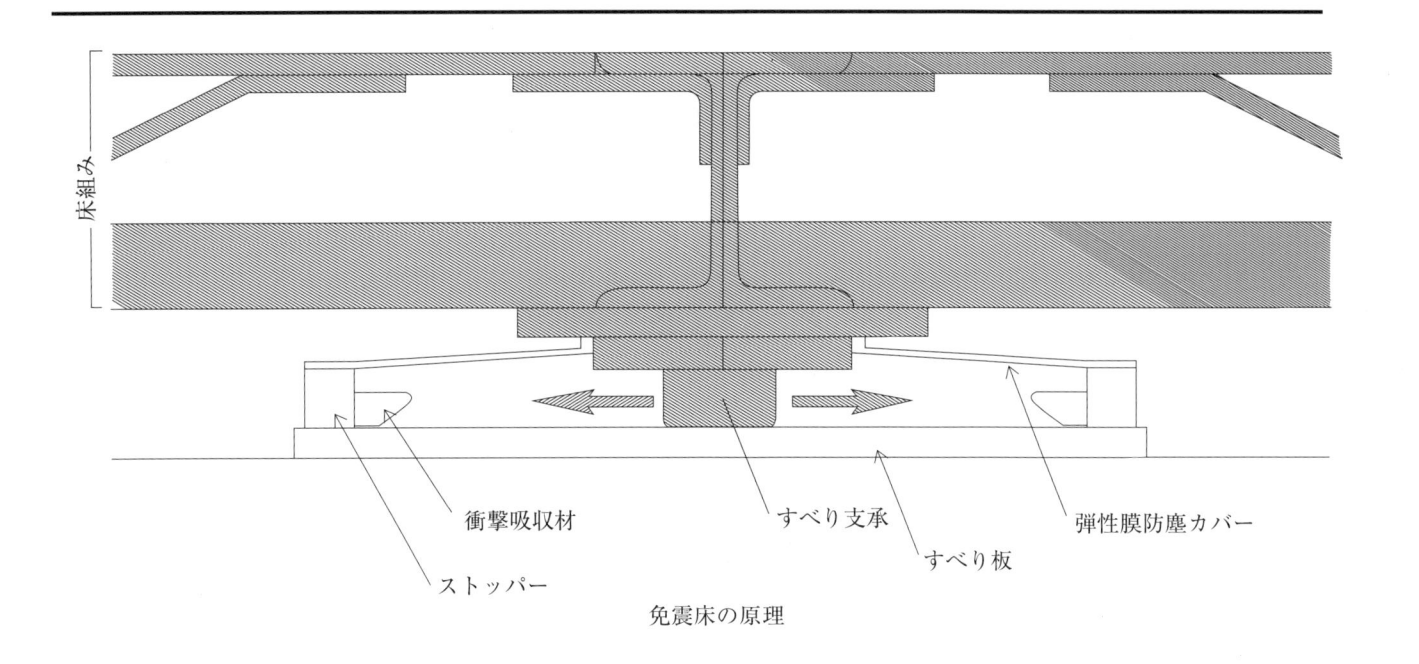

　凡例：
　衝撃吸収材　　すべり支承　　弾性膜防塵カバー　　すべり板　　ストッパー

①標準タイプ
床組み内に太径ケーブル配線スペースをとり、比較的はりせいが低い。

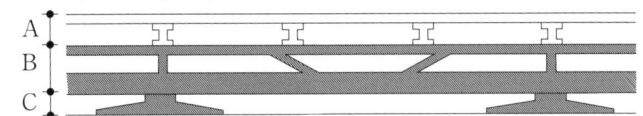

③低床タイプ
床組みのはりせいをできるだけ低くして、太径ケーブル配線は床組み下部のスペースを利用。

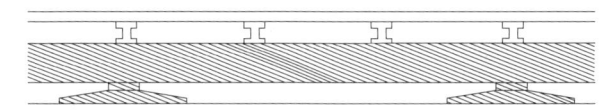

（A）フリーアクセス床／約100mm　（B）床組み／約150mm　（C）支承部／約75mm

②フリーアクセス高床タイプ
高床式のフリーアクセス床で、空調及び配線スペースを確保。

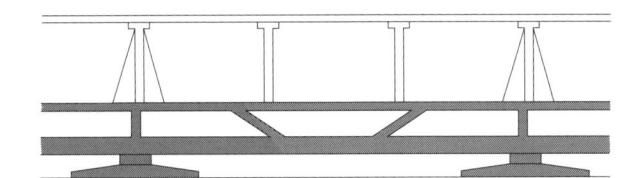

④床組み高床タイプ
剛強な床組みで、空調及び配線スペースを確保。

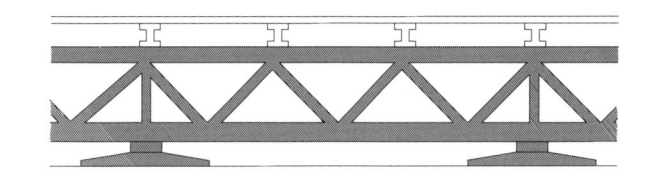

　　　　　　　　　　　　　　　免震床のバリエーション

　　　　　　　　　　　　　　図11.3.1　施工例

11.4　一般床上設置機器に対する地震対策

　一般床上に設置される機器は、機器自体での耐震性はおおむね満足しているが、一部機器に関しては床固定工法のみでは転倒等の物理的計震性を満足しないものがあるため、補強固定工法を実施する。

【標準】
1. 原則として床固定工法とする。
2. ただし、床固定工法だけで耐震性を満足しない（転倒のおそれのある）機器には、床固定工法と補強固定工法を併用する。

【解説】
(1) 「一般床」とは、フリーアクセス床以外の床をいう。
(2) 「補強固定工法」とは、「天井面補強固定工法」または、「壁面補強固定工法」をいう。
(3) 補強固定工法の採用については、各機器の工事要領書の記載によること。
(4) 機器据付けには、メカニカルアンカーボルトを使用することとし、その種類は、「締付け方式のめねじ形（ボルトとヘッドが一体型）」もしくは「締付け方式のおねじ形（ボルトとヘッドが一体型）」とする（ただし、補強固定工法に使用するものを除く）。
(5) 設計に使用するメカニカルアンカーボルトの引抜き強度は以下のとおりとする。

表11.4.1　アンカーボルト許容引抜荷重（一般的床スラブ上面）短期許容引抜荷重（kN）

（建築設備耐震設計・施工指針2005年版、日本建築センター）

ボルト d（呼称経）	コンクリート厚（mm）				埋込み長 L（mm）
	120	150	180	200	
M8	3.00	3.00	3.00	3.00	40
M10	3.80	3.80	3.80	3.80	45
M12	6.70	6.70	6.70	6.70	60
M16	9.20	9.20	9.20	9.20	70
M20	12.0	12.0	12.0	12.0	90
M24	12.0	12.0	12.0	12.0	100
ボルトの埋込み長 L の限度（mm）	100以下	120以下	160以下	180以下	

注）1．上表の埋込み長のアンカーボルトが埋め込まれた時の短期許容引抜き荷重である。
　　2．コンクリートの設計基準強度は、1.8kN/cm²（18N/mm²）としている。
　　3．埋込み長が上表以外のものは使用しないことが望ましい。

(a) 打設コンクリート面は、必ず躯体コンクリートとし、モルタル仕上げ面、発泡コンクリート面には打設しないこと。
(b) また、床モルタル仕上げ面等には次の考慮を行うこと。
　・モルタル下面から約20mmは、強度を期待しない。
　・鉄筋コンクリート断面から$5d$以上、また、メカニカルアンカー同士は$10d$以上の離隔を確保すること（無筋コンクリートの場合は、前記寸法の2倍を確保する）。
(c) 後打ちアンカーボルトのメーカー打設基準、打設要領に従うこと。

天井補強固定工法例

壁面補強固定工法例

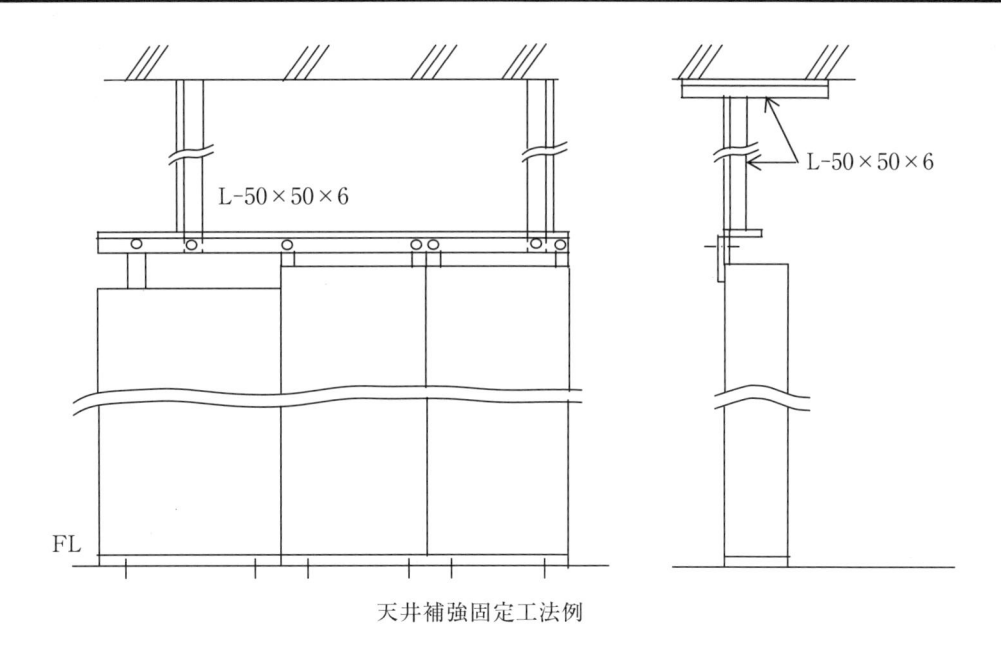

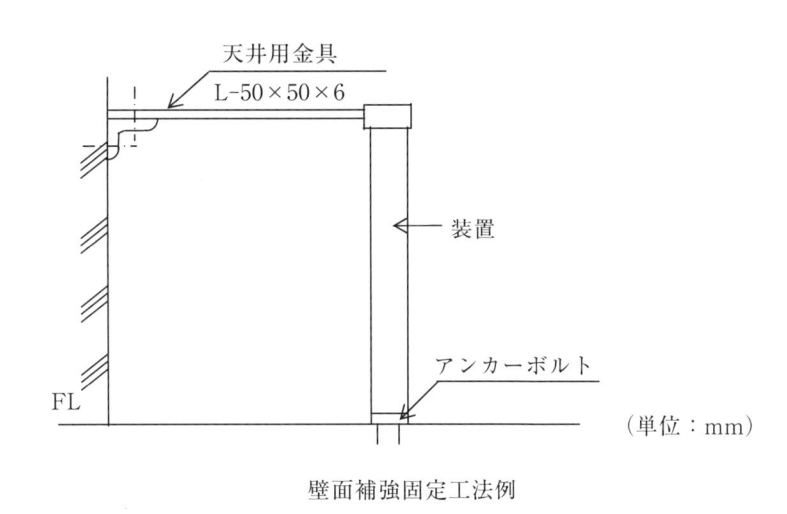

図11.4.1　補強固定工法施工例

11.5　その他の施設等の地震対策

【標準】
1．各監視端末（OA機器類含む）は固定する。
2．測定器類及び測定器台車及び什器類は固定する。
3．ケーブル、ケーブルラック、導波管等は地震対策を施す。

【解説】
(1) 各監視端末（OA機器類含む）の固定方法は、卓上機器耐震固定工法（サムロック工法等）とする。
(2) 「測定器類及び測定器台車」は、移動計測器架固定器、耐震ベルト、耐震ワイヤー等による固定工法とする。
(3) 「什器類」とは、書庫、物品棚、キャビネット類をいい、耐震金具（壁固定金具、床固定金具、防倒用ベースアンカー等）、連結補強金具（2段重ねの什器等）等により固定する。
　　なお、什器類に関しては常日頃以下のことに注意したい。

(a) 什器の上部に物を置かない。

(b) 積載重量を下げるとともに、重量物は下部に収納する。

(c) 避難路を確保する。

(4) 「ケーブル」は、終端部に余長をもたせる、また、曲がりを大きくとる等の措置を講ずる。

(5) 最上階、屋上、塔屋に設置される「ケーブルラック」には、振止めを施設する（「建築電気設備の耐震設計・施工マニュアル」6.7配管等の第6.7.1表を準用）。

(6) 「導波管」は、地震動及び熱膨張による変形を防ぐための耐震支持金具にて支持する。

(7) 建築物内配管、地中配管については、それぞれの担当課と調整を実施する。

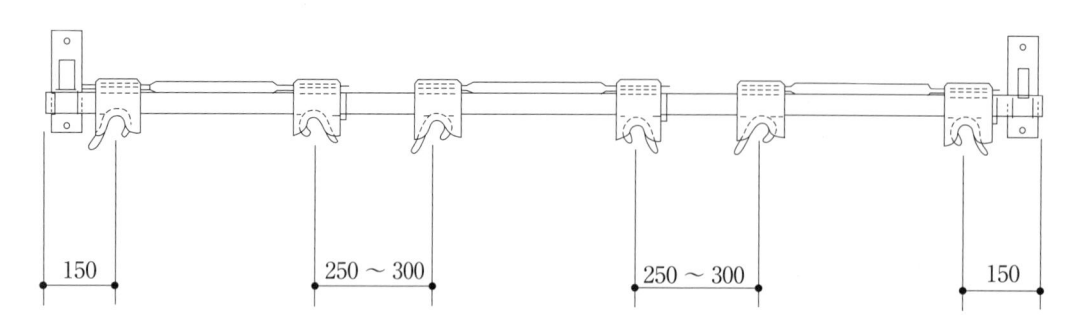

各監視端末等の固定例

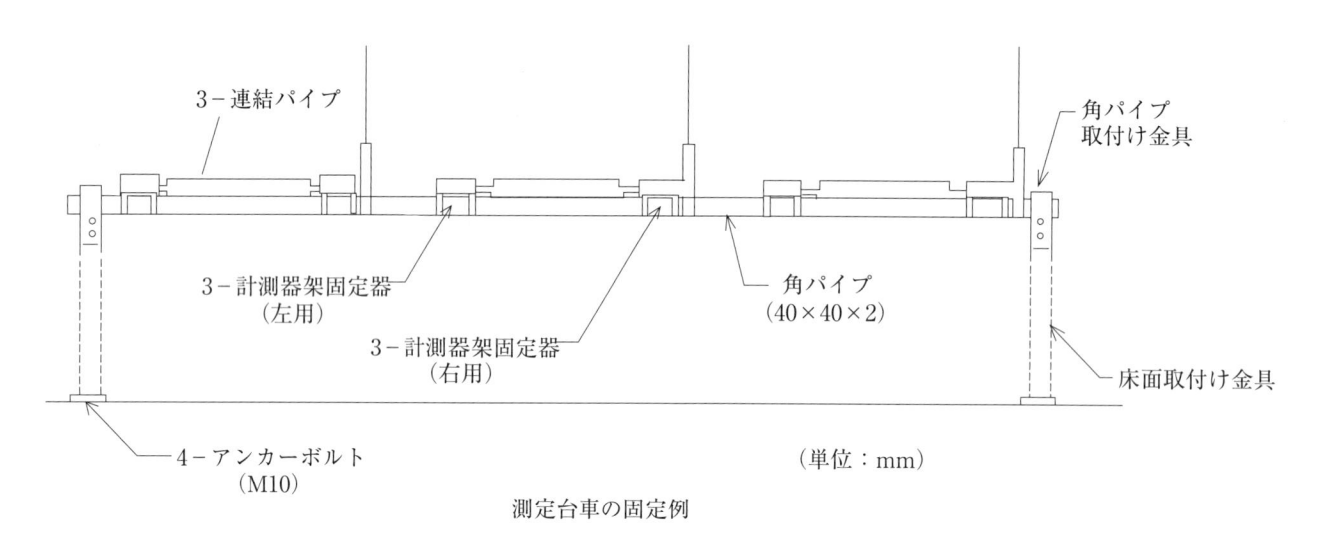

測定台車の固定例

図11.5.1　固定例等①

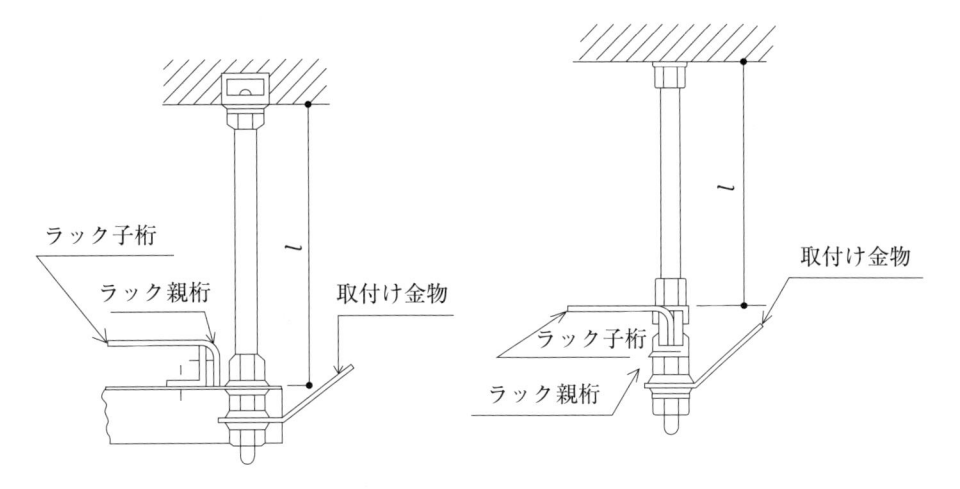

山形鋼でつり込む場合　　　中間親桁のない平鋼ラックの場合

（単位：mm）

l	300 未満	300 以上 1000 未満	1000 以上
鋼材	なし	38×9	40×40×5

図11.5.2　固定例等②

（単位：mm）

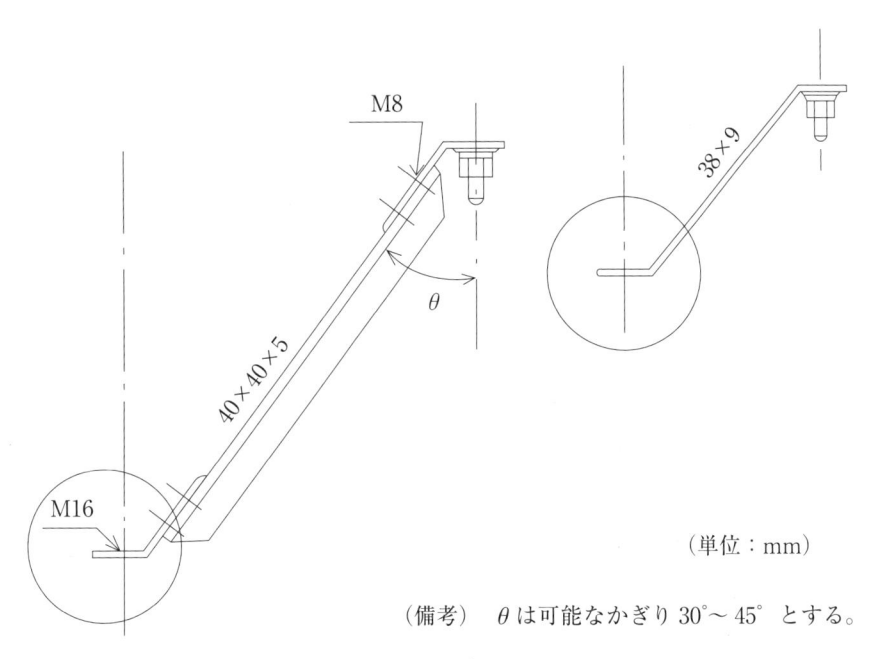

（備考）　θ は可能なかぎり 30°～45° とする。

図11.5.3　ケーブル振止め施工例

転倒防止金具
2-彫込アンカー(M6)
FL
ベース
6-彫込みアンカー(M6)
転倒防止金具

什器類の固定例

合成ゴム

耐震支持金具(導波管用)例

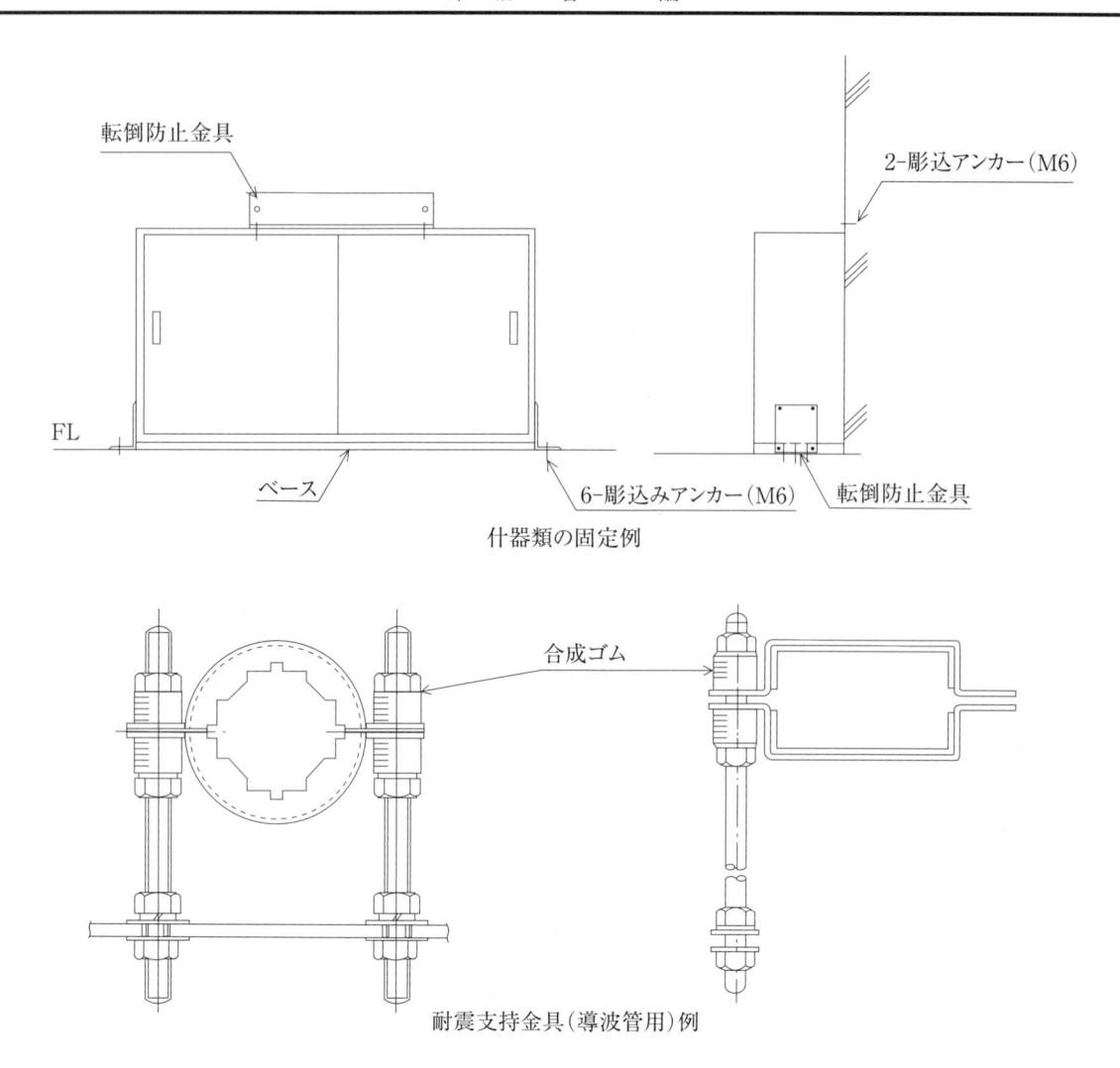

図11.5.4　固定例等③

11.6　補強対策等

　地震時におけるフリーアクセス床の損壊や、フロアカット部分への落込み等によるコンピュータ機器ディスク装置等フリーアクセス床上設置機器及び人身の被害を防止するため、以下の補強対策を実施する。
　また、本対策は、既存のフリーアクセス床（耐震型フリーアクセス床の場合は除く）に対する補強であり、新設の場合は、11.3「フリーアクセス床上設置機器に対する地震対策」によること。

【標準】
　免震床及び耐震型フリーアクセス床以外のフリーアクセス床には、補強対策を施し、耐震性の向上をはかる。

【解説】
(1) フリーアクセス床は、支柱がそれぞれ独立しているだけで、地震動に対してはきわめて不安定である。また、床板も地震によるせり上がり、はずれが予想される。
　　その内容は、以下のようなものである。
　(a)　第一段階：機器が受けた加速度と機器自身の重量に比例する慣性力による床板のせり上がり。
　(b)　第二段階：床板の支柱からの脱落。
　(c)　第三段階：フリーアクセス床の崩壊。

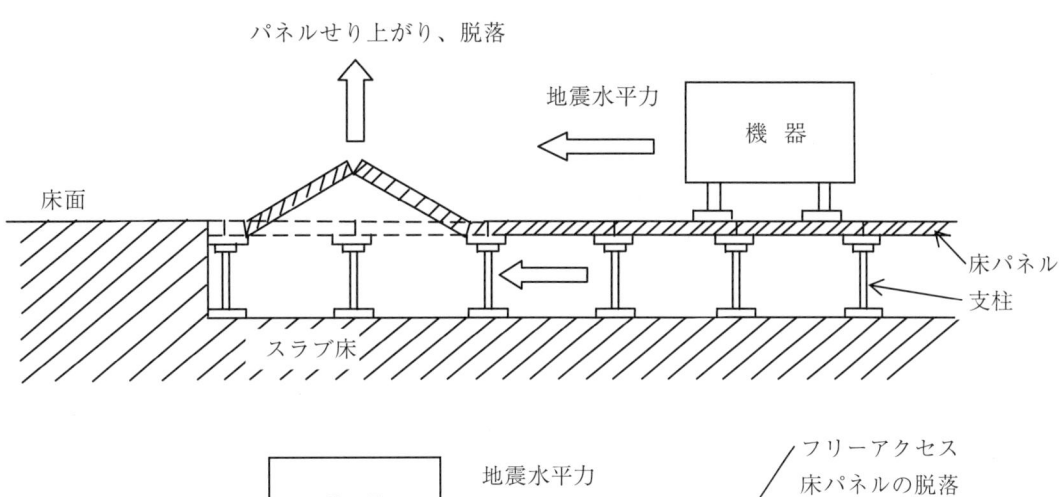

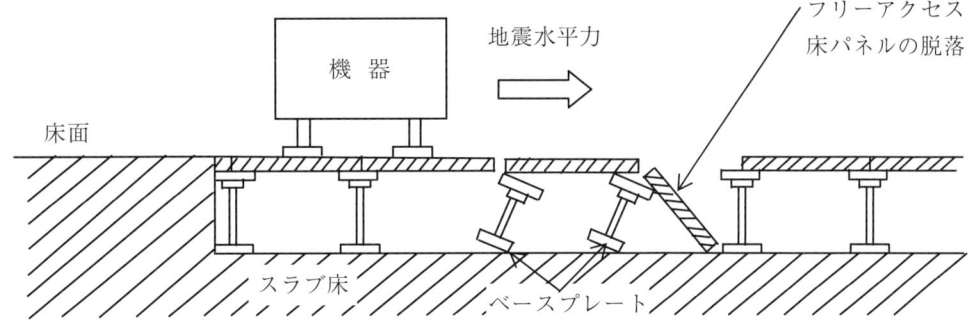

図11.6.1　フリーアクセス床崩壊の状況

　フリーアクセス床は、前述したように床板の脱落がなければ崩壊には至らないと考えられるが、ケーブル通線及び機器設置に際し、床板をはずしていたり、加工している例が一般的であるため、補強対策が必要となる。

(2) 既存フリーアクセス床支柱の補強及び避難通路の施工は、原則として次のとおりとする。
　(a) 機器周辺（床支柱の補強）
　　機器単位あるいは複数機器の集合として、その周囲を補強する。
　　（補強方法例）
　　(イ) 建物床スラブにボルト等で脚部を固定する。
　　(ロ) 支柱相互を根がらみ等で連結する。
　　(ハ) 補強材で建物床支柱相互を同時に連結固定する。
　(b) 避難通路
　　避難通路は、フリーアクセス床パネル2枚を確保することとする。
　　（補強方法例）
　　(イ) ストリンガー等の固定金具にねじ止めで固定する。
　　(ロ) 固定クリップや特殊な固定用爪付きパネルを使用する。
　(c) ボーダー部
　　フリーアクセス床補強対策において、非耐力壁に接するボーダー部分は補強する必要がある。
　　（補強方法例）
　　(イ) ボーダー部分の壁は、固定フレームを介して構造体に固定する。
　　(ロ) ボーダー部分があたる間仕切り壁や室内ユニット等の筐体を補強する。
　(d) フロアカット部分
　　（補強方法例）
　　(イ) パネルを外した箇所には、金属製グリル等をはめ込む。
　　(ロ) ケーブル用カット部分は最小限の大きさとし、補助枠やストッパー等の取り付けを行う。

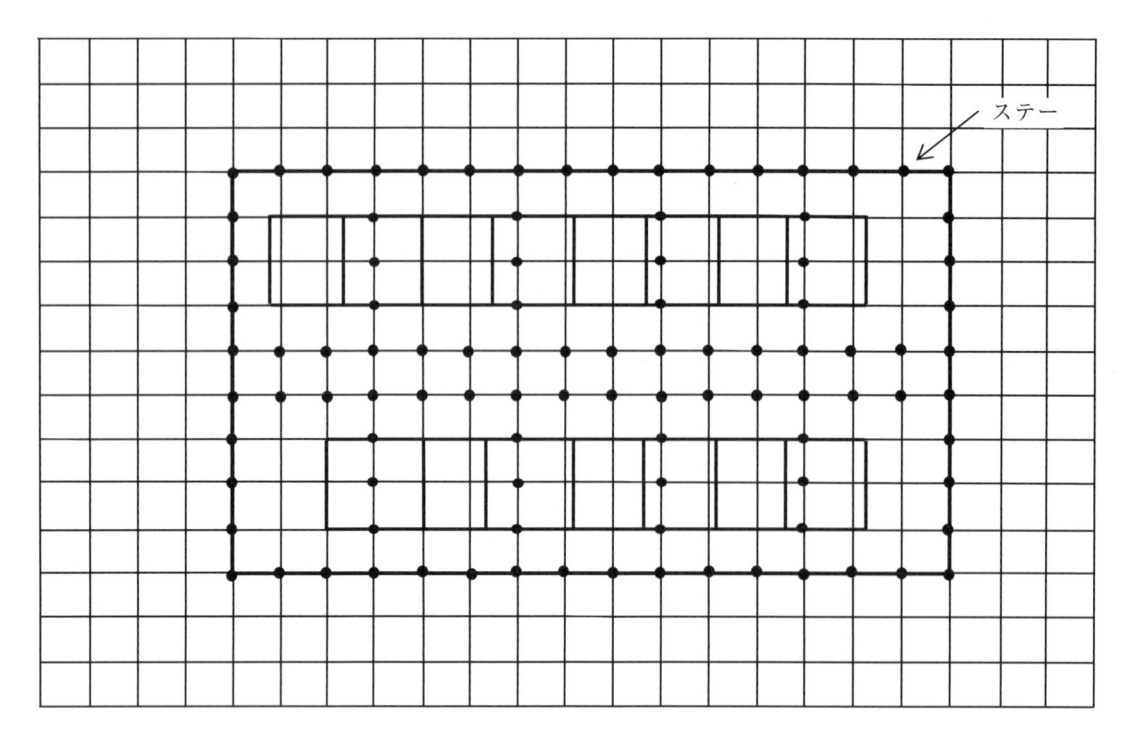

図11.6.2　機器周辺の補強範囲例

ストリンガーによる補強例（ヒルティ）

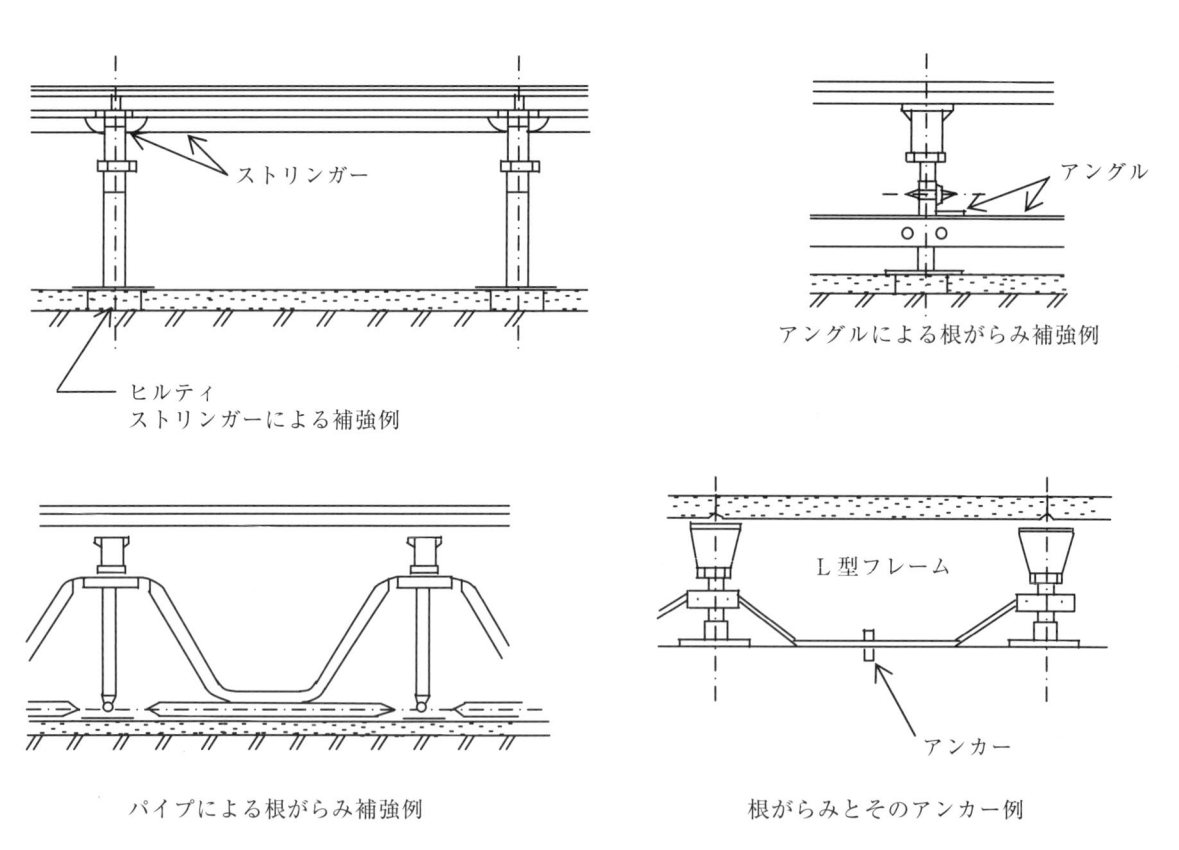

アングルによる根がらみ補強例

パイプによる根がらみ補強例

根がらみとそのアンカー例

図11.6.3　床支柱補強例

平 面 詳 細 図

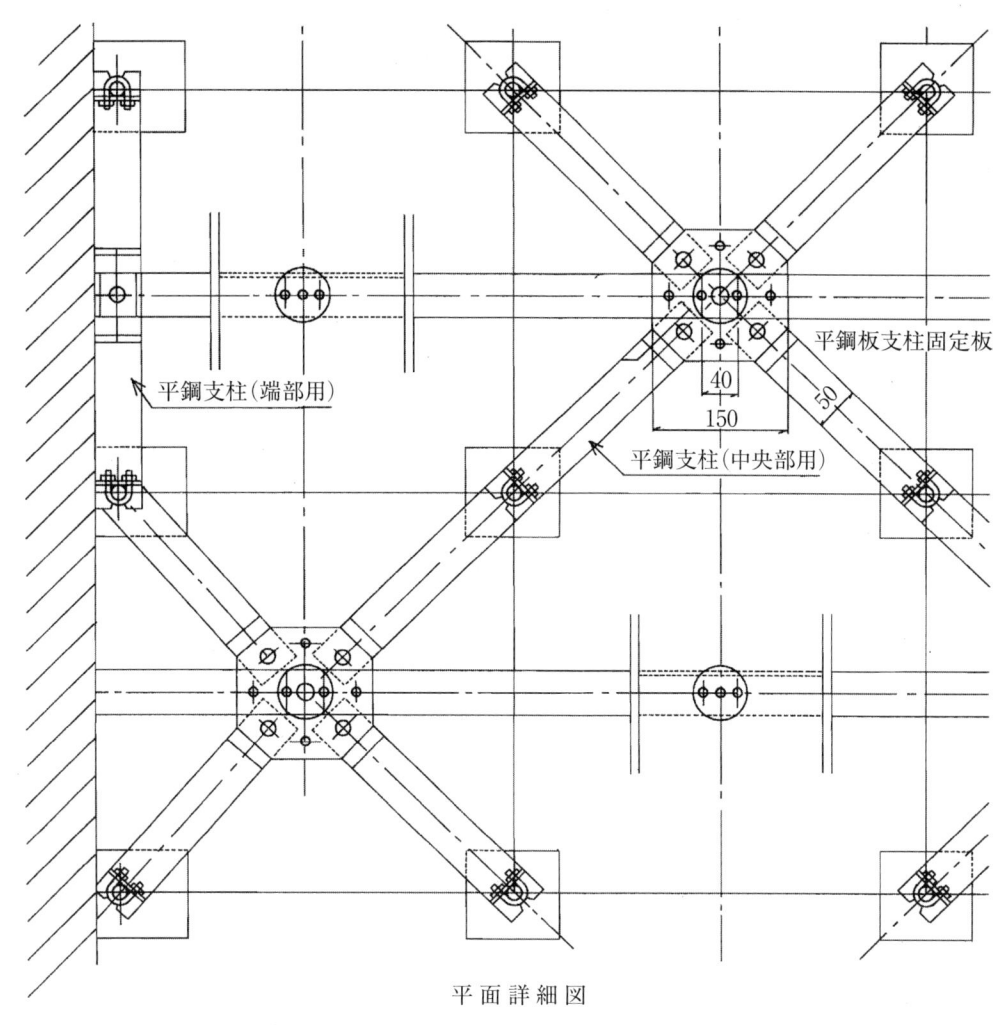

(単位：mm)

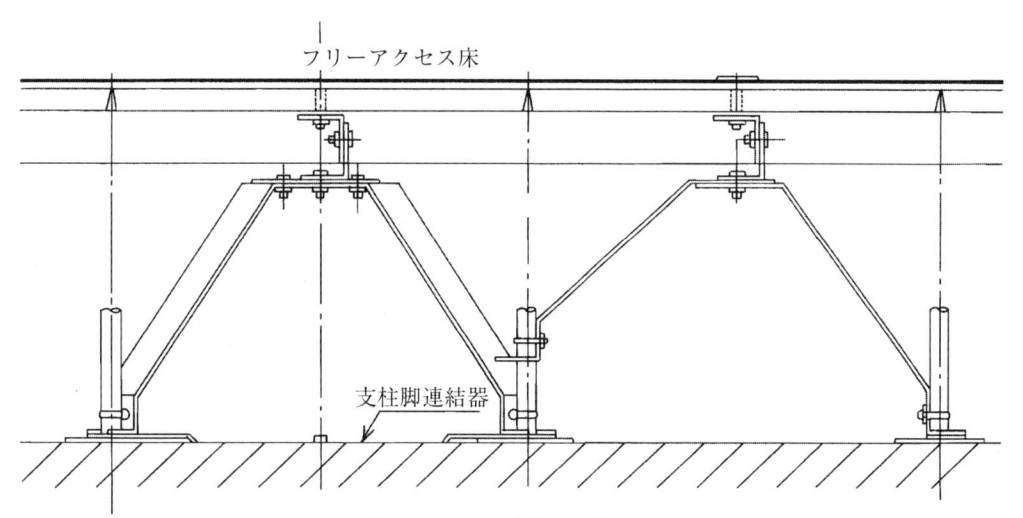

図11.6.4　避難通路施工例

12. 電源負荷容量の算出方法について

航空保安無線施設等における電源負荷容量の算出については、機器個別に計上して算出しているところである。機器個々の電源容量を算出する場合の方法としては、
(1) 機器製造仕様書に記載されている電源容量を基準とする、
(2) 製造会社の試験成績書を基準とする、
の2種類があり、また、測定結果もどのデータを対象とするかによって、負荷容量が大幅に変わることがある。

本標準は、過去の実績を重視する方向で取りまとめ、今後の航空保安無線施設等を設計するにあたり、最適な設計ができるように電源負荷容量の算出方法の標準化を行うものである。

12.1 電源負荷容量の算出方法について

航空局管制技術課が施工する航空保安無線施設等の電源負荷容量の算出にあたっては、原則として以下の標準とする。

【標準】
　航空保安無線施設等の電源負荷容量については、次の事項により算出する。
(1) 各機器製造会社の試験成績書に記載されている基本データにより計上する。
　　なお、新規の機器で、かつ、準用できる機器もない場合は、機器仕様書に記載された値を採用する。
(2) カタログ製品等で試験成績書等にデータがない場合は、本体表示（又は、カタログ値）の消費電力値を採用する。
(3) 警報受信機等で全くデータがなく、また、準用する機器もない場合は、0.1kVA を想定値として計上する。
(4) デュアル構成機器については、デュアル運転の値を採用する。
　(a) ASR（ARSR）/SSR、ORSR、ASDE については、空中線定常回転時の値とする。ただし、CVCF 負荷の場合は、空中線起動時のデータも併記する。
　(b) 蓄電池がある場合は、浮動充電時の値とする。
　(c) シェルタータイプの場合は、照明、空調設備（冷房時及び暖房時）についても計上する。
(5) 対空通信機器については、主送信機を全波送信状態とし、予備機は待機状態として計上する。ただし、サイト毎に電源系統が異なる場合は、サイトに対応する電源系統毎に積み上げる。
　(a) A/G(主)：全波プレストーク時
　(b) A/G(予)：全波スタンバイ時
　(c) RCAG、AEIS、ATIS：片 ch を全波プレストーク時でもう一方の ch を全波スタンバイ時
(6) S系の負荷としての CVCF の負荷容量は、CVCF の定格値とする。
(7) 通信制御装置の直流電源装置および無停電電源装置（UPS含む）については、定格値で計上せず、これらに繋がる負荷を負荷内訳として計上する。
(8) 機器コンセントについては、分電盤のブレーカ1個につき0.1kVA とする。
(9) 負荷容量の計上項目は、各分電盤の系統図により確認し、負荷の増減等による漏れをなくすこと。

【解説】
(1) 機器製造会社の試験成績書の基本データを採用するが、基本データがない場合は、機器製造会社よりデータを入手し、それを採用する。新規の機器で、準用できる機器がない場合は、機器仕様書に記載されたデータを採用するが、この場合は実績値と大きく差が出ることが多いため、CVCF 等の電源系の製造設計に間に合う期限まで機器

製造会社から最新情報（設計値等）を入手する等の措置をとる必要がある。

(2) 基本データについては、各製造会社により測定条件が異なることが多いため十分注意する必要がある。

(3) 受配電盤およびCVCF設計では、皮相電力（VA）を使用しており、発電機設計では、有効電力（W）を使用しているので注意すること。

(4) デュアル構成機器における蓄電池が地方局手配になっている場合は、浮動充電時のデータがないため、直送時のデータを採用する。

(5) デュアル機器におけるシェルタータイプの空調設備については、基本データによらず定格値を採用する。送風装置電動機、圧縮機、補助ヒータの定格値を積み上げる。

(6) 各サイトにおいては、空中線等の障害灯、階段灯及び防犯灯等も積み上げる。

(7) S系（旧B系）の負荷容量を算出するにあたっては、U系（旧A系）の負荷容量も含めて算出しなければならないが、この場合のU系の負荷容量はCVCFの定格値を採用する。

(8) 負荷容量算出のために使用した資料は、今後の増設等があった場合に活用できるよう別途保管しておくことが望ましい。

電子機器が瞬時停電／瞬時電圧降下に影響を受けるか否かの耐量として、電子機器関連の業界団体によるCBEMA（Computer and Business Equipment Manufacturers Association）カーブがある。
参考のため記載する。

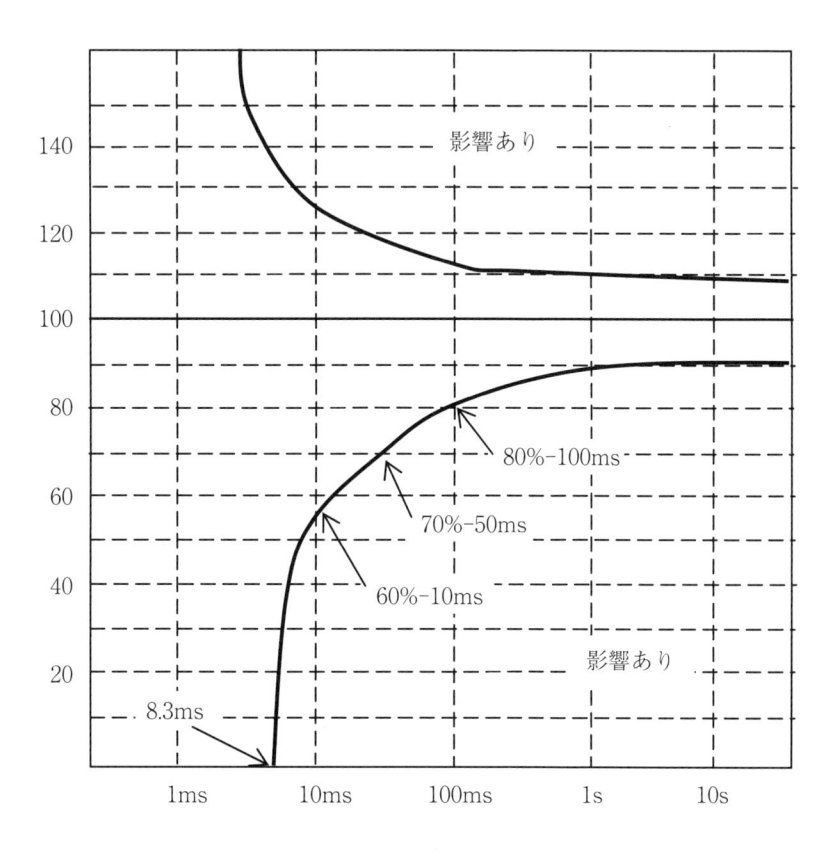

図12.1　機器の電圧変動に対する影響 CBEMA（Computer and Business Equipment Manufacturers Association）カーブ

13. ITV 整備について

13.1 目的

　管制技術業務の効率化については、システム運用管理センター（以下「SMC」と称する）の整備に併せ、拠点官署から巡回保守が可能な官署の集約を行い、拠点官署における運用及び保守業務の効率的かつ効果的な業務体制を構築することとしている。
　これにより巡回保守対象の官署及び施設が増えることとなり、無線施設の運用等に当たっては、当該機器及び施設周辺の情報が得られないため、適切且つ迅速な対応ができなくなることが懸念される。これを改善するため、任意の無線施設にITVを順次整備し、拠点官署における補助的監視機能を強化することにより、効率的な運用及び保守業務を支援する。

13.2 整備方針

13.2.1 設置対象施設
(1) 場外無線施設（管制技術官未配置の空港場内施設を含む）
(2) 積雪地のILS施設
(3) 高カテゴリーILS施設

13.2.2 監視対象項目
　運用及び保守業務を支援するため、場外施設等の屋内外設置機器を監視する。詳細は「ITV整備指針」を基本とする。

13.2.3 性能等
　無線施設監視用ITVは、システム構築が容易で互換性、汎用性等に優れたネットワークカメラにより整備する。性能等の詳細については「ITV標準マニュアル」を基本とする。

13.3 共通事項

以下の要件をITV整備における標準的な共通事項とする。

13.3.1 カメラ設置箇所及び監視対象
(1) 場外無線施設（巡回保守対象の空港場内施設を含む）
　(a) 送受信装置、モニタ装置、制御装置等で表示機能を有するもの
　(b) 空中線
　(c) 巡回保守を実施する上で有効なもの（個別指針による）
(2) 積雪地のILS施設
　(a) 空中線
　(b) 積雪深観測箇所
(3) 高カテゴリーILS施設
　(a) 空中線

(b) 制限区域全般

13.3.2 システム構成
(1) ネットワークカメラによりシステムを構築する。
(2) カメラの音声機能により、音声通話が行えるものとする。
(3) カメラの接点機能により、照明等の制御が可能なものとする。

13.3.3 回線品質・接続環境
(1) 回線契約については、当該施設で利用可能な現有回線の種目変更を原則とする。ただし、回線の新規契約が必要な場合は、別途調整すること。
(2) 回線は、接続されるネットワークカメラの台数、及び監視対象の内容を検討し、経済性及び地域環境を考慮して判断する。
(3) 汎用無線LANは、原則として使用しないこととする。

13.3.4 設置条件
(1) 気象条件を考慮して、着雪等の影響が少ない位置に設置する。
(2) 照明等の光源がカメラに入らないようにカバーを設ける等、カメラ性能等を考慮して設置する。
(3) 施設管理官署から遠距離にある施設においては、進入道路の状態が一部確認できるように、カメラ位置を考慮する（増設は行わない）。

13.3.5 その他
(1) 屋外カメラの設置にあたっては、雷害対策を実施する。
(2) 防護目的のカメラは、防護基準によるものとする。

13.4 個別指針
以下の要件を個別施設のITV整備において標準的な事項とする。
場外無線施設（巡回保守対象の空港場内施設を含む）

13.4.1 NAV系
(1) ILS
　(a) LOCサイトの屋外カメラにあっては、LOC空中線及び空中線周辺の状況が視認できる箇所に1台設置する。
　　　T-DME併設サイトにあっては、T-DME空中線が可視範囲にあること。
　(b) GSサイトの屋外カメラにあっては、セオドライト設置台付近に1台設置する。
　　　T-DME併設サイトにあっては、T-DME空中線が可視範囲にあること。
　(c) シェルタ内カメラにあっては、モニタの盤面メータが確認可能で、他の盤の表示ランプが視認できる位置に1台設置する。
　(d) 夜間監視に必要な照明は類似灯火となる可能性があるため、近赤外線投光器を設置し、ネットワークカメラのナイトビジョンと組み合わせて使用する。これによることができない場合は、類似灯火に該当しないように、関係者と設置条件の調整を行うこと。
(2) VOR、VOR/DME、VORTAC
　(a) VORサイトの屋外カメラにあっては、キャリア及びサイドバンドレドーム、並びにメインモニタ空中線が視

認可能な場所に2台を限度に設置する。
   (b) DME又はタカン空中線がカウンターポイズ上以外に設置されている場合は、空中線レドームが視認可能となる場所へ(a)のカメラを設置する。原則としてカメラを増設しないこととする。
   (c) 夜間監視に必要な照明は、レフランプをカウンターポイズ等に設置し、間接照明とする。
(3) NDB
   (a) NDBには、原則として整備しない。ただし、5年以内に縮退する計画がなく、NDBの停波により運航に重大な影響を与える施設については整備する。
   (b) 屋外カメラは、空中線鉄塔のいずれか一方に設置する。
   (c) 夜間監視に必要な照明は、レフランプを空中線柱等に設置し、間接照明とする。

13.4.2 COM系
(1) A/G系（A/G、RAG、RCAG、AEIS）、国際対空系（HF、トロッポ）
   (a) 空中線がカメラの視野角に収まらない場合、広範囲に空中線が設置されている場合には、効果的な箇所を一部監視する。
   (b) 運用者が配置されている空港のA/G空中線の監視用カメラについて、運用者による目視確認等の対応が可能な場合は設置しないこととする。
   (c) 夜間監視に必要な照明は、レフランプを空中線柱等に設置し、間接照明とする。

13.4.3 レーダー系
(1) TSR（ASR）、ARSR、ORSR、SSR
   (a) レドームがある場合は、レドーム内にカメラを設置する。
   (b) レドームがない場合は、空中線を効果的に監視できる位置にカメラを設置する。
   (c) レドーム内に照明がない場合は、レフランプをレドーム内に設置し、間接照明とする。
   (d) RML空中線（基地局を含む）への着雪や落雷のおそれがある場合、レドームへの着雪のおそれがある場合及び進入道路の確認が必要となる場合等、サイト条件に応じ効果的な場所にカメラを設置する。

13.4.4 積雪地ILS
整備条件は、豪雪地帯対策特別措置法指定地域に設置された施設であること。
(1) LOC
   (a) 屋外カメラは空中線全体及び空中線エレメントの着雪状況並びにサイト周辺の状況を監視できるよう設置する。ただし、障害物件とならないように考慮すること。
   (b) 過去5年間に、空港付近の最大積雪深が80cmを超えた空港では、LOC前方区域の積雪深が確認できる位置にカメラを設置すること（(a)の空中線監視用カメラで確認できる場合を除く）。
   (c) 夜間監視に必要な照明は、間接照明でも投光器でも類似灯火の可能性があるため、近赤外線投光器を設置し、ネットワークカメラのナイトビジョンと組み合わせて使用する。
(2) GS/T-DME
   (a) 屋外カメラは、GS送信空中線レドーム及びGSモニタ空中線の着雪状況並びにサイト周辺の状況を監視できるよう設置する。ただし、障害物件とならないように考慮すること。
   (b) GS前方区域の積雪深が確認できる位置にカメラを設置すること（(a)の空中線監視用カメラで確認できる場合を除く）。巡回保守を行う施設においては、できる限り2台のカメラで積雪深が観測できるように設置することとし、設置できない場合は予備カメラを準備しておくこと。
   (c) 夜間監視に必要な照明は類似灯火となる可能性があるため、近赤外線投光器を設置し、ネットワークカメラの

ナイトビジョンと組み合わせて使用する。これによることができない場合は、類似灯火に該当しないように、関係者と設置条件の調整を行うこと。

※参考資料　豪雪地帯対策特別措置法指定地域の空港（平成23年8月現在）
1．特別豪雪地帯：稚内空港、中標津空港、青森空港
2．豪雪地帯：利尻空港、紋別空港、旭川空港、女満別空港、釧路空港、帯広空港、新千歳空港、函館空港、大館能代空港、秋田空港、花巻空港、庄内空港、山形空港、新潟空港、富山空港、能登空港、小松空港、美保空港、鳥取空港

13.4.5　高カテゴリーILS
(1) 迅速なSSP体制移行確認が可能となることを考慮すること。
(2) 運用評価期間中の迅速なALM原因の確認が可能となることを考慮すること。
(3) LOCサイトの屋外カメラにあっては、LOCシェルタ上もしくはLOCシェルタ付近に1台設置する。
(4) GSサイトの屋外カメラにあっては、セオドライト設置台付近に1台設置する。
(5) FFMの屋外カメラにあっては、空中線付近に1台設置する。
(6) IMサイトの屋外カメラにあっては、シェルタ付近に1台設置する。
(7) 夜間監視に必要な照明は、類似灯火の可能性があるため、近赤外線投光器を設置し、ネットワークカメラのナイトビジョンと組み合わせて使用する。これによることができない場合は、類似灯火に該当しないように、関係者と設置条件の調整を行うこと。
(8) 大型表示装置を設置し、「高カテゴリーILS運用評価」時に複数のカメラ映像を表示できること。また、必要な映像を拡大表示できること。

13.4.6　監　視　所
(1) Ｓ　Ｍ　Ｃ
　(a) 場外、保守委託の施設等の監視を行う。
　(b) 時間運用官署管理の24時間運用施設について夜間の監視を行う。
　(c) 大型表示装置を設置または他の表示装置を共用し、複数のカメラ映像を表示できること。また、必要な映像を拡大表示できること。
　(d) 対象施設の監視制御を行うPCを設置し、カメラ制御監視ができるようにすること。
　(e) 必要に応じ、カメラ映像並びに音声をPCのHDD等に録画できるようにする。
　(f) カメラ制御並びに映像閲覧は、各サイトでのカメラ制御ソフトのインストールから管理ソフトまでSMCでパスワード等によるセキュリティを確保し、アクセス制限を行えること。また、バックアップSMCでSMCの全てをバックアップできること。

13.4.7　常駐官署
　時間運用官署管理の24時間運用施設については、SMCまたはバックアップSMCにおいて、夜間ITVによる監視が可能となるよう順次これを整備する。ITV整備時には、時間運用官署においても有効活用することとする。

14. 気象観測整備について

14.1 概　　要

　気象観測を行うには、まず観測の目的に応じて観測種目、観測点の配置、観測頻度などを決定しなければならない。
　観測種目の選択は通常観測の目的から定まる。観測点の配置や観測頻度を決定するためには、観測の対象となる気象現象の空間的・時間的スケールを考慮しなければならない。その変動の周期や寿命も年単位のものから分単位のものまで大きな違いがある。
　ここでの整備の目的は、主として管制技術官が機材等を保守するときに、参考にするための観測である。このため観測点は非常に限られた範囲である。
　気象観測を計画する際は、みずからの目的に最適となるよう観測種目・地点・方法等を選定する必要がある。また、観測データをより効果的に活用するためには、気象庁のアメダスをはじめとする観測網と併せた総合的な利用計画を検討することが望ましい。

14.2 気象観測の方法

　気象観測は、大別して、観測者が目視あるいは聴音により観測する場合と、気象測器を用いて測定する場合がある。気象測器を用いる場合においては、気象測器の種類や精度、測定方法、設置環境、点検・保守体制及び気象観測データの品質管理方法などを考慮する必要がある。

14.3 気象測器の精度

　有効な気象観測を行うためには、気象観測の目的に応じて気象測器の精度を維持する必要がある。そのためには、製造時における気象測器の器差が必要な範囲内であることと、使用中においても必要とする範囲内に器差が収まり続けることが必要である。前者のためには、個別の気象測器を基準となる気象測器と比較する必要がある。後者のためには、その気象測器が将来の経年変化に耐え得る構造・材質を有していることを確かめる必要がある。
　気象庁は、気象業務法に基づく検定として、気象測器の構造・材質、器差などの検査を行っているので、必要な場合にはこれに合格した気象測器を使用する。

14.4 測定方法

　気象測器を用いて測定する際には、測定誤差を考慮する必要がある。一般に、測定誤差、すなわち観測した値と真の値との差は、個人誤差、系統誤差、偶然誤差よりなる。
　いずれにしても、測定には誤差が避けられないが、気象測器の定期的な保守・点検、観測値の品質管理などを実施して、気象観測の目的に合致する範囲内に誤差を抑えることが大切である。気象測器を用いて観測する場合、もうひとつ重要なこととして気象測器の応答の速さ（時定数）がある。たとえば、気温を観測する場合に、対象となる大気と温度計感部の温度とが平衡になる必要があるが、平衡に達するまでには一定の時間を要する。このため、観測の目的に応じて適切な時定数を有する測器を使用する必要があるとともに、観測を行う際には測器の時定数を考慮して観測値の読み取りや観測値の統計を行う必要がある。
　風速計の場合は、時定数は風速にほぼ逆比例して変化する。このため、風速と時定数の積はほぼ一定である。これを距離定数といい、風速計の場合には、距離定数で測器の応答の速さを表す。

14.5　設置環境

　どこに気象測器を設置すればよいかは、観測の目的により異なる。ただし、気象観測はすべて周囲の地形や構造物の影響を受けることを念頭に置かなければならない。周囲の地形や構造物の影響を含めた気象を観測する必要がある場合には、まさにその場所に設置するべきであり、周囲の地形あるいは構造物の影響を受けにくい気象を観測したい場合には、それぞれの影響の少ない設置環境を確保する必要がある。

　また、降水量、気温、湿度の観測においては、自然風を妨げない柵などで仕切って測器への不慮の障害を避け、芝を植生して日射の照り返し、雨滴の跳ね返りを少なくすることが一般的である。この設置場所を露場という。露場の面積は広い方が望ましく、気象庁のアメダス観測所においては，おおむね70m^2以上の面積を確保している。また、気象庁では、気象測器の設置部分（7×5m程度）に人工芝を敷設した場合においても、気象観測への影響がないことを確認している。

14.6　点検・保守体制

　気象測器の感部は気圧などの一部を除き通常屋外に設置されるため、風、雨、雪、日射、雷などに曝され、ごみ、蜘蛛の巣などの影響を受けることもある。したがって、正確に観測できるように気象測器を定期的に点検し、必要な場合は、清掃、部品交換などの保守を行うことが重要である。

14.7　対象気象測器

　ここでは、管制技術官が機材等を保守するときに特に必要な気象測器の、積雪計と風向風速計について規定する。

14.7.1　積 雪 計
　積雪計を設置する目的はILSのGSの反射箇所となる場所に、積雪がどの位かを計るために設ける。積雪を測定する方法は、以下のものがある。
(1) 雪　　尺
　　cm目盛りの付いた木製の角柱で、太陽からの熱の影響を少なくするため白く塗装されている。
(2) 超音波式積雪計
　　逆L字型ポール先端に超音波の送受波器を取り付けたもの。超音波を下向きに発射し、雪面で反射された超音波を受信し、その送受間の時間から積雪を測定する。超音波の伝播速度は空気の温度に依存するので、気温の観測も必要である。

14.7.2　風向風速計
(1) 風
　　気圧分布と密接に関係し、大気の地表面に対する相対的な動きであり、風向と風速によってベクトルで表す。
　　風向は、風の吹いてくる方向であり、風速は、単位時間に大気が移動した距離をいう。
(2) 単　　位
　　風向は、真方位の北を基準に全周を時計回りに16又は36に等角度で分割し、16方位又は36方位で表す。36方位は風向を10度単位で表す方法で、国際的なデータ交換などに使用されている。一般的には16方位で表す方法が用いられている。風速の単位は、m/sを用いる。
(3) 瞬間と平均
　　風は絶えず変動するので、瞬間値と平均値を観測する。

瞬間風向・風速は、ある時刻における風向・風速の値である。これらは風向風速計感部の応答特性やサンプリング間隔に左右されるので、短時間について平均した値を瞬間風向・風速として使用されている。気象庁では、風向については0.25秒毎の瞬間の向き、風速については0.25秒間の風速パルス信号を計測し、瞬間風向・風速としている。

平均風向・風速は、一定時間内の風向・風速を平均した値で、平均する時間は一般的には10分間を用いている（航空局で使用している（管制卓等に表示されている）風向風速計は、2分間平均風向・風速である）。

風はベクトル量であるので、平均風速を求める方法には、風向を考慮せずに平均風速（スカラー平均）を算出する方法と、風向を考慮して平均風速（ベクトル平均）を算出する方法とがある。現在多用されている風速計は、いずれもスカラー平均風速を算出している。スカラー平均風速値はベクトル平均風速値より1～4％程度大きくなる。

(4) 機　　材

一般的に使用されているのは、矢羽根型風向計、風杯型風速計、風車型風向風速計、超音波風向風速計等がある。世界的には矢羽根型風向計と風杯型風速計の組合せが多く使われているが、日本では風車型風向風速計が多用されている。

(a) 矢羽根型風向計

風見鶏のように風が吹くと矢羽根が向きを変えることを利用し、鉛直に支えた回転軸上の一方に矢羽根を、一方におもりを取り付けて平衡をとり、おもり側が常に風上を向くようにして、回転軸の角度から風向を求めるものである。風向は、セルシンモーターや光エンコーダーなどを用いて電気的に検出する方法である。

(b) 風杯型風速計

鉛直に支えた回転軸上に、この軸を中心に水平面上にアームを伸ばし、先端に等角度に半球形又は円錐形のカップ（風杯）を3又は4方向に配置したものである。風向に関係なく風が風杯に当たるとこれが回転し、回転速度（数）が風速にほぼ比例するように設計されている。現在では風杯を120度ごとに3個配置しアームを短くした3杯式が多く使用されている。回転数の検出には、回転軸に発電機を接続して電圧を測定する方法、回転軸に数十個の穴をもつ円板を直結し光を断続することによってパルス数に変換して計測する方法、回転軸に磁石を取り付けNSの磁極数に応じた磁気パルスを計測する方法などがとられている。この風杯型風速計は、風が水平でなく斜めの角度で当たるとき回り過ぎる、傾向がある。

(c) 風車型風向風速計

流線型の胴体の先端に4枚程度の羽根を持つプロペラ（風車）を、後部に垂直尾翼を配置し、これを水平に自由に回転するように支柱に取り付けてある。常に風車が風上を向くようにして、風車の回転数から風速を、胴体の向きから風向を測定する測器である。1台で風向と風速を同時に観測できる。わが国では最もポピュラーである。

風向・風速の検出は、矢羽根型風向計、風杯型風速計と同様に各種の方法がとられている。風車型風向風速計は、短周期の風向変動があるとき尾翼部がこれにすぐ追随せず、風車が風向に正対するまでに遅れを生じるため、風速を低く測定する傾向がある。

(d) 超音波風向風速計

音波が空気中を伝搬するとき、その速度が風速によって変化することを利用して、風向・風速を測定する方式の機器である。音波としては、100kHz程度の超音波が使われている。

東西及び南北方向にそれぞれ対向して20cm程度の間隔をおいて超音波の送受波器が配置されており、一方から超音波を送信し、もう一方でこれを受信して、送信から受信までの伝搬時間を測定する。伝搬時間は、送受波器間の長さを音速と風速の和（又は差）で割った値に等しいので、これから風速の東西及び南北成分を求め、両方の成分を合成して風向風速を計算する。送受波の方向を交互に切り換えることによって向きを判別し、これによって温度による音速の違いを相殺している。

この風速計は回転する部分がないので追随の遅れや回り過ぎはなく、1～2cm/sの分解能で毎秒10～20回

の測定ができるので、微風や乱流の測定に適している。ただし、送受波器を支えるアームの振動の影響などがあり、強風時の観測には適していない。

(5) 観 測 場 所

　風は地物の影響を受けやすいので、風向風速計は、普通、平らで開けた場所に設置する。測器感部と建物や木々などの障害物との距離は、障害物の高さの少なくとも10倍以上あることが望ましい。平らでない崖の上や、建物の縁などは風の吹き上げなどの影響が大きい。建物屋上に鉄塔などを用いて風向・風速計を設置する場合も比較的多いと思われるが、風の吹き上げの影響や冷却塔など屋上構造物の影響が少ない場所を選び、建物の大きさや高さによる風の乱れの影響を避けるようにするのが望ましい。

　広い範囲の風の観測を行う場合の測器設置条件は上記のとおりであるが、目的がはっきりしている場合には、その目的に合致した設置場所、高さを選定する。

(6) 設　　　置

　風向風速計は、塔又は支柱などの頂部に取り付け台をおき、測器支持部の底面が水平になるように取り付ける。風向計の設置にあたっては、その方位を正しく設定する。普通、風向計支持部には南北を示す印がついているので、予め設置場所における南北の線を取り付け台に引いておき、これと測器の南北の印を合わせるとよい。南北は次のような方法で決定できる。

(a) 2500〜50000分の1程度の縮尺の方位が正確な地図により、煙突・鉄塔など比較的角度幅の狭い目標2〜3点の方位を求めておき、これを基準にして分度器などを使い決定する。

(b) 太陽の南中時に、錘のついた糸をたらして、糸の影をトレースする。東京（東経139度44.7分）における毎日の太陽南中時は理科年表などに掲載されており、その地点の南中時はこれに経度の補正をして求める。補正値は東京との経度差が1度で4分、15度で1時間の割合で、東京より東の場合は−（早い）、西の場合は＋（遅い）である。

(c) 方位磁石を用いる。ただし、日本付近では磁石の指針のさす北は真北より西に偏っているので、これを補正する。各地の偏角は理科年表などに掲載されているが、およそ北海道：9度、本州中央部：7度、九州：6度、沖縄：4度である。なお、近くに鉄製品などがある場合は磁石の指針が影響を受けることがあるので注意が必要である。

(7) 保　　　守

　矢羽根型風向計、風杯・風車型風速計はいずれも回転部分を持っているので、定期的に回転が滑らかであるか、摩擦がないかを点検する。風向計については、南北に向けて記録・表示が合っているかを点検する。回転型の風速計については、風杯・風車を手で回して、風速が記録・表示されるかを点検する。風速値が正確であるかどうかの点検は屋外では困難であるが、変形・破損がなく、また摩擦などによる異常音がなければ信頼できるとしてよい。

　回転型の風向・風速計に生じやすい障害としては、着雪や着氷がある。これを防止するため、ヒータ等を使って測器を熱する方法もとられている。

　降雪時には記録・表示を監視し、風があるのに風向が振れなかったり、風速がなかったりしないかを確認するとよい。また、雷による障害も比較的多いので、雷があった後には、記録・表示に異常がないか注意する。

(8) 目視による観測

　風向・風速は、目視によっても観測できる。

　風向は、煙突からの煙の流れ、木の枝の動きなどから観測する。吹き流しを利用するのも有効である。

表14.7.1 気象庁風力階級表（ビューフォート風力階級表）

風力階級	開けた平らな地面から10mの高さにおける相当風速	地表物の状態（陸上）
0	0.3m/s 未満	静隠。煙はまっすぐに昇る。
1	0.3m/s 以上 1.6m/s 未満	風向は、煙がなびくのでわかるが、風見には感じない。
2	1.6m/s 以上 3.4m/s 未満	顔に風を感じる。木の葉が動く。風見も動き出す。
3	3.4m/s 以上 5.5m/s 未満	木の葉や細かい小枝がたえず動く。軽い旗が開く。
4	5.5m/s 以上 8.0m/s 未満	砂埃が立ち、紙片が舞い上がる。小枝が動く。
5	8.0m/s 以上 10.8m/s 未満	葉のある灌木がゆれ始める。池や沼の水面に波頭が立つ。
6	10.8m/s 以上 13.9m/s 未満	大枝が動く。電線が鳴る。傘はさしにくい。
7	13.9m/s 以上 17.2m/s 未満	樹木全体がゆれる。風に向かっては歩きにくい。
8	17.2m/s 以上 20.8m/s 未満	小枝が折れる。風に向かっては歩けない。
9	20.8m/s 以上 24.5m/s 未満	人家にわずかの損害が起こる（煙突が倒れ、瓦がはがれる）。
10	24.5m/s 以上 28.5m/s 未満	陸地の内部ではめずらしい。樹木が根こそぎになる。人家に大損害が起こる。
11	28.5m/s 以上 32.7m/s 未満	めったに起こらない広い範囲の破壊を伴う。
12	32.7m/s 以上	

注）　風力階級表の風速は、地表の状態や木などの状態から、地上10mの高さにおける風速を推定したものなので、地表や木の付近の風速とは異なることに注意が必要である。

第3編　用　語　集

1．土木・建築用語

あ 行

あそび：余裕のあること。あるいは空隙をいう。

圧縮材：柱の部材のように、材軸の方向に圧縮力を受ける材をいう。

圧密沈下：圧密沈下は、透水と変形とがからみ合った現象で生じる。水で満たされた土に圧力を加えると土粒子間の間隙水が排水される。排水されると、これと同量の体積が変化する。これを圧密という。粘土のような透水性の低い土では、この間隙水の排出に長時間を要するが砂質土は透水性が高いため、圧密が短時間に終了する。また、その量もわずかなため、砂質土は圧密沈下が通常は問題にならない。

安息角：単に息角ともいい、内部摩擦角ともいう。自然状態において、土の急傾斜面は自然に崩壊して、ある安定した斜面を成形する。この安定した角度を土の安息角という。記号は θ で表す。土の種類による安息角は下表のとおりである。

土　質	安息角（空気中）	安息角（水中）
砂（乾燥）	32°	2°
砂（やや湿）	40°	26°
砂（粘土質）	37°	18°
粘土（乾燥）	38°	
粘土（湿）	25°	16°
砂利（粘土混）	35°	27°
砂利（砂混）	35°	18°
砕石	40°	35°
普通土	40°	30°

内法（うちのり）：構造物の内側の寸法。

打って返し：一度使ったものを繰り返して使うこと。型枠などを再度使用することをいう。

埋め殺し：基礎工事などで、仮設材料（矢板等）を引き抜かないで、そのまま埋め込んでしまうこと。また、不要になった地下埋設ケーブル等を引き抜かないで、そのまま埋め込んでしまうこと。

裏込め：擁壁（ようへき）などの裏側に詰める割栗石・砂利・砕石などのこと。また、擁壁などの裏側にこれらの材料を詰める作業のこと。

上端（うわば）：構造物などの上側の面のこと。例えば、上端○○センチという場合には、上端での幅をいうとき、上端におけるクリアランスを指す場合とがある。

液状化：地下水位以下にある緩く堆積した砂地盤が、強い地震動を受けて液体のようになる現象をいう。緩い砂地盤は土粒子間の隙間が大きく、配列が不安定であり、地震時に強い繰返し荷重が作用すると、次第に土粒子が隙間を埋める方向に移動し、安定な状態を形成しようとする動きをする。このため地盤は低下し、砂水を吹き出す動きをする。

エキスパンションジョイント：複数の建物を一体化して使用するための接合部のことを言う。建物形状や地震や強風による振動性状が異なるものは、場合によっては構造体を分離する必要がある。それは、温度変化や地震のゆれ等により、躯体損傷が生じるからである。このような分離した建物を接合するためのものである。

N 値：地盤の固さを示す値である。具体的には、重さ63.5kgのおもりを75cm の高さから落として、サンプラーと呼ぶ鉄管をある地層に30cm 貫入させるのに要する打撃回数をいう。土の種類が同じなら N 値が大きいほど地盤の強度も高くなるが、同じ値だからといって、例えば砂層と粘土層では同じ強度であるとはいえない。

N 値からその土の強さを推定する式がいろいろと提案されているが、N 値自体にも試験者によるばらつきがあり、設計に利用するには詳細な試験を併用するなど注意して評価する必要がある。地盤は大きく分けて砂質土と粘性土があり、同じ N 値＝10の地盤でも砂質土の場合は「軟らかい地盤」だが、粘性土の場合は「固い地盤」であり、大きな差がある。また、同じ砂質土でも砂礫のように粒径の大きい地盤は、N 値が過大に出る可能性があるので、まず周辺の既存データと比較する用心深さも求められている。

応力：架構や部材に外力が作用すると反力が生じ、外力と反力は部材を介してつり合う。このときに部材内部に生じる力を応力という。応力には、外力の作用形態によって下表の3つの種類がある。

応力

	軸（方向）力図（N 図）	せん断力（Q 図）	曲げモーメント（M 図）
簡易図	→□← 圧縮 ←□→ 引張	↓	
内容	軸（方向）力は外力が材軸方向に作用したときに部材内部に生じる力をいい、圧縮応力と引張応力がある。	せん断力は外力が材軸方向と直角方向に作用し、部材を切断しようとする力である。	曲げモーメントは部材を曲げようとする力である。
力の方向	引張力（＋）の場合は材軸の上側、圧縮力（−）の場合は下側に	せん断力が時計回りのずれ（＋）の場合は材軸の上側、反時計回	下側が引張られる場合（材軸が下側に凸（＋））は材軸の下側に、

描く。	りのずれ（−）の場合は材軸の下側に描く。	上側が引張られる場合（材軸が上側に凸（−））は材軸の上側に描く。

応力集中：部材断面が急変していたり、欠損や切欠き等の部位に発生する。欠損部近傍の応力度は、平均応力度と比べて、何十倍もの値となることがある。応力集中の度合は、切欠や欠損が幾何学的になめらかな形状であるほど少なく、鋭角的であればあるほど大きくなる。過度な応力集中は、割れや破断の起点となることがある。応力集中を完全になくすことは困難であるが、断面の急変を避けたり、入隅部の切欠き円弧の半径を大きく取る等の対策をして、力がなめらかに流れるようにすれば、緩和することができる。

オフセット（支距、見出し）：測量上の用語で、ある既知の線（測線または本線ともいう）または点から求めようとする地物または構造物に至る直角あるいは斜めに測った距離（支距という）をいう。なお、現場で見出しという場合は、鉄塔の中心点など掘削等により失われてしまう位置を示すこと、またはその示す場所をいう。

か 行

かしめる（からくる）：鋲などをたたいて潰し、鉄板などを締め付けること。

片押し（かたおし）：工事を一方（片側）から施工していくこと。

片勾配：道路の曲線部の外側を、高くして勾配をつけること。または、一方への勾配または勾配をつけることをいう。

被り、冠り（かぶり）：地下を掘削する工事などで、その天端から上の地山の厚さのこと。鉄筋工事においては、鉄筋埋め込みの深さのこと。鉄筋のかぶり厚さは、耐力壁以外の壁又は床にあっては2cm以上、耐力壁、柱又ははりにあっては3cm以上、直接土に接する壁、柱、床若しくははり又は布基礎の立上がり部分にあっては4cm以上、基礎(布基礎の立上がり部分を除く)にあっては捨コンクリートの部分を除いては6cm以上としなければならない（建築基準法施行令第79条）。

がら：コンクリートその他の壊したもの、すなわち屑のこと。

基礎杭：構造物基礎の補強方法で、基礎杭を打ち込んで、その上に基礎構造物を乗せるものである。機能上から、支持杭と摩擦杭とに区別する。支持杭とは、支持できる地盤まで打ち込んで基礎を支えるものであり、摩擦杭とは、支持できる地盤までの距離が長いため、杭と土との摩擦力を利用して基礎を支持するものである。

切込み（きりこみ）：河川より採掘したままの、ふるい分けをしていない骨材で、砂利と砂とが適当に混入されているものをいう。砕石については、破砕したままのふるい分けをしていないものをいう。

切取り：掘削のことをいい、土を掘ったり、削り取ったりすることである。削り取る場所によっては、すき取り（平面的に余分な土をとる）という。

キンク：ワイヤロープなどの捩れた状態。このままの状態で使用すると切れやすい。

躯体（くたい）：構造物の本体をいう。

クラウチング：岩盤などの割れ目をふさぐため、グラウト（セメント糊）を注入することをいう。

クラック：ひび割れのこと。

桁かけ覆工（けたかけふっこう）
- 桁：覆工板を保持するために、土留杭（矢板）などの上に渡す横桁をいい、I形鋼、H形鋼などが使用される。
- 覆工：築造工事箇所が、道路交通事情等で昼間は掘削したまま放置できない場合、夜間に掘削・搬出した後、昼間は、掘削孔の表面を鋼材（覆工板）等で覆うことをいう。
- 覆工板（ふっこうばん）：桁の上に架設し、直接道路活荷重を受けるものをいい、角材又は鋼板が使用される。

ケレン：鋼材の錆落としをすること。又は、型枠材に付着したコンクリートを落とすこと。

構造物：外力に対して柱や梁等の棒状の線材や床、壁等の面材で構成する仕組みを構造といいこれで構成された物をいう。

コーキング：鋼管の継手や鋲の緩みなどを締めるために、タガネによってまわりをたたき締めること。また、ケーブル貫通部やサッシュのまわりなどに防水用材別を充填すること。

小廻り（こまわり）：一人一日の作業量をあらかじめ設定しておいて、各人の責任においてその担当の作業量をやらせること。主として、土工事にこの方法がとられることがある。この場合は、各労務者が仕事を請け負った形になるため、一般的には仕事が早く終わった者は早くしまってもよいことになる。

混和材・混和剤：混和材・混和剤の区別は、無機質の粉末でコンクリートの容積に計算されるものを混和材、比較的少量で使用するものを混和剤という。使用目的は「施工性の改善」と「耐久性の改善」である（表参照）。

混和剤・混和材

大分類	分類	機能	概要
混和剤	AE減水剤	品質と規格：JIS A 6204「コンクリート用化学混和剤」がある。①ワーカビリティの	空気連行性能をもち、減水剤のもつ効果に加え、凍結融解に対する抵抗性を高めている。

分類	種類	品質・規格／効果	説明
			改善や減水効果がある。
	高性能AE減水剤	品質と規格：JIS A 6204「コンクリート用化学混和剤」がある。 ①AE減水剤よりも減水効果とスランプ保持効果が高い。	主成分で分類するとナフタレン系、メラミン系、アミノスルホン酸系及びポリカルボン酸系に分けられる。高性能減水剤と主成分は同じであり、現在主流であるのはポリカルボン酸系高性能AE減水剤である。
	防水剤	評価方法としては、JIS A 1404「建築用セメント防水剤の試験方法」がある。 ①防水効果がある。	モルタル防水剤又はセメント防水剤と呼ばれている。モルタル防水工法（下地コンクリート上に20mm程度の防水モルタルを塗る工法）において用いられる混和剤を指す。
	収縮低減剤	①コンクリートの収縮を低減し、ひび割れ低減効果がある。	無機系の材料としては、せっこうをセメント中に混合する。硬せっこう及び生石灰系からなる膨張材は、硬化時に十分な拘束を受ければ、その後の乾燥収縮を小さくできる。大膨張時からの乾燥収縮は、普通コンクリートの70〜80％程度になる。
	その他	AE剤、減水剤、流動化剤、防錆剤、促進剤、遅延剤、分離抵抗剤	
混和材	フライアッシュ	品質と規格：JIS A 6201「コンクリート用フライアッシュ」がある。 ①水和熱の低減や化学抵抗性の改善効果がある。	石炭を燃焼させる火力発電所等から発生する微粒の石炭灰をいう。灰白色又は灰黒色の乾燥粉末である。フライアッシュ自体に水硬性はないが、セメントと共存することによって、可溶性のケイ酸成分がセメントの水和反応で生成された水酸化カルシウムと緩やかに反応し、不溶性のケイ酸カルシウム塩を生成し、長期にわたって緻密な硬化体を形成する。
	高炉スラグ微粉末	品質と規格：JIS A 6206「コンクリート用高炉スラグ微粉末」がある。この規格の特徴は、比表面積を指標として3種類のグレードが設定されている。 ①強度性：比表面積の大きいほど高強度になる。 ②発熱性：初期の発熱を抑制する。 ③耐久性：海水抵抗性がよい。	高炉スラグは溶鉱炉で銑鉄を製造する際に副生される。溶融状態の高炉スラグに大量の加圧水を噴射して急冷することによりガラス質（非晶質）の高炉水砕スラグが得られる。得られたガラス質高炉スラグの粉末は、長時間水分に接触すると自然に硬化し、さらにアルカリ類が共存するとその硬化性は著しく促進される。高炉スラグ微粉末は高炉水砕スラグを乾燥・粉砕したものである。
	シリカヒューム	品質と規格：JIS A 6207「コンクリート用シリカヒューム」がある。 ①強度増加効果がある。	金属シリコン等のケイ素合金を電気炉で製造する際に生じる産業副産物で、排ガス中に含まれる二酸化ケイ素を主成分とする $1\mu m$ 以下の超微粒子である。主成分は非晶質の二酸化ケイ素であり、その含有率は金属シリコン等の種類や製造方法によって異なるが、70〜98％の範囲にある。製品形態には、粉体、流体、スラリーの3種類がある。
	膨張材	品質と規格：JIS A 6202「コンクリート用膨張材」がある。 ①コンクリートを膨張させ、ひび割れ低減効果がある。	セメント及び水と練り混ぜた場合、水和反応によりエトリンガイト又は水酸化カルシウムなどを生成し、コンクリートを膨張させる。わが国で現在市販されている膨張材はエトリンガイト系と石灰系を主成分とする2種類に大別される。

さ 行

サラ（さら）：新品のことである。

皿板（さらいた）：丸太材などを土中に建込む場合に、めり込まないように丸太の根元に敷く板のこと。

敷き均しコンクリート：割栗地業（基礎に割栗石・玉石などを入れて、地固めすること）、砕石地業の上などに打つ、「捨てコン」ともいう。

地業：「建築基礎構造設計規準（日本建築学会、昭和27年、49年（改））」では、「基礎スラブを支えるために、それより下に割栗・杭などを設けた部分」をいう。また、基礎スラブとは「上部構造の応力を地業に伝えるために設ける構造部分、フーチング基礎ではそのフーチング部分をベタ基礎ではスラブ部分を指す」。

下端（したば）：工事における各種構造物の最下部面をいう。

CBR（シービーアール）：Carifornia Bearing Ratio の略称で、路床及び路盤の支持力比をいう。CBR 試験方法は、JIS A 1211で定められており、径5cmのピストンを供試体に一定速度で圧入し、その貫入抵抗から支持力についてある係数を求めるもので、次式により計算する。

$$CBR = \frac{試験単位荷重}{標準単位荷重 \times 100\%}$$

地山（じやま）：天然の地盤のこと。

伸縮接手：ビニル電線管等に使用される配管用接手。

伸縮継目：温度変化による部材の伸縮を調整することで、構造物の伸縮・移動がなるべく自由になるように、あらかじめ構造物を切り離して継目を設けるもの。

伸縮目地：屋根・外壁などに伸縮継目用のコーキング材をつめたもの。

芯芯・真真（しんしん）：中心線から中心線までの距離。

すきとり：平面上において、土などの余分な部分を削り取ること。

素掘り（すぼり）：土留め、または支保工なしで行う掘削のこと。陸上では、地盤の良いところ、掘削の浅い場合、土質の良いところ、河床では玉石混じりで砂利層の締まったところなどで行われる。

スラブ：床版をいう。マンホールの天井、橋あるいは建築物の床版をいい、コンクリート製の場合はコンクリートスラブという。

スランプ（Slump）：コンクリートの柔らかさの程度を示すもので、また固まらないコンクリートの性質をコンシステンシーといい、この柔らかさをスランプ（下がり）で表示する。スランプ試験は、高さ30cm、上端直径10cm、下端直径20cmの円錐形鉄枠にコンクリートを3層に分けて突き固め、直ちに鉄枠を静かに鉛直に引き上げ、コンクリートの層の下がりを測定する。この下がりを cm で測定し、これをスランプ何 cm で表示する。

ずり：掘削により生ずる土砂・岩石などの余土をいう。

セメントペースト：セメントと水とを練り混ぜてできたもので、セメント糊ともいう。

総掘り（そうぼり）：べた掘りともいい、一面に掘削すること。

た 行

太鼓落し（たいこおとし）：丸太を上下二面を平らに削り、胴部をそいで太鼓胴のような形にした丸太材をいい、切梁材などとして支保工に使用する。

蛸（たこ）：長さ36～45cmの堅木の丸太に1.2cm程度の柄を2～4本取り付け、丸太の端末に鉄輪をはめたもので、杭あるいは土留板等を打ち込むのに使用する。また、埋戻し土の突き固めにも使われる（最近は機械化され、ランマ・タンパなどが使用されるが、小規模の場合は依然として蛸が使用されている）。

地耐力：その土地における支持力であるが、地盤の種類によって次表のような数値となる。

地耐力

地盤の種類		許容地耐力 (t/m²)	標準値 (t/m²)
岩	1. 硬岩（硬質切石として使用できる程度）	300～400	300
	2. 中硬岩（上等の煉瓦程度のもの）	180～240	180
	3. 軟岩（普通の煉瓦程度のもの）	60～120	60
	4. 非常に軟らかい岩・風化した岩	40～60	40
砂利	5. 硬く結合されたもの	50～70	50
	6. 砂利地盤	35～40	35
	7. 砂混じり砂利	25～35	25
砂	8. 粗粒砂	20～30	20
	9. 細砂	10～20	10
	10. 砂質粘土	7～15	7
粘土	11. 特に堅硬な粘土	35～50	35
	12. 固い粘土	20～30	20
	13. 真土及び粘土（水分の少ないもの）	10～20	10
	14. 真土及び粘土（水分の多いもの）	5～10	5

丁張り（ちょうはり）：煉瓦積みを行う場合、壁厚・段数を表示しうる縦方を造り、これに水糸を張り渡し、その糸に沿って煉瓦を積み上げるが、この水糸を張ることを丁張りという。石積み・コンクリート平板及びL形側溝などを施工する場合にも丁張りを行う。

直高（ちょくだか）：盛土の高さ（h）をいう。

つぼ掘り：柱を建植する場合のように、壺形に円く掘る根掘

りをいう。

出合丁場（であいちょうば）：二者以上の業者の工事現場が、相接していること。

鉄筋コンクリート：RC造（Reinforced Concrete）：引張りに弱いコンクリートを補強するために鉄筋を配したコンクリートである（参考：SRC造：Steel Reinforced Concrete：鉄骨鉄筋コンクリート、S造：Steel：鉄骨構造）。

出面（でづら）：現場における作業員などの一日の員数。

デプス（Depth）：D.P.で示されるが、深さのことである。

転圧（てんあつ）：盛土した土を、締め固めること。

天井高：① 天井のある場合：床面と天井下面との距離。
② 天井のない場合：床面と天井スラブ下面との距離。

天端（てんば）：盛土等の最上部分をいう。

床（とこ）：掘削した底部をいう。

床付け（とこづけ）：根切りの底面を仕上げること。又は、底面まで掘り下げること。

土質：土の分類には、土木工学では土の粒径によって、下記のように分けている。

玉石：径20cm以上のもの。

礫：径2mm〜20cm（コンクリート工学では5mmまで）のもの。

砂：径0.05〜2mmのもの（粗砂0.25〜2mm、細砂0.05〜0.25mm）。

シルト：径0.005〜0.05mmのもの。

粘土：径0.001〜0.005mmのもの。

コロイド：径0.001mm以下のもの。

　普通路床として出てくる土を示すと、以下のとおり（この分類は、土の粘土をシルト以下と、シルト以上に分け区分している）。

砂：20％以下のシルトと、粘土を含むもの。

砂質ローム：20〜50％のシルトと、粘土を含むもので、多少の凝集性があり、湿るとかなり形を保ちやすい。

ローム：50％以下のシルト粘土を含むもの。ただし、シルトは50％以下・粘土は20％以下のもの。なお、乾燥すれば形を保ち、湿ったものは施工しにくい。

シルト質：50％以上のシルト粘土を含むもの。ただし、シルトは50％以上、粘土は20％以下のもの。一般に施工しにくい。

粘土質：50％以上のシルトと粘土を含むもの。ただし、シルトは50％以下、粘土は20〜30％のもの。一般に乾燥すれば固くなるが、水分を含むと極めて軟弱となる。

粘土：50％以上のシルトと粘土を含むもの。ただし、粘土は30％以上のもの。一般に次のような性質がある。①粒子が小さく収縮性が大きい。②粘着性が大きく水密性である。③排水困難で圧縮性が大きく、水を含むと泥土となる。④締固め困難であり、含水比が大きいと施工しにくい。

トレンチパイル（Trench Pile）：簡易シートパイルともいい、鉄板製の溝形軽量矢板のことで、掘削深さが比較的浅い場所の土留矢板として使用する。

トロ：石積み・煉瓦積みなどに用いるモルタル。

とんぼ：①丁字形・丁字形の丁張り（土木工事における遣り方）のこと。
②トロッコが脱線した場合にとんぼしたという。
③地ならし用の道具（長さ1m程度・幅10〜15cm程度の堅木に1.8m程度の柄を付けたもの）。

な 行

生コン（生コンクリート、レディミクストコンクリート）：固まる前のコンクリートをいう。生コンクリート業者がミキサーを積んだトラックで工事現場に搬入することから生じた言葉である。

2次応力：部材の偏心や変形に起因して発生する応力で、1次応力の1/4程度のものである。

二段跳ね（にだんばね）：掘削が深くなった場合、一度で外に放り出せないため、途中に棚（踊り場）を設けて土砂をいったん中継した後、再び外に向かって放り出すことをいう。

布掘り（ぬのぼり）：幅狭く長く掘ることをいう。ローカライザー局舎等のプレハブ局舎の基礎の掘削・管路の掘削等がこれにあたる。

根固め（ねがため）：基礎地業のことである。ハンドホールの砕石基礎などを造る場合に根固めするという。

根切り（ねぎり）：掘削の土木用語である。その形状によって、布掘り・総掘り・壺掘り・すき掘りなどがある。

ねこぐるま：ねこともいい、セメントや砂利・砂等を小運搬するのに使用する二輪車または一輪車をいう。

根掘り（ねぼり）：基礎を造るために、地盤を掘削する作業をいう。

法先（のりさき）：法尻（のりじり）ともいい、法面の下端をいう。

法面（のりめん）：山等を掘削したときや、盛土をしたときの人工斜面をいう。

は 行

バタ：補強材をいう。矢板工などの土留板を横につぐ木材で、片側のみにあるのを片バタ、両側にあるのを挟みバタ、型枠の締付けなどに横・縦・上・下の使用場所によりそれぞれに付けて○○バタという。

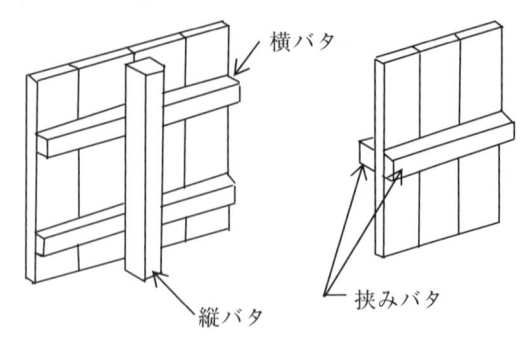

バタ材：バタ用に造られた木材で、正角材・正割材・平割材などのように完全に加工されたものではなく、一部に丸太の形が残ったままで市販されるものをいい、安価である。

はつり：たがね・のみ等でコンクリートの表面を削ったり、穴を明けたりすることをいう。現在は機械化されており、カッターで行われることが多い。

はな：先端のことをいう。

パネル（Panel）：せき板を繰り返して使用できるように作った羽目板をいい、鋼製のものをメタルホームという。

バラスト（Ballast）：道床用砂利（砕）のことをいう。

はらむ：コンクリート型枠が、コンクリートの圧力により押し出されること。また、石垣・築堤などの法面（のりめん）が押し出されること。

ハンチ（Hunch）：鉄筋コンクリート版あるいは梁の支持部分または種々の接合部などにおいて、版厚を厚くしたり、梁高を高くした部分をいう。

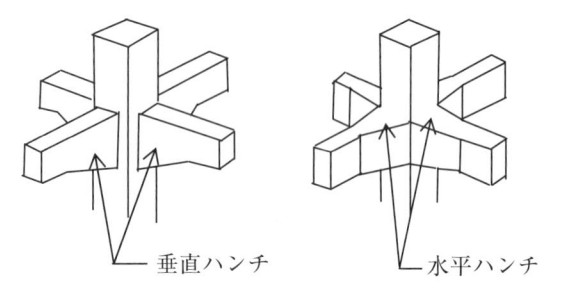

パンチングシャー：鉄筋コンクリートの基礎で柱の軸方向力が基礎スラブを押し抜こうとする力。

ピアー（Pier）：柱状の基礎（橋脚等）をいい、構造物荷重を地中深いところに伝えるものである。

火打ち（ひうち）：キャンバー（Camber、起梁・ムクリバ）ともいい、建造物の構造体の補剛のために丁字形や十字形の取りあわせ部分に斜めに取り付ける補強材で、三角形を更正するのが特徴である。昔のタバコの発火具火打金が三角形であったことに由来している。

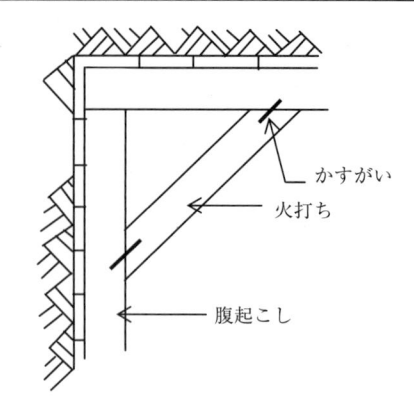

ヒルティアンカー：ヒルティとはメーカ名で、基本的には、オールアンカーと同じメカニカル式アンカーである。業界では、薬品（ケミカル）を使用しないものを「ヒルティアンカー」と呼ぶことがある。

ふかす：ジャッキなどにより、構造物を持ち上げること。

伏せ越し（ふせごし）：河川または用水路等にケーブル等を渡す場合、橋などがないか、あるいは木橋等で橋梁架設ができない場合等に河床下を掘削してケーブルまたは管等を埋設する。一般的には河床下1.5mとしている。

フーチング（Footing）：構造物の基礎を造る場合に、地盤に及ぼす圧力度が地盤の許容支持力以下になるように荷重を均等に分布する必要がある。このために、柱などの下に下図のような構造物を必要とし、これをフーチングという。

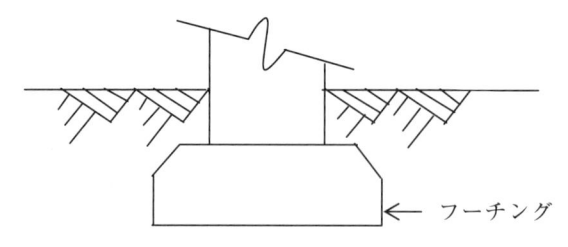

ブーム（Boom）：腕木のこと。主柱の根本またはその中途に取り付けて荷物を吊ったり、吊った荷物を移動させたりするためのもの。

不陸（ふりく）：平らでないこと。水平でないこと。

ブレーシング（Bracing）：引張部材で、添架工事では一般に対傾稜構（Survey Bracing）をいう。

べた掘り：一面に掘削すること。総掘りのこと。

ヘドロ：水分を多く含んだ泥土のこと。

ベンチマーク（B. M.：Bench Mark）：測量水準点のことで、国道及び主要な地方に沿って約2kmごとに標石を設け、これを水準点として種々の測量を行う基点である。工事現場においては、作業用の基点として設けるものをB.M.という場合が多い。

骨組構造：線材で構成された構造物をいう。次表の種類がある。

骨組構造	ラーメン構造	トラス構造	アーチ構造
概略図			
特徴	部材の接合部を剛接続する。	部材の接合部をピン接続する。	曲線状の部材を使用する。

ま 行

豆板（まめいた）：コンクリートの打上がりにおいて、十分に締め固めないで打たれたために、仕上り面にスを生じたものをいう。

目通り（めどおり）：立木の太さを表すもので、自分の目の高さの位置で木の直径を測り、目通り○cm という。

盛土（もりど）：運搬した土砂を、敷地造成のために所定の場所に積み上げること。

モンケン：杭打ちに使用したり、コンクリートの破砕に使用する鉄製のおもりのことをいう。

や 行

役物（やくもの）：標準型のものに対して、特別型のものをいう。コンクリートブロックの天端等がこれにあたる。

山留め（やまどめ）：掘削面などの地盤が崩れないように、木材や鉄材などで防ぐ仮設工のことをいう。山留めは土留ともいう。なお、山留め材としては鋼矢板（シートパイル（Sheet Pile））が多く使われる。

有限要素法（ゆうげんようそほう、Finite Element Method：FEM）：数値解析手法で領域全体を小領域に分割し、単純な補間関数を用いて全体の補間精度を上げる方法。

養生（ようじょう）：保設することをいう。
① 塗装工の場合に塗装面以外を汚さないようにマスキング等の保護をすること。
② コンクリートの養生はコンクリート打込み後5日間は、コンクリートの温度が2℃を下がらないようにし、かつ、乾燥、振動等によってコンクリートの凝結及び硬化が妨げられないように養生しなければならない（建築基準法施行令第75条）。

わ 行

割栗石（わりぐりいし）：建築物の基礎に使用する15cm位の砕石。基礎コンクリートと地盤をつなぐために使用する。

2. 無線用鉄塔関連用語

あ 行

亜鉛浴（あえんよく）：高温で溶かした亜鉛。

アークエアカウンジング：アークを発生させ、金属を溶融させると同時に高速の空気噴流によって、溶融金属を削除する方法。

アーク溶接：鉄を母材とし、母材と電極または二つの電極の間に発生するアーク熱を利用して溶接する電気溶接。

アンダーカット：溶接の上端に沿って母材が掘られ、溶融金属が満たされないで溝となっている部分。

裏あて金：開先の底の裏側に、金属板を母材とともに溶接したもの。

裏はつり：突合わせ溶接で、開先の底部の溶け込み不良の部分などを裏面から、はつること。

NC：数値データを扱う装置によって行われる工作の自動制御。

塩化アンチモン法：塩化アンチモンをインヒビターとして加えた塩酸溶液を用いて、付着している亜鉛を合金層に達するまで溶かすことによって付着量を求める試験。亜鉛の付着量試験に用いられる。

オーバーラップ：溶接の欠陥で、溶接金属の止端が融着しないで、母材と重なっているもの。

か 行

開先(かいさき)：溶接を行う鋼材の突合わせ部分に設ける溝。

ガスシールドアーク半自動溶接：溶融金属を炭酸ガス等の被包ガスにより保護しながら溶接する方法。

かすびき：亜鉛めっき前の表面に、亜鉛酸化物またはフラックスが著しく付着しているものをいう。耐食性に悪影響を及ぼす。

仮組：本来工事場で行われる建て方を、仮に工場内で組み立ててみる作業で、製品精度を実際の構造物にまとめ確かめる手段。

仮組受台：仮組のときに実際の建て方と同一条件となるような仮設の基礎。

仮締めボルト：仮組のときに用いられるボルト。

仮付け溶接：部材を組み立てるときそれらが正しい位置に集結されるように、本溶接に先立って部材を固定するために行う断続溶接で、本溶接の一部となる。

規準テープ：工場制作の寸法規準となるスチールテープ。

逆ひずみ：鋼材の加工により生じる残留応力を小さくするため、応力方向と反対方向に加えるひずみ。

許容応力度：設計荷重によって、構造体の各部に生じる応力度の許容値。応力種類と材料種別ごとに定められ、材料の基準強度 F 値や安全率などから求められる。

金属製角度：かね尺といわれるものであり、直角と500mmまでの長さ測定に使用する測定器。

金属製直尺：通常は、ステンレス鋼製であり、2m以内の長さ測定に適している測定器。

空気抜き用孔：溶融亜鉛めっきの際、鋼管などの閉空間に溜まった空気の膨張による破裂を避けるための空気抜き用の孔。

組立溶接：→仮付け溶接

グラインダー：円板状の砥石を高速回転させ、物を研削する工作機械。

クレータ：ビードの終端にできるくぼみ。

黒皮：鍛造したままの鍛造品の肌。通常は、加熱、酸化などによって、製品表面に生じたはげやすいスケールを取り除いた状態のもの。

けがき：鉄骨工事の一工程で、現寸型板や定規によって、鋼材切断や孔あけの位置をしるすこと。

ケージ：角度や寸法の測定用計器。あるいは角度・寸法の総称。

現寸：工場の床面に実寸大の作図を行い、複雑な取り合い部分の確認又は型板・定規を作成すること。現在では、コンピュータによる自動作図・自動工作のためのデータ入力工程を現寸と呼ぶこともある（下表参照）。

鋼材の形状

形状	概略図	内容
縞鋼板		・圧延ロールの表面に刻み目（縞目）を入れて鋼板の片面にすべり止めなどの模様を規格的に浮き出させた鋼板、通常は床板に用いられる。 ・グレーチング（grating）：鋼材を格子状に組んだ鋼蓋である。素材は鉄、ステンレス、アルミ、FRP 製等がある。
エキスパンドメタル		・JIS G 3351に規定されている。千鳥状に切れ目を入れながら押し広げて製造する。
H形鋼		細幅、中幅、広幅と3つのタイプがあり、ラーメン構造の各所で使用する。柱、梁に使用。
角形鋼管		正方形と長方形がある。特に正方形のものは耐力に方向性がないので、純ラーメン構造に適し

		ている。柱、梁に使用（長方形はほとんど使用されない）。
鋼管	○	円形形状を生かした柱やトラスの材料として用いる。
山形鋼	L	等辺、不等辺があり下地材やトラスの材料として用いる。

公差：規準にとった値と、それに対して許容される限界との差。

高張力鋼：化学成分の調整と熱処理の組み合わせにより、引張強さを50kg/mm²以上にした鋼材。

高力ボルト（H.T.B）：普通ボルトの約2.5倍の強度をもつボルトで、部材間の摩擦力により接合部の剛性を得る摩擦接合に用いられるボルト。リベットやボルト接合とは異なり軸断面のせん断力や接合材の側圧力に期待しないため、摩擦がきれて滑り出すまでは剛接合である。それゆえ接合材間の摩擦面やボルトに導入される軸力が問題で、品質、施工等が重要である。

コンベックスルール：鋼製巻尺の一種。わん曲面のある帯鋼のため伸直性があり、小型・軽量である。

さ 行

作業用テープ：工事現場での建て方作業の寸法規準となるスチールテープ。

座屈：柱、梁などの部材が軸圧縮力（部材を軸方向に圧縮する力）を受けて、全体が「く」の字形や弓形に曲がる現象を座屈という。口形・H形などの部材断面を形づくる板要素が、軸圧縮力や曲げ、せん断力などを受けて面外に変形する現象も座屈で、局部座屈という。

サブマージアーク自動溶接：潜弧溶接またはユニオンメルト溶接ともいう。溶接部にあらかじめ粒状のフラックスを散布し、その中に電極を挿入して行う溶接法。アークはフラックス内で発生するため、外部からは見えない。

ざらつき：めっき浴中の個体浮遊物がめっき層の中に入り込んで生じた小突起。

サンドブラスト：圧縮空気又は遠心力などで、砂又は粒状の研磨材を鋼材に吹き付けて行う表面処理方法。

残留応力：加熱された鋼材が常温に戻っても、溶接部等に残っている変形しようとする力。

ジグ：工作物・部材などの加工位置を、容易にかつ正確に固定する道具。

仕口：二つ以上の部材をある角度で接合する部分。

地組：ある程度のブロックに地上で組み立てること。

止端（したん）：部材の面と溶接ビード表面の交わる点。

自動ガス遮断：鋼の切断局部をガス炎にて高温加熱（予熱）し、次いで高圧酸素を吹き付けて鋼を燃焼させると同時に燃焼部分を吹き飛ばし、その部分に生じる切れ目により切断する。

磁粉探傷検査：磁性材料に欠陥がある場合、それによって生じる磁気的ひずみを利用して、磁性材料の欠陥の有無を調べる検査。

締付けトルク試験：金具のボルト、ナット、袋ねじ、押しねじなどを、トルクレンチなどによって徐々に締め付け、金具部の変形、破壊、ひずみなどを調べる試験。

シーム：線状の凹凸を生じた異状めっき。

シャコ万：締付けや固定に用いる道具。

ショットブラスト：鋼粒ショット（せん鋭なりよう角のない粒）を圧縮空気その他の方法で金属表面に吹き付けて、スケール・錆・塗膜などを除去する表面処理の方法。

白錆：白色のかさばった錆がめっき表面に発生し、白墨の粉が付着したような状態をいう。

ジンポール（鳥居型デリック）：2本のマストの先端をつないだ横梁から荷をつるデリック。

スタッド溶接：鋼製スタッド（植込みボルト）などのような短い棒を、鋼梁のフランジなどの上に垂直に溶接する方法。

スチールテープ：鋼製の巻尺。コンベックスルールもスチールテープのひとつである。

スパッタ：アーク溶接、ガス溶接などにおいて、溶接中に飛散するスラグ及び金属粒。

隅肉溶接：ほぼ直交する二つの面を溶接する三角形状の断面をもつ溶接。

スラグ：溶接部の表面に生じる非金属物質。

セルフシールドアーク半自動溶接：溶接ワイヤの中のフラックスにより、溶接ワイヤ自身がシールドガスを発生し外部からのシールドガスの供給なしに行うアーク溶接。

線条加熱：線加熱法とも呼び、変形部の凸部を表層だけ線条に連続加熱し、板厚表裏の温度差を利用して変形を矯正する方法。

た 行

たがね：材料の切断またはせぎりに用いる工具の総称。

脱脂：素地に付着している油脂性の汚れを除去して清浄にすること。

たれ：部分的に亜鉛が著しく付着したもの。

柱脚：柱の最下部で、柱の受ける力を基礎に伝える部分。

中ボルト：座面の表面粗さが上ボルトと同じで、その他の表面粗さ及び形状・寸法の精度が上ボルトよりやや劣るボルト。

突合わせ溶接：突合わせ継目をした溶接。

継手：長さを増すために、材を継ぎ足す部分又はその方法。

定着：鉄筋のコンクリートの定着とは、コンクリートに今、埋め込まれた鉄筋を→の方向に引くと鉄筋はコンクリートから抜けるか、断線するかのどちらかである。鉄筋の定着長さが短いと抜けやすいし、長いと抜けづらくなる。鉄筋の定着力はコンクリートの付着の力で決まってくる。表面積が大きいと当然抜けづらくなる。これを鉄筋のコンクリートの定着という。

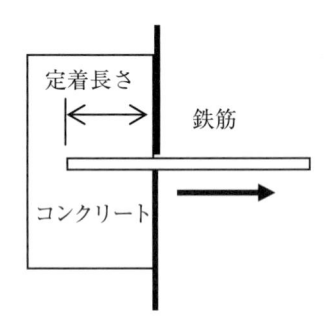

```
   定着長さ
  ←――→    鉄筋
  ┌────────────┐
  │    ────→   │
  │            │
  │ コンクリート │
  └────────────┘
```

テストピース（試験片）：試験すべき製品と同じ条件の試験材から採取した材片。

トルク：軸をねじろうとするモーメント。

トルクレンチ：高力ボルトを締め付けるときのトルクが明示される機器。

ドロス：亜鉛不純物。

な　行

熱応力：自由熱膨張を拘束するために生じる応力で、外部支持条件で生じることもあり、一物体の温度の不均一分布または熱膨張差によって生じることもある。

ノッチ：ガス切断の際生じる切り欠き。

のど厚：溶接継手で、応力を伝えるのに有効と考えられる溶着金属の厚さ。〈隅肉溶接の場合〉隅肉溶接の断面ルートから表面までの最短距離。〈突合わせ溶接の場合〉突き合わされた部材の厚さ。

は　行

はつり：削り取ること。加工においては面取りと同意であり、溶接においては本溶接後に不要となった板つけ溶接部を削り取ることをいう。

番線：焼なまし鉄線のこと。

パンチ：打抜きによる孔あけ。

ひずみ：熱的取扱いに起因する鋼材の所定寸法、形状からの片寄り。

ピッチ：同形のものが等間隔に多数並んでいるとき、その中心間隔。鉄骨構造のリベットやボルトの中心間隔。

ピット：ビードの表面に生じた小さなくぼみ穴。

ビード：溶接の進行方向に沿って行う1回の溶接操作によって作られた溶接金属。

非破壊検査：材料や製品を破壊しないで行う欠陥の有無、材質、状態などの検査。

表面温度計：物質の表面のような局部の温度を測定する温度計。

ピンホール：溶射皮膜を貫いて素地まで達する微細孔。

ふくれ：めっき層の一部が素地や下地層と密着しないで浮いている状態。また、塗装による塗膜形成後に、下層面にガス・蒸気・水分などが発生・浸入したときなどに膨れてしまう状態。

ブラスト：圧縮空気流、遠心力などを用いてブラスト材を素材の表面に吹き付けて黒皮、酸化物などを除去すると同時に粗面化すること。

プラズマ切断：プラズマアークの熱を利用して行う切断。

フランジ：形鋼の単一材（みぞ形鋼・I形鋼・H形鋼など）・組立材断面の両端の平行な部分。

フリスター：めっき層の一部が素地や下地層と密着しないで浮いている状態。「ふくれ」のこと。

プレス：材料を上下の台盤の間に挿入して加圧形成加工を行う機械の総称。

分割組：高い構造物などの仮組を行う場合に、上下などに分割して別々に組み立てること。

ベンチマーク（B.M.）：建築物を建てるとき、建築物の基準位置・基準高を決める原点となる標識。また、水準測量では、地盤の高低位置を測定するための基準となる標点。

ボルト：ナットと組んで使用する「おねじ」を持った物品の総称。

ポンチ：鉄骨部材の穴あけや中心位置を示す小孔をあける工具。鉄骨部材にリベット孔・ボルト孔を打ち抜く工具。

ま　行

廻し溶接：隅肉溶接で取り付けた母材の端部を回して溶接する方法。

耳取り：部材間の取り合いを図るため、鋼材の端部を斜めに切り取ること。

ミルシート：鉄鋼会社が発行する規格証明書（検査証明書）のことで、納入鋼材の種類・化学成分・強度などが示されている。

ミルスケール：高温空気中で加熱された鉄鋼表面に、厚く成長した酸化物層。黒皮ともいう。

面取り：角形断面の出すみを削り取り加工したもの。

や 行

やけ：金属亜鉛の光沢がなく、表面がつや消しもしくは灰色になること。耐食性についてはそれほど影響はない。

遣り方：地業・基礎工事の着手前に、柱心・壁心又は水平位置を表示する仮設物。

溶接線：ビード、溶接部を一つの線として表すときの仮定線。

溶接棒：母材の接合部をアーク溶接・ガス溶接などで、母材とともに溶融して接合したり、肉盛をつけたりするのに用いられる棒。

溶融亜鉛めっき：高温で溶かした亜鉛（溶融亜鉛）の浴槽に鋼材を浸漬し、鉄素地の表面に亜鉛の皮膜を生成させるもの。

横組：仮組を本来の構造状態を横に倒した形に組み立てて行うこと。

予熱：主として割れの発生や熱影響部の硬化を防ぐため、溶接又はガス切断に先立って母材を熱すること。

余盛：開先または隅肉溶接の必要寸法以上に表面から盛り上がった溶着金属。

ら 行

ルート：鉄骨溶接継ぎのみぞ（グルーブ）の最も狭い底部。

冷間矯正：ひずみ矯正の方法で、プレス・ローラーなどを用いて行う。

レベル（水平器）：気泡管と光学系による精密な水平測定器具。

ロールメーカー：鉄鋼会社。鉄鉱石、鉄くずから多くの製造工程を介して用途に応じた種々の鋼材（H形鋼、鋼管等）の製造を行っている。

溶接記号

溶接部の形状	基本記号	備考
両フランジ形	八	―
片フランジ形	八	―
I形	‖	アプセット溶接、フラッシュ溶接、摩擦圧接などを含む。
V形、X形（両面V形）	V	X形は説明線の基線に対称にこの記号を記載する。アプセット溶接、フラッシュ溶接、摩擦圧接などを含む。
レ形、K形（両面レ形）	V	K形は基線に対称にこの記号を記載する。記号の縦の線は左側に書く。アプセット溶接、フラッシュ溶接、摩擦圧接などを含む。
J形、両面J形	U	両面J形は基線に対称にこの記号を記載する。記号の縦の線は左側に書く。
U形、H形（両面U形）	U	H形は基線に対称にこの記号を記載する。
フレアV形、X形	⌒⌒	フレアX形は基線に対称にこの記号を記載する。
フレアレ形、K形	⌒	フレアK形は基線に対称にこの記号を記載する。記号の縦の線は左側に書く。
隅肉	△	記号の縦の線は左側に書く。並列継続隅肉溶接の場合は基線に対称にこの記号を記載する。ただし、千鳥継続隅肉溶接の場合は、右の記号を用いることができる。
プラグ、スロット	⊓	―
ビード肉盛	⌒	肉盛溶接の場合は、この記号を二つ並べて記載する。
スポット、プロジェクション、シーム	＊	重ね継手の抵抗溶接、アーク溶接、電子ビーム溶接などによる溶接部を表す。ただし、隅肉溶接を除く。シーム溶接の場合は、この記号を二つ並べて記載する。なお、特に表示に問題がない場合には、スポット溶接の場合は、○の記号を、また、シーム溶接の場合は、⊖の記号を記載する。

分類	溶接部	実形	記号表示
I形	矢の側又は手前側		
I形	矢の反対側又は向こう側		
I形	両面		
V形	矢の側又は手前側		
V形	矢の反対側又は向こう側		
X形	両面		
レ形	矢の側又は手前側		

分類	溶接部	実形	記号表示		分類	溶接部	実形	記号表示
V形	矢の反対側又は向こう側				ﾚ形	矢の側又は手前側		
K形	両面				ﾚ形	矢の反対側又は向こう側		
ㄴ形	矢の側又は手前側				ﾚ形	両側		
ㄴ形	矢の反対側又は向こう側							

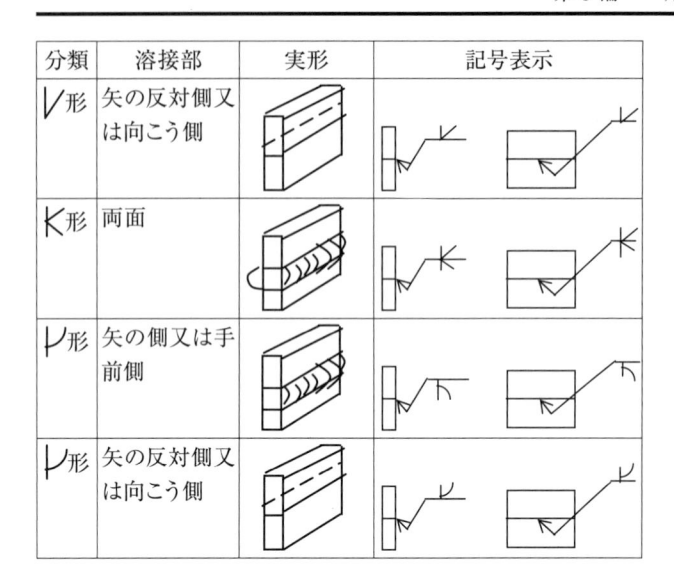

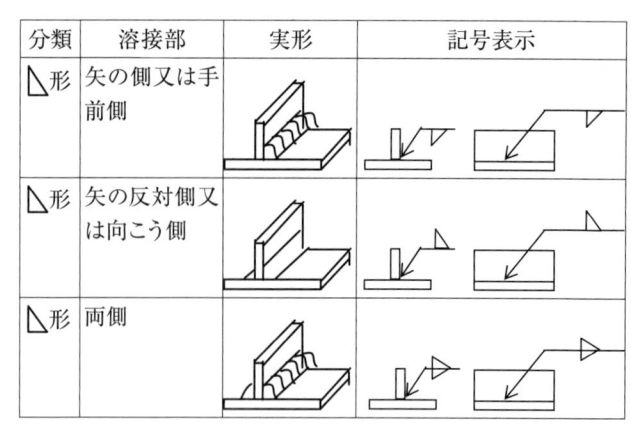

3．一般用語（環境関連も含む）

あ 行

A型接地極：放射状接地極、垂直接地極又は板状接地極から構成し、各引下げ導線に接続する。接地極の数は2以上とし接地極の最小長さは、放射状接地極の最小単位を l_{1m} とすると、放射状水平接地極は l_{1m} 以上、垂直又は傾斜接地極は $0.5l_{1m}$ 以上とする。板状接地極は表面積が片側 $0.35m^2$ 以上とする。

しかし、大地抵抗率が低く10Ω未満の接地抵抗が得られる場合は、最小長さによらなくてもよい。

か 行

カウンターポイズ：モノポールアンテナのアース側に取り付ける仮想の接地のことで、大地に接続するのではなく、大きな金属メッシュや1/4波長程度の電線何本かをアース側へ放射状に取り付けたもの。本来は大地に接続すべきアンテナの一部をカウンターポイズとして接続するので、地上に置いても、地上から離してもよい。

カウンターポイズを地上高く設置すれば、給電点を高くすることができるので、電波を遠くに飛ばすことが可能になる。

建築確認申請等：下表のとおり。

建築確認申請等

項目	申請者	申請先	備考
建築確認申請	建築主	建築主事又は民間の指定確認検査機関	建築基準法第6条、6条2、6条3に基づく申請行為。
完了検査	建築主	特定行政庁又は指定確認検査機関	完了後、4日以内に申請すること。検査済証の交付を受けること。
建築工事届	建築主	都道府県知事（建築主事を経由して）	
建築除去届	工事を施工する者	都道府県知事（建築主事を経由して）	
定期報告	建築物等の所有者	特定行政庁	
道路位置指定申請	道路となる土地所有権者	特定行政庁	

さ 行

サステナブル：「持続可能」と言う意味。例えばサステナブル建築とは、①地球環境に配慮した建築、②気候・風土に適した建築、③将来に渡って維持向上が図れる建築。

スケルトン・インフィル：建物のスケルトン（柱、梁、床等の構造躯体）とインフィル（内装や設備）とを分離できる用に設計された工法。

た 行

電気二重層キャパシタ：電気二重層という物理現象を利用することで、蓄電効率が著しく高められたキャパシタである。バッテリーの代替にも利用されてきた。最近では、需要電力のピークカットオフにも利用されている。

等電位ボンディング：等電位とは電位を等しくすることである。一般には雷の影響により発生する過渡的な異常高電圧等から設備等を保護するための接地について規定してある。

な 行

燃料電池：水素などの燃料と酸素等の酸化剤を供給して電力を取り出すことができる化学電池である。化学エネルギーから直接電気エネルギーに変換できる電池である。消防法による電池にも指定されている。

は 行

パッシブシステム：建築を取り巻く外的環境（太陽、風、熱）を建築内に取り入れて建物の内部環境を良くしようとするシステム

B型接地極：環状接地極（リングアース）、基礎接地極又は網状接地極（メッシュアース）から構成し、各引き下げ線に接続する。

ヒートポンプ（Heat Pump）：外部からの電気・熱などの駆動エネルギーを与えて低い温度の部分から温度の高い部分へ熱を移動させる装置

フリーアクセス床：2重床のこと。床と床の間の空間を利用して配線等を行うことができる。

略 語

CEC：エネルギー消費係数で設備の年間エネルギーの消費効率を表す。

$$エネルギー消費係数 = \frac{年間エネルギー消費量}{年間仮想熱負荷}$$

PAL：年間熱負荷係数のことで、建築のペリメータ部熱負荷性能を表す。

$$年間熱負荷係数 = \frac{屋内周囲空間の年間熱負荷（MJ/年）}{屋内周囲空間床面積（m^2）}$$

SPD：雷害関連：雷サージ防護デバイス
SPDC：雷害関連：SPD用部品
SPS：雷害関連：SPD及びSPDCを用いたシステム

航空無線施設略語表①

略語	フルスペル	意味
AAM	Aircraft Addressing Monitor	航空機アドレス監視装置。
AEIS	Aeronautical En-Route Information Service	航空路情報提供業務：FSCより航空路を飛行中の航空機を対象として、対空送受信施設又は対空送信施設により、航行の安全に必要な気象情報、航空保安施設に関する情報等を提供する業務である。
A/G	Air-to-Ground communication	対空通信：地上と航空機との通信：民間はVHF帯、軍用はUHF帯を使用している。
ARSR	Air Route Surveillance Radar	航空路監視レーダー：航空路上を飛行中の航空機を管制するための一次レーダーで、SSRと組み合わせて使用されカバーする範囲は約200海里である。
ARTS	Automated Radar Terminal System	ターミナルレーダー情報処理システム。
ASDE	Airport Surface Detection Equipment	空港面探知レーダー：空港内滑走路や誘導路、駐機場などの状況を管制塔内で監視するための高分解能レーダーで夜間や視程不良時に威力を発揮する。ミリ波を使用しているのが多い。
ASM	Air Space Management	空域管理システム。
ASR	Airport Surveillance Radar	空港監視レーダー。
ATFM	Air Traffic Flow Management	航空交通流管理：飛行経路の調整、飛行計画の承認及び交通流制御などの実施により安全で秩序正しく効率的な航空交通流を形成。
ATIS	Automatic Terminal Information Service	飛行場情報放送業務：交通量の多い空港において、離着陸する航空機に到着機に必要な進入域、使用滑走路気象情報、飛行場の状態、航空局施設等を対空送信により提供する業務である。FSCにて運用する。
BD	Bright Display	ブライトディスプレイ：レーダー画面をIFR室以外で監視するための表示装置（高輝度表示機）。
CAS.net	CAB Airtraffic Services Network	航空保安情報ネットワーク。
CCS	Communication Console System	管制卓。
DLP	VHF Data Link Processing system	VHFデータリンク処理システム。
DME	Distance Measuring Equipment	距離測定装置：航空機にそのDME地上局からの距離情報を提供するもの。
DRDE	Digital Radar Distribution Equipment	デジタルレーダー情報分配装置。
DRVT	Digital Radar Video Transmitter	デジタルレーダービデオ伝送装置。
ER-VHF	Extended-Range VHF communication	対流圏散乱波通信（TROPO）：対流圏散乱波を使用して通信する方式である。国際対空通信施設で使用している。
FDMS	Flight Data Management System	飛行計画情報処理システム。
FDPS	Flight Plan Data Processing Section	FDMSの管制情報処理部。
GES	Ground Earth Station	航空衛星地球局システム。
GMS	Ground Monitor Station	MSAS監視局システム。
HF-AG	High Frequency Air-to-Ground	短波の対空通信：主として洋上の航空機と通信を行う。

略語	フルスペル	意　　味
HMU	Height Monitoring Unit	高度監視装置：飛行中の航空機が発射しているレーダーデータを受信し、三点測量の考え方により高い精度で航空機の飛行高度を測定する装置であり、空域安全性評価に用いられる。
IECS	Integrated En-route Control System	航空路管制卓システム。
ILS	Instrument Landing System	計器着陸装置：無線による航空機の着陸誘導施設である。航空機を安全に滑走路へ着陸させるために、電波による降下路を形成し、この降下路に沿って航空機を誘導するのに必要な計器着陸方式で、電波降下路を形成する地上送信設備及びその電波を受けて降下路を計器に指示する機上受信設備からなっている。
MDP	Maintenance Data Processing	保守情報処理システム。
ML	Micro Link	マイクロリンク。
MLAT	Multi-Lateration	マルチラテレーション。
MOMS	Mobile Observation Management System	移動物件監視装置。
MSAS	MTSAT Satellite Based Augmentation System	MTSAT用衛星航法補強システム。
MSV	MSAS Service Volume monitor system	MSAS性能監視システム。
MTSAT	Multi-functional Transport Satellite	運輸多目的衛星（通称：ひまわり）。
NDB	Non-Directional Radio Beacon	無指向性無線標識。
ODP	Oceanic Air Traffic Control Data Processing system	洋上管制データ表示システム。
ORM	Operation and Reliability Management system	運用・信頼性管理システム。
ORSR	Oceanic Route Surveillance Radar	洋上航空路監視レーダーシステム。
PAR	Precision Approach Radar	精測進入レーダー装置。
RAG	Remote Air Ground communication	遠隔（空港）対空通信（施設）。
RCAG	Remote Center Air-Ground Communication	遠隔対空通信施設。
RCE	Radio Control Equipment	無線制御装置。
RCM	Remote Control and Monitor Equipment	無線電話制御監視装置。
RDP	Radar Data Processing System	航空路レーダー情報処理システム。
RML	Radar Microwave Link	レーダーマイクロ回線。
SIDE	Ship hight Information Display Equipment	船舶高情報表示装置。
SIM	Simulator	シミュレータ。
SMC	System operation Management Center	システム運用管理センター。
SME	System Monitoring Equipment	システム表示装置。
SSE	System Supervising Equipment	システム統制装置。
SSR	Secondary Surveillance Radar	二次監視レーダー。

略語	フルスペル	意味
TRAD	Terminal Radar Alphanumeric Display System	ターミナルレーダーニューメリック表示装置。
TSR (ASR)	Terminal (Airport) Surveillance Radar	空港監視レーダー装置：ターミナル空域における航空機の進入や出発を管制するための一次レーダーで、距離と方位を探知し、通常SSRと組み合わせて使用され、カバーする範囲は約60海里である。
TTC	Telemetry Tracking and Command System	衛星制御地球局システム。
VOR	VHF Omnidirectional Radio Range	超短波全方向式無線標識施設：超短波を用いて有効通達距離内のすべての航空機に対し、VOR施設からの磁北との相対方位を連続的に指示することができる。通常DMEを併設し、VOR/DME（方位、距離情報提供施設）として使用される。
VOR/DME	VOR/Distance Measuring Equipment	VORとDMEを併設すると、その有効距離内を飛行する航空機はVORによって磁北からの方位角（θ）を知り、また、DMEによって、その地点からの距離（ρ）を知ることができるので、自分の位置が常に正確に認知できる。これは位置をρ、θという極座標によって表示することになるので、VORとDMEを組み合わせた航行援助方式をρ-θ方式または極座標方式という。
VORTAC	VOR and TACAN Combined Facility	ボルタック（VORとTACANの併設）施設。DME搭載機はTACANの距離情報を得ることができる。
WAT	Weather Briefing Assist Terminal	気象ブリーフィング支援装置。

航空無線施設設計指針等　技術資料調査委員会　名簿

(平成23年3月)

(敬称略、順不同)

委 員 長	黒田　賢治		
副委員長	松元　宏	サンワコムシスエンジニアリング株式会社　航空部長	
委　員	大山　栄一	株式会社伸和総合設計　第三設計部長	
委　員	西垣　倍治	株式会社航空システムサービス　システム部担当部長	
委　員	石津　幸次	株式会社日本空港コンサルタンツ　通信システム部	
委　員	佐藤　安弘	株式会社NTTデータ第一公共システム事業部　ATC担当課長代理	
委　員	美野　功	日本電気株式会社電波応用事業部生産技術部主任	
委　員	玉置　義男	三菱電機株式会社通信機製作所インフラ情報システム部　専任	
委　員	水谷　悟	株式会社東芝社会システム社電波システム事業部　電波システム技術部参事	
委　員	熊岡　信一	沖電気工業株式会社交通・防災事業部　システム第1部システム1チーム	
委　員	佐藤　克宏	日本無線株式会社三鷹製作所電波応用技術部　高周波応用技術グループ課長	
委　員	大口　陽山	国土交通省東京航空局保安部管制技術課　航空管制技術調査官	
委　員	淵之上誠士	国土交通省東京航空局保安部管制技術課　工事第二係長	
委　員	岩井　亘	国土交通省大阪航空局保安部管制技術課　専門官	
委　員	釣谷　一嘉	国土交通省大阪航空局保安部管制技術課　工事第二係長	
委　員	村上　泰宏	国土交通省航空局管制保安部管制技術課　専門官	
委　員	加藤　浩介	国土交通省航空局管制保安部管制技術課　航空衛星室衛星企画第一係長	
委　員	冨田　哲司	国土交通省航空局管制保安部管制技術課　航空管制技術調査官	
委　員	須磨　繁	国土交通省航空局管制保安部管制技術課　施設第一係長	
委　員	向　政弘	国土交通省航空局管制保安部管制技術課　施設第二係長	
委　員	山路　剛	国土交通省航空局管制保安部管制技術課　施設第三係長	
事 務 局	伊藤　康彦	財団法人航空保安無線システム協会　研究開発部　部長	
事 務 局	角田　勝治	財団法人航空保安無線システム協会　研究開発部	
事 務 局	菅沼　誠	財団法人航空保安無線システム協会　事務局次長	
事 務 局	佐藤　琢	財団法人航空保安無線システム協会　室長	

平成23年版
コウクウ ム セン シ セツセッケイ シ シン
航空無線施設設計指針　　　　　　　　　　　　定価（本体9,238円＋税）

平成24年2月5日　発行

　　　　　　　　　　　監　修　国土交通省航空局
　　　　　　　　　　　編　集　財団法人 航空保安無線システム協会
　　　　　　　　　　　　　　　〒102-0083　東京都千代田区麹町4-5
　　　　　　　　　　　　　　　　　　　　　電話（03）5214-1351㈹
　　　　　　　　　　　発　行　財団法人 経 済 調 査 会
　　　　　　　　　　　　　　　〒104-0061　東京都中央区銀座5-13-16
　　　　　　　　　　　　　　　　　　　　　電話（03）3542-9343（編集）
　　　　　　　　　　　　　　　　　　　　　　　（03）3542-9291（販売）

ISBN978-4-86374-093-8
　　　　　　　　　印刷・製本　文唱堂印刷株式会社　電話（03）3851-0111
　　　　　　　　　Ⓒ 2011　航空無線施設設計指針等技術資料調査委員会